建设工程工程量清单计价快速入门丛书

市政工程工程量清单计价快速入门（含实例）

曾昭宏　主编

中国建筑工业出版社

图书在版编目（CIP）数据

市政工程工程量清单计价快速入门（含实例）/曾昭宏主编. —北京：中国建筑工业出版社，2015.12
（建设工程工程量清单计价快速入门丛书）
ISBN 978-7-112-18784-3

Ⅰ.①市… Ⅱ.①曾… Ⅲ.①市政工程-工程造价 Ⅳ.①TU723.3

中国版本图书馆 CIP 数据核字（2015）第 284545 号

本书依据《建设工程工程量清单计价规范》GB 50500—2013 和《市政工程工程量计算规范》GB 50857—2013 编写。全书共分为 3 章，内容主要包括：市政工程工程量清单计价基础、市政工程清单工程量计算及实例、市政工程工程量清单计价编制实例。

本书可供广大市政工程预算人员、造价人员及管理人员使用，也可供高职高专院校市政工程造价专业师生参考。

责任编辑：郭　栋
责任设计：董建平
责任校对：刘　钰　赵　颖

建设工程工程量清单计价快速入门丛书
市政工程工程量清单计价快速入门（含实例）
曾昭宏　主编
*
中国建筑工业出版社出版、发行（北京西郊百万庄）
各地新华书店、建筑书店经销
霸州市顺浩图文科技发展有限公司制版
北京建筑工业印刷厂印刷
*
开本：787×1092 毫米　1/16　印张：14¼　字数：353 千字
2016 年 2 月第一版　2016 年 2 月第一次印刷
定价：**38.00** 元
ISBN 978-7-112-18784-3
（28008）

编　委　会

主　编　曾昭宏

参　编（按笔画顺序排列）

王　乔　王　静　齐向清　李彦华

杨　静　张　彤　张利艳　单杉杉

赵龙飞　徐书婧　谭　璐

前 言

工程量清单计价是建设工程招标投标过程中，按照国家统一的工程量清单计价规范及相关工程国家计量规范，由招标人提供工程数量，投标人自主报价，经评审低价中标的工程造价计价模式。采用工程量清单计价有利于发挥企业自主报价的能力，同时也有利于规范业主在工程招标中计价行为，有效改变招标单位在招标中盲目压价的行为，从而真正地体现公开、公平、公正的原则，反映市场经济规律。

随着我国建设工程市场的稳步快速发展，工程造价咨询市场不断扩大，迫切需要大量的工程造价人员从事造价咨询工作。为规范建设市场计价行为，维护建设市场秩序，国家颁布实施了《建设工程工程量清单计价规范》GB 50500—2013、《市政工程工程量计算规范》GB 50857—2013 等一系列新的计价规范。新规范的颁布与实施，对工程造价人员提出了更高的要求。为了使广大市政工程造价人员能够快速、全面地学习和掌握市政工程工程量清单计价方法，提高其专业能力，更好地适应市政工程造价工作的需要，合理确定市政工程造价，我们组织相关人员编写了本书。

本书系统地讲解了市政工程工程量清单计价的基础理论和方式方法，内容紧跟“13版规范”，注重与实际相结合，配有大量的计价实例，具有很强的实用性与针对性。

由于编者的学识和经验有限，尽管编者反复推敲核实，但书中难免有疏漏或未尽之处，恳请有关专家和广大读者提出宝贵的意见，以便做进一步的修改和完善。

目　　录

1　市政工程工程量清单计价基础

1.1　工程量清单编制

1.1.1　工程量清单编制一般规定

（1）招标工程量清单应由具有编制能力的招标人或受其委托，具有相应资质的工程造价咨询人或招标代理人编制。

（2）招标工程量清单必须作为招标文件的组成部分，其准确性和完整性由招标人负责。

（3）招标工程量清单是工程量清单计价的基础，应作为编制招标控制价、投标报价、计算工程量、工程索赔等的依据之一。

（4）招标工程量清单应以单位（项）工程为单位编制，应由分部分项工程量清单、措施项目清单、其他项目清单、规费和税金项目清单组成。

（5）其他项目、规费和税金项目清单应按照现行国家标准《建设工程工程量清单计价规范》GB 50500—2013 的相关规定编制。

（6）编制工程量清单出现《市政工程工程量计算规范》GB 50857—2013 附录中未包括的项目，编制人应做补充，并报省级或行业工程造价管理机构备案，省级或行业工程造价管理机构应汇总报住房和城乡建设部标准定额研究所。

补充项目的编码由《市政工程工程量计算规范》GB 50857—2013 的代码 04 与 B 和三位阿拉伯数字组成，并应从 04B001 起顺序编制，同一招标工程的项目不得重码。

补充的工程量清单需附有补充项目的名称、项目特征、计量单位、工程量计算规则、工作内容。不能计量的措施项目，需附有补充项目的名称、工作内容及包含范围。

1.1.2　工程量清单编制依据

编制工程量清单应依据：

（1）《市政工程工程量计算规范》GB 50857－2013 和现行国家标准《建设工程工程量清单计价规范》GB 50500—2013。

（2）国家或省级、行业建设主管部门颁发的计价依据和办法。

（3）建设工程设计文件。

（4）与建设工程项目有关的标准、规范、技术资料。

（5）拟定的招标文件。

（6）施工现场情况、工程特点及常规施工方案。

（7）其他相关资料。

1.1.3 工程量清单编制内容

1. 分部分项工程项目

(1) 工程量清单必须根据《市政工程工程量计算规范》GB 50857—2013 附录规定的项目编码、项目名称、项目特征、计量单位和工程量计算规则进行编制。

(2) 工程量清单的项目编码，应采用前十二位阿拉伯数字表示，一至九位应按《市政工程工程量计算规范》GB 50857—2013 附录的规定设置，十至十二位应根据拟建工程的工程量清单项目名称设置，同一招标工程的项目编码不得有重码。

当同一标段（或合同段）的一份工程量清单中含有多个单位工程且工程量清单是以单位工程为编制对象时，在编制工程量清单时应特别注意对项目编码十至十二位的设置不得有重码的规定。例如，一个标段（或合同段）的工程量清单中含有 3 个单位工程，每一单位工程中都有项目特征相同的挖一般土方项目，在工程量清单中又需反映 3 个不同单位工程的挖一般土方工程量时，则第一个单位工程挖一般土方的项目编码应为 040101001001，第二个单位工程挖一般土方的项目编码应为 040101001002，第三个单位工程挖一般土方的项目编码应为 040101001003，并分别列出各单位工程挖一般土方的工程量。

(3) 工程量清单的项目名称应按《市政工程工程量计算规范》GB 50857—2013 附录的项目名称结合拟建工程的实际确定。

(4) 分部分项工程量清单项目特征应按《市政工程工程量计算规范》GB 50857—2013 附录中规定的项目特征，结合拟建工程项目的实际予以描述。

工程量清单的项目特征是确定一个清单项目综合单价不可缺少的重要依据，在编制工程量清单时，必须对项目特征进行准确和全面的描述。但有些项目特征用文字往往又难以准确和全面的描述清楚。因此，为达到规范、简洁、准确、全面描述项目特征的要求，在描述工程量清单项目特征时应按以下原则进行：

1) 项目特征描述的内容应按附录中的规定，结合拟建工程的实际，能满足确定综合单价的需要。

2) 若采用标准图集或施工图纸能够全部或部分满足项目特征描述的要求，项目特征描述可直接采用详见××图集或××图号的方式。对不能满足项目特征描述要求的部分，仍应用文字描述。

(5) 工程量清单中所列工程量应按《市政工程工程量计算规范》GB 50857—2013 附录中规定的工程量计算规则计算。

(6) 分部分项工程量清单的计量单位应按《市政工程工程量计算规范》GB 50857—2013 附录中规定的计量单位确定。

(7) 现浇混凝土工程项目“工作内容”中包括模板工程的内容，同时又在“措施项目”中单列了现浇混凝土模板工程项目。对此，由招标人根据工程实际情况选用，若招标人在措施项目清单中未编列现浇混凝土模板项目清单，即表示现浇混凝土模板项目不单列，现浇混凝土工程项目的综合单价中应包括模板工程费用。

(8) 对预制混凝土构件按现场制作编制项目，“工作内容”中包括模板工程，不再另列。若采用成品预制混凝土构件时，构件成品价（包括模板、钢筋、混凝土等所有费用）应计入综合单价中。

（9）金属结构构件按成品编制项目，构件成品价应计入综合单价中，若采用现场制作，包括制作的所有费用。

2. 措施项目

（1）措施项目清单必须根据相关工程现行国家计量规范的规定编制，应根据拟建工程的实际情况列项。

（2）措施项目中列出了项目编码、项目名称、项目特征、计量单位、工程量计算规则的项目。编制工程量清单时，应按照“分部分项工程”的规定执行。

（3）措施项目中仅列出项目编码、项目名称，未列出项目特征、计量单位和工程量计算规则的项目，编制工程量清单时，应按下列措施项目规定的项目编码、项目名称确定：

1）脚手架工程工程量清单项目设置、项目特征描述的内容、计量单位及工程量计算规则，应按表1-1的规定执行。

脚手架工程（编码：041101） **表1-1**

项目编码	项目名称	项目特征	计量单位	工程量计算规则	工程内容
041101001	墙面脚手架	墙高	m^2	按墙面水平边线长度乘以墙面砌筑高度计算	1. 清理场地 2. 搭设、拆除脚手架、安全网 3. 材料场内外运输
041101002	柱面脚手架	1. 柱高 2. 柱结构外围周长		按柱结构外围周长乘以柱砌筑高度计算	
041101003	仓面脚手架	1. 搭设方式 2. 搭设高度		按仓面水平面积计算	
041101004	沉井脚手架	沉井高度		按井壁中心线周长乘以井高计算	
041101005	井字架	井深	座	按设计图示数量计算	1. 清理场地 2. 搭、拆井字架 3. 材料场内外运输

注：各类井的井深按井底基础以上至井盖顶的高度计算。

2）混凝土模板及支架工程量清单项目设置、项目特征描述的内容、计量单位及工程量计算规则，应按表1-2的规定执行。

混凝土模板及支架（编码：041102） **表1-2**

项目编码	项目名称	项目特征	计量单位	工程量计算规则	工程内容
041102001	垫层模板	构件类型	m^2	按混凝土与模板接触面的面积计算	1. 模板制作、安装、拆除、整理、堆放 2. 模板粘结物及模内杂物清理、刷隔离剂 3. 模板场内外运输及维修
041102002	基础模板				
041102003	承台				
041102004	墩（台）帽模板	1. 构件类型 2. 支模高度			
041102005	墩（台）身模板				
041102006	支撑梁及横梁模板	1. 构件类型 2. 支模高度		按混凝土与模板接触面的面积计算	1. 模板制作、安装、拆除、整理、堆放 2. 模板粘结物及模内杂物清理、刷隔离剂 3. 模板场内外运输及维修

续表

项目编码	项目名称	项目特征	计量单位	工程量计算规则	工程内容
041102007	墩(台)盖梁模板	1. 构件类型 2. 支模高度	m^2	按混凝土与模板接触面的面积计算	1. 模板制作、安装、拆除、整理、堆放 2. 模板粘结物及模内杂物清理、刷隔离剂 3. 模板场内外运输及维修
041102008	拱桥拱座模板				
041102009	拱桥拱肋模板				
041102010	拱上构件模板				
041102011	箱梁模板				
041102012	柱模板				
041102013	梁模板				
041102014	板模板				
041102015	板梁模板				
041102016	板拱模板				
041102017	挡墙模板				
041102018	压顶模板	构件类型			
041102019	防撞护栏模板				
041102020	楼梯模板				
041102021	小型构件模板				
041102022	箱涵滑(底)板模板	1. 构件类型 2. 支模高度			
041102023	箱涵侧墙模板				
041102024	箱涵顶板模板				
041102025	拱部衬砌模板	1. 构件类型 2. 衬砌厚度 3. 拱跨径			
041102026	边墙衬砌模板				
041102027	竖井衬砌模板	1. 构件类型 2. 壁厚			
041102028	沉井井壁(隔墙)模板	1. 构件类型 2. 支模高度			
041102029	沉井顶板模板				
041102030	沉井底板模板	构件类型			
041102031	管(渠)道平基模板				
041102032	管(渠)道管座模板				
041102033	井顶(盖)板模板				
041102034	池底模板				
041102035	池壁(隔墙)模板	1. 构件类型 2. 支模高度			
041102036	池盖模板				
041102037	其他现浇构件模板	构件类型			
041102038	设备螺栓套	螺栓套孔深度	个	按设计图示数量计算	

续表

项目编码	项目名称	项目特征	计量单位	工程量计算规则	工程内容
041102039	水上桩基础支架、平台	1. 位置 2. 材质 3. 桩类型	m^2	按支架、平台搭设的面积计算	1. 支架、平台基础处理 2. 支架、平台的搭设、使用及拆除 3. 材料场内外运输
041102040	桥涵支架	1. 部位 2. 材质 3. 支架类型	m^3	按支架搭设的空间体积计算	1. 支架地基处理 2. 支架的搭设、使用及拆除 3. 支架预压 4. 材料场内外运输

注：原槽浇灌的混凝土基础、垫层不计算模板。

3）围堰工程量清单项目设置、项目特征描述的内容、计量单位及工程量计算规则，应按表 1-3 的规定执行。

围堰（编码：041103） **表 1-3**

项目编码	项目名称	项目特征	计量单位	工程量计算规则	工程内容
041103001	围堰	1. 围堰类型 2. 围堰顶宽及底宽 3. 围堰高度 4. 填心材料	1. m^3 2. m	1. 以立方米计量，按设计图示围堰体积计算 2. 以米计量，按设计图示围堰中心线长度计算	1. 清理基底 2. 打、拔工具桩 3. 堆筑、填心、夯实 4. 拆除清理 5. 材料场内外运输
041103002	筑岛	1. 筑岛类型 2. 筑岛高度 3. 填心材料	m^3	按设计图示筑岛体积计算	1. 清理基底 2. 堆筑、填心、夯实 3. 拆除清理

4）便道及便桥工程量清单项目设置、项目特征描述的内容、计量单位及工程量计算规则，应按表 1-4 的规定执行。

便道及便桥（编码：041104） **表 1-4**

项目编码	项目名称	项目特征	计量单位	工程量计算规则	工程内容
041104001	便道	1. 结构类型 2. 材料种类 3. 宽度	m^2	按设计图示尺寸以面积计算	1. 平整场地 2. 材料运输、铺设、夯实 3. 拆除、清理
041104002	便桥	1. 结构类型 2. 材料种类 3. 跨径 4. 宽度	座	按设计图示数量计算	1. 清理基底 2. 材料运输、便桥搭设

5）洞内临时设施工程量清单项目设置、项目特征描述的内容、计量单位及工程量计算规则，应按表 1-5 的规定执行。

洞内临时设施（编码：041105）　　表 1-5

项目编码	项目名称	项目特征	计量单位	工程量计算规则	工程内容
041105001	洞内通风设施	1. 单孔隧道长度 2. 隧道断面尺寸 3. 使用时间 4. 设备要求	m	按设计图示隧道长度以延长米计算	1. 管道铺设 2. 线路架设 3. 设备安装 4. 保养维护 5. 拆除、清理 6. 材料场内外运输
041105002	洞内供水设施				
041105003	洞内供电及照明设施				
041105004	洞内通信设施				
041105005	洞内外轨道铺设	1. 单孔隧道长度 2. 隧道断面尺寸 3. 使用时间 4. 轨道要求		按设计图示轨道铺设长度以延长米计算	1. 轨道及基础铺设 2. 保养维护 3. 拆除、清理 4. 材料场内外运输

注：设计注明轨道铺设长度的，按设计图示尺寸计算；设计未注明时可按设计图示隧道长度以延长米计算，并注明洞外轨道铺设长度由投标人根据施工组织设计自定。

6）大型机械设备进出场及安拆工程量清单项目设置、项目特征描述的内容、计量单位及工程量计算规则，应按表 1-6 的规定执行。

大型机械设备进出场及安拆（编码：041106）　　表 1-6

项目编码	项目名称	项目特征	计量单位	工程量计算规则	工程内容
041106001	大型机械设备进出场及安拆	1. 机械设备名称 2. 机械设备规格型号	台・次	按使用机械设备的数量计算	1. 安拆费包括施工机械、设备在现场进行安　装拆卸所需人工、材料、机械和试运转费用以及机械辅助设施的折旧、搭设、拆除等费用 2. 进出场费包括施工机械、设备整体或分体自停放地点运至施工现场或由一施工地点运至另一施工地点所发生的运输、装卸、辅助材料等费用

7）施工排水、降水工程量清单项目设置、项目特征描述的内容、计量单位及工程量计算规则，应按表 1-7 的规定执行。

施工排水、降水（编码：041107）　　表 1-7

项目编码	项目名称	项目特征	计量单位	工程量计算规则	工程内容
041107001	成井	1. 成井方式 2. 地层情况 3. 成井直径 4. 井（滤）管类型、直径	m	按设计图示尺寸以钻孔深度计算	1. 准备钻孔机械、埋设护筒、钻机就位；泥浆制作、固壁；成孔、出渣、清孔等 2. 对接上、下井管（滤管），焊接，安放，下滤料，洗井，连接试抽等
041107002	排水、降水	1. 机械规格型号 2. 降排水管规格	昼夜	按排、降水日历天数计算	1. 管道安装、拆除，场内搬运等 2. 抽水、值班、降水设备维修等

注：相应专项设计不具备时，可按暂估量计算。

8）处理、监测、监控工程量清单项目设置、工作内容及包含范围，应按表 1-8 的规定执行。

处理、监测、监控（编码：041108） 表 1-8

项目编码	项目名称	工作内容及包含范围
041108001	地下管线交叉处理	1. 悬吊 2. 加固 3. 其他处理措施
041108002	施工监测、监控	1. 对隧道洞内施工时可能存在的危害因素进行检测 2. 对明挖法、暗挖法、盾构法施工的区域等进行周边环境监测 3. 对明挖基坑围护结构体系进行监测 4. 对隧道的围岩和支护进行监测 5. 盾构法施工进行监控测量

注：地下管线交叉处理指施工过程中对现有施工场地范围内各种地下交叉管线进行加固及处理所发生的费用，但不包括地下管线或设施改、移发生的费用。

9）安全文明施工及其他措施项目工程量清单项目设置、工作内容及包含范围，应按表 1-9 的规定执行。

安全文明施工及其他措施项目（041109） 表 1-9

项目编码	项目名称	工作内容及包含范围
041109001	安全文明施工	1. 环境保护：施工现场为达到环保部门要求所需要酌各项措施。包括施工现场为保持工地清洁、控制扬尘、废弃物与材料运输的防护、保证排水设施通畅、设置密闭式垃圾站、实现施工垃圾与生活垃圾分类存放等环保措施；其他环境保护措施 2. 文明施工：根据相关规定在施工现场设置企业标志、工程项目简介牌、工程项目责任人员姓名牌、安全六大纪律牌、安全生产记数牌、十项安全技术措施牌、防火须知牌、卫生须知牌及工地施工总平面布置图、安全警示标志牌，施工现场围挡以及为符合场容场貌、材料堆放、现场防火等要求采取的相应措施；其他文明施工措施 3. 安全施工：根据相关规定设置安全防护设施、现场物料提升架与卸料平台的安全防护设施、垂直交叉作业与高空作业安全防护设施、现场设置安防监控系统设施、现场机械设备（包括电动工具）的安全保护与作业场所和临时安全疏散通道的安全照明与警示设施等；其他安全防护措施 4. 临时设施：施工现场临时宿舍、文化福利及公用事业房屋与构筑。物、仓库、办公室、加工厂、工地试验室以及规定范围内的道路、水、电、管线等临时设施和小型临时设施等的搭设、维修、拆除、周转；其他临时设施搭设、维修、拆除
041109002	夜间施工	1. 夜间固定照明灯具和临时可移动照明灯具的设置、拆除 2. 夜间施工时，施工现场交通标志、安全标牌、警示灯等的设置、移动、拆除 3. 夜间照明设备及照明用电、施工人员夜班补助、夜间施工劳动效率降低等
041109003	二次搬运	由于施工场地条件限制而发生的材料、成品、半成品一次运输不能到达堆积地点，必须进行的二次或多次搬运
041109004	冬雨季施工	1. 冬雨季施工时增加的临时设施（防寒保温、防雨设施）的搭设、拆除 2. 冬雨季施工时对砌体、混凝土等采用的特殊加温、保温和养护措施 3. 冬雨季施工时施工现场的防滑处理、对影响施工的雨雪的清除 4. 冬雨季施工时增加的临时设施、施工人员的劳动保护用品、冬雨季施工劳动效率降低等
041109005	行车、行人干扰	1. 由于施工受行车、行人干扰的影响，导致人工、机械效率降低而增加的措施 2. 为保证行车、行人的安全，现场增设维护交通与疏导人员而增加的措施
041109006	地上、地下设施、建筑物的临时保护设施	在工程施工过程中，对已建成的地上、地下设施和建筑物进行的遮盖、封闭、隔离等必要保护措施所发生的人工和材料
041109007	已完工程及设备保护	对已完工程及设备采取的覆盖、包裹、封闭、隔离等必要保护措施所发生的人工和材料

注：本表所列项目应根据工程实际情况计算措施项目费用，需分摊的应合理计算摊销费用。

10）编制工程量清单时，若设计图纸中有措施项目的专项设计方案时，应按措施项目清单中有关规定描述其项目特征，并根据工程量计算规则计算工程量；若无相关设计方案，其工程数量可为暂估量，在办理结算时，按经批准的施工组织设计方案计算。

3. 其他项目

（1）其他项目清单应按照下列内容列项：

1）暂列金额。

2）暂估价。暂估价是指招标阶段直至签定合同协议时，招标人在招标文件中提供的用于支付必然要发生但暂时不能确定价格的材料以及专业工程的金额。主要包括材料暂估单价、工程设备暂估单价、专业工程暂估价。

3）计日工。

4）总承包服务费。总承包服务费是为了解决招标人在法律、法规允许的条件下进行专业工程发包以及自行供应材料、工程设备，并需要总承包人对发包的专业工程提供协调和配合服务，对甲供材料、工程设备提供收、发和保管服务以及进行施工现场管理时发生并向总承包人支付的费用。招标人应预计该项费用，并按投标人的投标报价向投标人支付该项费用。

（2）暂列金额应根据工程特点按有关计价规定估算。

（3）暂估价中的材料、工程设备暂估单价应根据工程造价信息或参照市场价格估算，列出明细表；专业工程暂估价应分不同专业，按有关计价规定估算，列出明细表。

（4）计日工应列出项目名称、计量单位和暂估数量。

（5）总承包服务费应列出服务项目及其内容等。

（6）出现第（1）条未列的项目，应根据工程实际情况补充。

4. 规费

（1）规费项目清单应按照下列内容列项：

1）社会保险费：包括养老保险费、失业保险费、医疗保险费、工伤保险费、生育保险费。

2）住房公积金。

3）工程排污费。

（2）出现第（1）条未列的项目，应根据省级政府或省级有关部门的规定列项。

5. 税金

（1）税金项目清单应包括下列内容：

1）营业税。

2）城市维护建设税。

3）教育费附加。

4）地方教育附加。

（2）出现第（1）条未列的项目，应根据税务部门的规定列项。

1.2 工程量清单计价编制

1.2.1 工程量清单计价相关规定

1. 计价方式

（1）使用国有资金投资的建设工程发承包，必须采用工程量清单计价。

(2) 非国有资金投资的建设工程，宜采用工程量清单计价。

(3) 不采用工程量清单计价的建设工程，应执行《建设工程工程量清单计价规范》GB 50500—2013 除工程量清单等专门性规定外的其他规定。

(4) 工程量清单应采用综合单价计价。

(5) 措施项目中的安全文明施工费必须按国家或省级、行业建设主管部门的规定计算，不得作为竞争性费用。

(6) 规费和税金必须按国家或省级、行业建设主管部门的规定计算，不得作为竞争性费用。

2. 计价风险

(1) 发包人承担。由于下列因素出现，影响合同价款调整的，应由发包人承担：

1) 国家法律、法规和政策发生变化。

2) 省级或行业建设主管部门发布的人工费调整，但承包人对人工费或人工单价的报价高于发布的除外。

3) 由政府定价或政府指导价管理的原材料等价格进行了调整。

(2) 承包人承担。由于承包人使用机械设备、施工技术以及组织管理水平等自身原因造成施工费用增加的，应由承包人全部承担。

3. 发、承包人提供材料和工程设备

(1) 发包人提供材料和工程设备

1) 发包人提供的材料和工程设备（以下简称甲供材料）应在招标文件中按照表 1-10 的规定填写《发包人提供材料和工程设备一览表》，写明甲供材料的名称、规格、数量、单价、交货方式、交货地点等。承包人投标时，甲供材料单价应计入相应项目的综合单价中，签约后，发包人应按合同约定扣除甲供材料款，不予支付。

2) 承包人应根据合同工程进度计划的安排，向发包人提交甲供材料交货的日期计划。发包人应按计划提供。

3) 发包人提供的甲供材料如规格、数量或质量不符合合同要求，或由于发包人原因发生交货日期延误、交货地点及交货方式变更等情况的，发包人应承担由此增加的费用和（或）工期延误，并应向承包人支付合理利润。

4) 发承包双方对甲供材料的数量发生争议不能达成一致的，应按照相关工程的计价定额同类项目规定的材料消耗量计算。

5) 若发包人要求承包人采购已在招标文件中确定为甲供材料的，材料价格应由发承包双方根据市场调查确定，并应另行签订补充协议。

(2) 承包人提供材料和工程设备

1) 除合同约定的发包人提供的甲供材料外，合同工程所需的材料和工程设备应由承包人提供，承包人提供的材料和工程设备均应由承包人负责采购、运输和保管。

2) 承包人应按合同约定将采购材料和工程设备的供货人及品种、规格、数量和供货时间等提交发包人确认，并负责提供材料和工程设备的质量证明文件，满足合同约定的质量标准。

发包人提供材料和工程设备一览表　　表 1-10

工程名称：　　标段：　　第　页　共　页

序号	材料（工程设备）名称、规格、型号	单位	数量	单价（元）	交货方式	送达地点	备注

注：此表由招标人填写，供投标人在投标报价、确定总承包服务费时参考。

3）对承包人提供的材料和工程设备经检测不符合合同约定的质量标准，发包人应立即要求承包人更换，由此增加的费用和（或）工期延误应由承包人承担。对发包人要求检测承包人已具有合格证明的材料、工程设备，但经检测证明该项材料、工程设备符合合同约定的质量标准，发包人应承担由此增加的费用和（或）工期延误，并向承包人支付合理利润。

1.2.2 市政工程招标控制价编制

1. 招标控制价编制依据

招标控制价的编制应根据下列依据进行：

（1）《建设工程工程量清单计价规范》GB 50500—2013；

（2）国家或省级、行业建设主管部门颁发的计价定额和计价办法；

（3）建设工程设计文件及相关资料；

（4）拟定的招标文件及招标工程量清单；

（5）与建设项目相关的标准、规范、技术资料；

（6）施工现场情况、工程特点及常规施工方案；

（7）工程造价管理机构发布的工程造价信息，当工程造价信息没有发布时，参照市场价；

（8）其他的相关资料。

2. 招标控制价编制与复核

（1）综合单价中应包括招标文件中划分的应由投标人承担的风险范围及其费用。招标文件中没有明确的，如是工程造价咨询人编制，应提请招标人明确；如是招标人编制，应予明确。

（2）分部分项工程和措施项目中的单价项目，应根据拟定的招标文件和招标工程量清单项目中的特征描述及有关要求确定综合单价计算。

（3）措施项目中的总价项目应根据拟定的招标文件和常规施工方案按下列规定计价：

1）工程量清单应采用综合单价计价。

2）措施项目中的安全文明施工费必须按国家或省级、行业建设主管部门的规定计算，不得作为竞争性费用。

（4）其他项目应按下列规定计价：

1）暂列金额应按招标工程量清单中列出的金额填写；

2）暂估价中的材料、工程设备单价应按招标工程量清单中列出的单价计入综合单价；

3）暂估价中的专业工程金额应按招标工程量清单中列出的金额填写；

4）计日工应按招标工程量清单中列出的项目根据工程特点和有关计价依据确定综合单价计算；

5）总承包服务费应根据招标工程量清单列出的内容和要求估算。

（5）规费和税金必须按国家或省级、行业建设主管部门的规定计算，不得作为竞争性费用。

3. 招标控制价投诉与处理

（1）投标人经复核认为招标人公布的招标控制价未按照《建设工程工程量清单计价规范》GB 50500—2013 的规定进行编制的，应在招标控制价公布后 5 天内向招投标监督机构和工程造价管理机构投诉。

（2）投诉人投诉时，应当提交由单位盖章和法定代表人或其委托人签名或盖章的书面投诉书。投诉书应包括下列内容：

1）投诉人与被投诉人的名称、地址及有效联系方式；

2）投诉的招标工程名称、具体事项及理由；

3）投诉依据及有关证明材料；

4）相关的请求及主张。

（3）投诉人不得进行虚假、恶意投诉，阻碍招投标活动的正常进行。

（4）工程造价管理机构在接到投诉书后应在两个工作日内进行审查，对有下列情况之一的，不予受理：

1）投诉人不是所投诉招标工程招标文件的收受人；

2）投诉书提交的时间不符合第（1）条规定的；

3）投诉书不符合第（2）条规定的；

4）投诉事项已进入行政复议或行政诉讼程序的。

（5）工程造价管理机构应在不迟于结束审查的次日将是否受理投诉的决定书面通知投诉人、被投诉人以及负责该工程招投标监督的招投标管理机构。

（6）工程造价管理机构受理投诉后，应立即对招标控制价进行复查，组织投诉人、被投诉人或其委托的招标控制价编制人等单位人员对投诉问题逐一核对。有关当事人应当予以配合，并应保证所提供资料的真实性。

（7）工程造价管理机构应当在受理投诉的 10 天内完成复查，特殊情况下可适当延长，并作出书面结论通知投诉人、被投诉人及负责该工程招投标监督的招投标管理机构。

（8）当招标控制价复查结论与原公布的招标控制价误差大于±3%时，应当责成招标人改正。

（9）招标人根据招标控制价复查结论需要重新公布招标控制价的，其最终公布的时间至招标文件要求提交投标文件截止时间不足 15 天的，应相应延长投标文件的截止时间。

1.2.3　市政工程投标报价编制

1. 投标报价一般规定

（1）投标价应由投标人或受其委托具有相应资质的工程造价咨询人编制。

（2）投标人应自主确定投标报价。

（3）投标报价不得低于工程成本。

（4）投标人必须按招标工程量清单填报价格。项目编码、项目名称、项目特征、计量单位、工程量必须与招标工程量清单一致。

（5）投标人的投标报价高于招标控制价的应予废标。

2. 投标报价编制依据

投标报价的编制应根据下列依据进行：

（1）《建设工程工程量清单计价规范》GB 50500—2013；

（2）国家或省级、行业建设主管部门颁发的计价办法；

（3）企业定额，国家或省级、行业建设主管部门颁发的计价定额和计价办法；

（4）招标文件、招标工程量清单及其补充通知、答疑纪要；

（5）建设工程设计文件及相关资料；

（6）施工现场情况、工程特点及投标时拟定的施工组织设计或施工方案；

（7）与建设项目相关的标准、规范等技术资料；

（8）市场价格信息或工程造价管理机构发布的工程造价信息；

（9）其他的相关资料。

3. 投标报价编制与复核

（1）综合单价中应包括招标文件中划分的应由投标人承担的风险范围及其费用，招标文件中没有明确的，应提请招标人明确。

（2）分部分项工程和措施项目中的单价项目，应根据招标文件和招标工程量清单项目中的特征描述确定综合单价计算。

（3）措施项同中的总价项目金额应根据招标文件及投标时拟定的施工组织设计或施工方案，按相关规定自主确定。其中安全文明施工费必须按国家或省级、行业建设主管部门的规定计算，不得作为竞争性费用。

（4）其他项目应按下列规定报价：

1）暂列金额应按招标工程量清单中列出的金额填写；

2）材料、工程设备暂估价应按招标工程量清单中列出的单价计入综合单价；

3）专业工程暂估价应按招标工程量清单中列出的金额填写；

4）计日工应按招标工程量清单中列出的项目和数量，自主确定综合单价并计算计日工金额；

5）总承包服务费应根据招标工程量清单中列出的内容和提出的要求自主确定。

（5）规费和税金必须按国家或省级、行业建设主管部门的规定计算，不得作为竞争性费用。

（6）招标工程量清单与计价表中列明的所有需要填写单价和合价的项目，投标人均应填写且只允许有一个报价。未填写单价和合价的项目，可视为此项费用已包含在已标价工程量清单中其他项目的单价和合价之中。当竣工结算时，此项目不得重新组价予以调整。

（7）投标总价应当与分部分项工程费、措施项目费、其他项目费和规费、税金的合计金额一致。

1.2.4　市政工程价款结算编制

1. 合同价款的约定

（1）一般规定

1）实行招标的工程合同价款应在中标通知书发出之日起30天内，由发承包双方依据招标文件和中标人的投标文件在书面合同中约定。

合同约定不得违背招标、投标文件中关于工期、造价、质量等方面的实质性内容。招标文件与中标人投标文件不一致的地方，应以投标文件为准。

2）不实行招标的工程合同价款，应在发承包双方认可的工程价款基础上，由发承包双方在合同中约定。

3）实行工程量清单计价的工程，应采用单价合同；建设规模较小，技术难度较低，工期较短，且施工图设计已审查批准的建设工程可采用总价合同；紧急抢险、救灾以及施工技术特别复杂的建设工程可采用成本加酬金合同。

（2）约定内容

1）发承包双方应在合同条款中对下列事项进行约定：

① 预付工程款的数额、支付时间及抵扣方式；

② 安全文明施工措施的支付计划，使用要求等；

③ 工程计量与支付工程进度款的方式、数额及时间；

④ 工程价款的调整因素、方法、程序、支付及时间；

⑤ 施工索赔与现场签证的程序、金额确认与支付时间；

⑥ 承担计价风险的内容、范围以及超出约定内容、范围的调整办法；

⑦ 工程竣工价款结算编制与核对、支付及时间；

⑧ 工程质量保证金的数额、预留方式及时间；

⑨ 违约责任以及发生合同价款争议的解决方法及时间；

⑩ 与履行合同、支付价款有关的其他事项等。

2）合同中没有按照第1）条的要求约定或约定不明的，若发承包双方在合同履行中发生争议由双方协商确定；当协商不能达成一致时，应按《建设工程工程量清单计价规范》GB 50500—2013的规定执行。

2. 市政工程计量

（1）单价合同的计量

1）工程量必须以承包人完成合同工程应予计量的工程量确定。

2）施工中进行工程计量，当发现招标工程量清单中出现缺项、工程量偏差，或因工程变更引起工程量增减时，应按承包人在履行合同义务中完成的工程量计算。

3）承包人应当按照合同约定的计量周期和时间向发包人提交当期已完工程量报告。发包人应在收到报告后7天内核实，并将核实计量结果通知承包人。发包人未在约定时间内进行核实的，承包人提交的计量报告中所列的工程量应视为承包人实际完成的工程量。

4）发包人认为需要进行现场计量核实时，应在计量前24小时通知承包人，承包人应为计量提供便利条件并派人参加。当双方均同意核实结果时，双方应在上述记录上签字确认。承包人收到通知后不派人参加计量，视为认可发包人的计量核实结果。发包人不按照约定时间通知承包人，致使承包人未能派人参加计量，计量核实结果无效。

5）当承包人认为发包人核实后的计量结果有误时，应在收到计量结果通知后的7天内向发包人提出书面意见，并应附上其认为正确的计量结果和详细的计算资料。发包人收到书面意见后，应在7天内对承包人的计量结果进行复核后通知承包人。承包人对复核计量结果仍有异议的，按照合同约定的争议解决办法处理。

6）承包人完成已标价工程量清单中每个项目的工程量并经发包人核实无误后，发承包双方应对每个项目的历次计量报表进行汇总，以核实最终结算工程量，并应在汇总表上签字确认。

（2）总价合同的计量

1）采用经审定批准的施工图纸及其预算方式发包形成的总价合同，除按照工程变更规定的工程量增减外，总价合同各项目的工程量应为承包人用于结算的最终工程量。

2）总价合同约定的项目计量应以合同工程经审定批准的施工图纸为依据，发承包双方应在合同中约定工程计量的形象目标或时间节点进行计量。

3）承包人应在合同约定的每个计量周期内对已完成的工程进行计量，并向发包人提交达到工程形象目标完成的工程量和有关计量资料的报告。

4）发包人应在收到报告后7天内对承包人提交的上述资料进行复核，以确定实际完成的工程量和工程形象目标。对其有异议的，应通知承包人进行共同复核。

3. 合同价款调整

（1）一般规定

1）下列事项（但不限于）发生，发承包双方应当按照合同约定调整合同价款：

① 法律法规变化；

② 工程变更；

③ 项目特征不符；

④ 工程量清单缺项；

⑤ 工程量偏差；

⑥ 计日工；

⑦ 物价变化；

⑧ 暂估价；

⑨ 不可抗力；

⑩ 提前竣工（赶工补偿）；

⑪ 误期赔偿；

⑫ 索赔；

⑬ 现场签证；

⑭ 暂列金额；

⑮ 发承包双方约定的其他调整事项。

2）出现合同价款调增事项（不含工程量偏差、计日工、现场签证、索赔）后的14天内，承包人应向发包人提交合同价款调增报告并附上相关资料；承包人在14天内未提交合同价款调增报告的，应视为承包人对该事项不存在调整价款请求。

3）出现合同价款调减事项（不含工程量偏差、索赔）后的14天内，发包人应向承包人提交合同价款调减报告并附相关资料；发包人在14天内未提交合同价款调减报告的，应视为发包人对该事项不存在调整价款请求。

4）发（承）包人应在收到承（发）包人合同价款调增（减）报告及相关资料之日起14天内对其核实，予以确认的应书面通知承（发）包人。当有疑问时，应向承（发）包人提出协商意见。发（承）包人在收到合同价款调增（减）报告之日起14天内未确认也未提出协商意见的，应视为承（发）包人提交的合同价款调增（减）报告已被发（承）包人认可。发（承）包人提出协商意见的，承（发）包人应在收到协商意见后的14天内对其核实，予以确认的应书面通知发（承）包人。承（发）包人在收到发（承）包人的协商意见后14天内既不确认也未提出不同意见的，应视为发（承）包人提出的意见已被承（发）包人认可。

5）发包人与承包人对合同价款调整的不同意见不能达成一致的，只要对发承包双方履约不产生实质影响，双方应继续履行合同义务，直到其按照合同约定的争议解决方式得到处理。

6）经发承包双方确认调整的合同价款，作为追加（减）合同价款，应与工程进度款或结算款同期支付。

（2）法律法规变化

1）招标工程以投标截止日前28天、非招标工程以合同签订前28天为基准日，其后因国家的法律、法规、规章和政策发生变化引起工程造价增减变化的，发承包双方应按照省级或行业建设主管部门或其授权的工程造价管理机构据此发布的规定调整合同价款。

2）因承包人原因导致工期延误的，按第1）条规定的调整时间，在合同工程原定竣工时间之后，合同价款调增的不予调整，合同价款调减的予以调整。

（3）工程变更

1）因工程变更引起已标价工程量清单项目或其工程数量发生变化时，应按照下列规定调整：

① 已标价工程量清单中有适用于变更工程项目的，应采用该项目的单价；但当工程变更导致该清单项目的工程数量发生变化，且工程量偏差超过15%时，该项目单价应按照工程量偏差第2）条的规定调整。

② 已标价工程量清单中没有适用但有类似于变更工程项目的，可在合理范围内参照类似项目的单价。

③ 已标价工程量清单中没有适用也没有类似于变更工程项目的，应由承包人根据变更工程资料、计量规则和计价办法、工程造价管理机构发布的信息价格和承包人报价浮动率提出变更工程项目的单价，并应报发包人确认后调整。承包人报价浮动率可按下列公式计算：

招标工程：

$$\text{承包人报价浮动率}\ L=(1-\text{中标价}/\text{招标控制价})\times 100\% \tag{1-1}$$

非招标工程：

$$\text{承包人报价浮动率}\ L=(1-\text{报价}/\text{施工图预算})\times 100\% \tag{1-2}$$

④ 已标价工程量清单中没有适用也没有类似于变更工程项目，且工程造价管理机构

发布的信息价格缺价的，应由承包人根据变更工程资料、计量规则、计价办法和通过市场调查等取得有合法依据的市场价格提出变更工程项目的单价，并应报发包人确认后调整。

2）工程变更引起施工方案改变并使措施项目发生变化时，承包人提出调整措施项目费的，应事先将拟实施的方案提交发包人确认，并应详细说明与原方案措施项目相比的变化情况。拟实施的方案经发承包双方确认后执行，并应按照下列规定调整措施项目费：

① 安全文明施工费应按照实际发生变化的措施项目依据国家或省级、行业建设主管部门的规定计算。

② 采用单价计算的措施项目费，应按照实际发生变化的措施项目，按1）的规定确定单价。

③ 按总价（或系数）计算的措施项目费，按照实际发生变化的措施项目调整，但应考虑承包人报价浮动因素，即调整金额按照实际调整金额乘以1）规定的承包人报价浮动率计算。

如果承包人未事先将拟实施的方案提交给发包人确认，则应视为工程变更不引起措施项目费的调整或承包人放弃调整措施项目费的权利。

3）当发包人提出的工程变更因非承包人原因删减了合同中的某项原定工作或工程，致使承包人发生的费用或（和）得到的收益不能被包括在其他已支付或应支付的项目中，也未被包含在任何替代的工作或工程中时，承包人有权提出并应得到合理的费用及利润补偿。

（4）项目特征不符

1）发包人在招标工程量清单中对项目特征的描述，应被认为是准确和全面的，并且与实际施工要求相符合。承包人应按照发包人提供的招标工程量清单，根据项目特征描述的内容及有关要求实施合同工程，直到项目被改变为止。

2）承包人应按照发包人提供的设计图纸实施合同工程，若在合同履行期间出现设计图纸（含设计变更）与招标工程量清单任一项目的特征描述不符，且该变化引起该项目工程造价增减变化的，应按照实际施工的项目特征，按工程变更相关条款的规定重新确定相应工程量清单项目的综合单价，并调整合同价款。

（5）工程量清单缺项

1）合同履行期间，由于招标工程量清单中缺项，新增分部分项工程清单项目的，应按照相关规定确定单价，并调整合同价款。

2）新增分部分项工程清单项目后，引起措施项目发生变化的，应根据工程变更第2）条的规定，在承包人提交的实施方案被发包人批准后调整合同价款。

3）由于招标工程量清单中措施项目缺项，承包人应将新增措施项目实施方案提交发包人批准后，按照工程变更第1）条、第2）条的规定调整合同价款。

（6）工程量偏差

1）合同履行期间，当应予计算的实际工程量与招标工程量清单出现偏差，且符合下列2）、3）条规定时，发承包双方应调整合同价款。

2）对于任一招标工程量清单项目，当因本节规定的工程量偏差和工程变更规定的工程变更等原因导致工程量偏差超过15%时，可进行调整。当工程量增加15%以上时，增加部分的工程量的综合单价应予调低；当工程量减少15%以上时，减少后剩余部分的工程量的综合单价应予调高。

上述调整参考如下公式：

① 当 $Q_1>1.15Q_0$ 时：

$$S=1.15Q_0\times P_0+(Q_1-1.15Q_0)\times P_1 \tag{1-3}$$

② 当 $Q_1<0.85Q_0$ 时：

$$S=Q_1\times P_1 \tag{1-4}$$

式中 S——调整后的某一分部分项工程费结算价；

Q_1——最终完成的工程量；

Q_0——招标工程量清单中列出的工程量；

P_1——按照最终完成工程量重新调整后的综合单价；

P_0——承包人在工程量清单中填报的综合单价。

采用上述两式的关键是确定新的综合单价，即 P_1。确定的方法，一是发承包双方协商确定；二是与招标控制价相联系。当工程量偏差项目出现承包人在工程量清单中填报的综合单价与发包人招标控制价相应清单项目的综合单价偏差超过 15%时，工程量偏差项目综合单价的调整可参考以下公式：

③ 当 $P_0<P_2\times(1-L)\times(1-15\%)$时，该类项目的综合单价：

$$P_1\text{按照 }P_2\times(1-L)\times(1-15\%)\text{调整} \tag{1-5}$$

④ 当 $P_0>P_2\times(1+15\%)$时，该类项目的综合单价：

$$P_1\text{按照 }P_2\times(1+15\%)\text{调整} \tag{1-6}$$

式中 P_0——承包人在工程量清单中填报的综合单价；

P_2——发包人招标控制价相应项目的综合单价；

L——承包人报价浮动率。

【例 1-1】 某市政工程项目招标控制价的综合单价为 350 元，投标报价的综合单价为 287 元，该工程投标报价下浮率为 6%，试计算其综合单价是否调整。

【解】

287÷350=82%，偏差为 18%

按式（1-5）：350×(1−6%)×(1−15%)=279.65 元

由于 287 元大于 279.65 元，该项目变更后的综合单价可不予调整。

【例 1-2】 某市政工程项目招标控制价的综合单价为 350 元，投标报价的综合单价为 406 元，试计算工程变更后的综合单价如何调整。

【解】

406÷350=1.16，偏差为 16%

按式（1-6）：350×(1+15%)=402.50 元

由于 406 大于 402.50，该项目变更后的综合单价应调整为 402.50 元。

⑤ 当 $P_0>P_2\times(1-L)\times(1-15\%)$或 $P_0<P_2\times(1+15\%)$时，可不调整。

【例 1-3】 某市政工程项目招标工程量清单数量为 1520m^3，施工中由于设计变更调增为 1824m^3，增加 20%，该项目招标控制价综合单价为 350 元，投标报价为 406 元，试计算如何调整。

【解】

见【例 1-2】中，综合单价 P_1 应调整为 402.50 元。

按式（1-3），$S=1.15\times1520\times406+(1824-1.15\times1500)\times402.50$

$=709608+76\times402.50$

$=740198$ 元

【例 1-4】 某市政工程项目招标工程量清单数量为 1520m³，施工中由于设计变更调减为 1216m³，减少 20%，该项目招标控制价为 350 元，投标报价为 287 元，试计算如何调整。

【解】

见【例 1-1】 中综合单价 P_1 可不调整。

按式（1-4），$S=1216\times287=348992$ 元

3）当工程量出现上述 2）条的变化，且该变化引起相关措施项目相应发生变化时，按系数或单一总价方式计价的，工程量增加的措施项目费调增，工程量减少的措施项目费调减。

（7）计日工

1）发包人通知承包人以计日工方式实施的零星工作，承包人应予执行。

2）采用计日工计价的任何一项变更工作，在该项变更的实施过程中，承包人应按合同约定提交下列报表和有关凭证送发包人复核：

① 工作名称、内容和数量；

② 投入该工作所有人员的姓名、工种、级别和耗用工时；

③ 投入该工作的材料名称、类别和数量；

④ 投入该工作的施工设备型号、台数和耗用台时；

⑤ 发包人要求提交的其他资料和凭证。

3）任一计日工项目持续进行时，承包人应在该项工作实施结束后的 24 小时内向发包人提交有计日工记录汇总的现场签证报告一式三份。发包人在收到承包人提交现场签证报告后的 2 天内予以确认并将其中一份返还给承包人，作为计日工计价和支付的依据。发包人逾期未确认也未提出修改意见的，应视为承包人提交的现场签证报告已被发包人认可。

4）任一计日工项目实施结束后，承包人应按照确认的计日工现场签证报告核实该类项目的工程数量，并应根据核实的工程数量和承包人已标价工程量清单中的计日工单价计算，提出应付价款；已标价工程量清单中没有该类计日工单价的，由发承包双方按工程变更的规定商定计日工单价计算。

5）每个支付期末，承包人应按照进度款的规定向发包人提交本期间所有计日工记录的签证汇总表，并应说明本期间自己认为有权得到的计日工金额，调整合同价款，列入进度款支付。

（8）物价变化

1）合同履行期间，因人工、材料、工程设备、机械台班价格波动影响合同价款时，应根据合同约定，按《建设工程工程量清单计价规范》GB 50500—2013 附录 A 的方法之一调整合同价款。

2）承包人采购材料和工程设备的，应在合同中约定主要材料、工程设备价格变化的范围或幅度；当没有约定，且材料、工程设备单价变化超过 5%时，超过部分的价格应按

照《建设工程工程量清单计价规范》GB 50500—2013 附录 A 的方法计算调整材料、工程设备费。

3）发生合同工程工期延误的，应按照下列规定确定合同履行期的价格调整：

① 因非承包人原因导致工期延误的，计划进度日期后续工程的价格，应采用计划进度日期与实际进度日期两者的较高者。

② 因承包人原因导致工期延误的，计划进度日期后续工程的价格，应采用计划进度日期与实际进度日期两者的较低者。

4）发包人供应材料和工程设备的，不适用上述 1）、2）条规定，应由发包人按照实际变化调整，列入合同工程的工程造价内。

（9）暂估价

1）发包人在招标工程量清单中给定暂估价的材料、工程设备属于依法必须招标的，应由发承包双方以招标的方式选择供应商，确定价格，并应以此为依据取代暂估价，调整合同价款。

2）发包人在招标工程量清单中给定暂估价的材料、工程设备不属于依法必须招标的，应由承包人按照合同约定采购，经发包人确认单价后取代暂估价，调整合同价款。

3）发包人在工程量清单中给定暂估价的专业工程不属于依法必须招标的，应按照工程变更相应条款的规定确定专业工程价款，并应以此为依据取代专业工程暂估价，调整合同价款。

4）发包人在招标工程量清单中给定暂估价的专业工程，依法必须招标的，应当由发承包双方依法组织招标选择专业分包人，并接受有管辖权的建设工程招标投标管理机构的监督，还应符合下列要求：

① 除合同另有约定外，承包人不参加投标的专业工程发包招标，应由承包人作为招标人，但拟定的招标文件、评标工作、评标结果应报送发包人批准。与组织招标工作有关的费用应当被认为已经包括在承包人的签约合同价（投标总报价）中。

② 承包人参加投标的专业工程发包招标，应由发包人作为招标人，与组织招标工作有关的费用由发包人承担。同等条件下，应优先选择承包人中标。

③ 应以专业工程发包中标价为依据取代专业工程暂估价，调整合同价款。

（10）不可抗力

1）因不可抗力事件导致的人员伤亡、财产损失及其费用增加，发承包双方应按下列原则分别承担并调整合同价款和工期：

① 合同工程本身的损害、因工程损害导致第三方人员伤亡和财产损失以及运至施工场地用于施工的材料和待安装的设备的损害，应由发包人承担；

② 发包人、承包人人员伤亡应由其所在单位负责，并应承担相应费用；

③ 承包人的施工机械设备损坏及停工损失，应由承包人承担；

④ 停工期间，承包人应发包人要求留在施工场地的必要的管理人员及保卫人员的费用应由发包人承担；

⑤ 工程所需清理、修复费用，应由发包人承担。

2）不可抗力解除后复工的，若不能按期竣工，应合理延长工期。发包人要求赶工的，赶工费用应由发包人承担。

3）因不可抗力解除合同的，应按合同解除的价款结算与支付的规定办理。

（11）提前竣工（赶工补偿）

1）招标人应依据相关工程的工期定额合理计算工期，压缩的工期天数不得超过定额工期的20%，超过者，应在招标文件中明示增加赶工费用。

2）发包人要求合同工程提前竣工的，应征得承包人同意后与承包人商定采取加快工程进度的措施，并应修订合同工程进度计划。发包人应承担承包人由此增加的提前竣工（赶工补偿）费用。

3）发承包双方应在合同中约定提前竣工每日历天应补偿额度，此项费用应作为增加合同价款列入竣工结算文件中，应与结算款一并支付。

（12）误期赔偿

1）承包人未按照合同约定施工，导致实际进度迟于计划进度的，承包人应加快进度，实现合同工期。

合同工程发生误期，承包人应赔偿发包人由此造成的损失，并应按照合同约定向发包人支付误期赔偿费。即使承包人支付误期赔偿费，也不能免除承包人按照合同约定应承担的任何责任和应履行的任何义务。

2）发承包双方应在合同中约定误期赔偿费，并应明确每日历天应赔额度。误期赔偿费应列入竣工结算文件中，并应在结算款中扣除。

3）在工程竣工前，合同工程内的某单项（位）工程已通过了竣工验收，且该单项（位）工程接收证书中表明的竣工日期并未延误，而是合同工程的其他部分产生了工期延误时，误期赔偿费应按照已颁发工程接收证书的单项（位）工程造价占合同价款的比例幅度予以扣减。

（13）索赔

1）当合同一方向另一方提出索赔时，应有正当的索赔理由和有效证据，并应符合合同的相关约定。

2）根据合同约定，承包人认为非承包人原因发生的事件造成了承包人的损失，应按下列程序向发包人提出索赔：

① 承包人应在知道或应当知道索赔事件发生后28天内，向发包人提交索赔意向通知书，说明发生索赔事件的事由。承包人逾期未发出索赔意向通知书的，丧失索赔的权利。

② 承包人应在发出索赔意向通知书后28天内，向发包人正式提交索赔通知书。索赔通知书应详细说明索赔理由和要求，并应附必要的记录和证明材料。

③ 索赔事件具有连续影响的，承包人应继续提交延续索赔通知，说明连续影响的实际情况和记录。

④ 在索赔事件影响结束后的28天内，承包人应向发包人提交最终索赔通知书，说明最终索赔要求，并应附必要的记录和证明材料。

3）承包人索赔应按下列程序处理：

① 发包人收到承包人的索赔通知书后，应及时查验承包人的记录和证明材料。

② 发包人应在收到索赔通知书或有关索赔的进一步证明材料后的28天内，将索赔处理结果答复承包人，如果发包人逾期未作出答复，视为承包人索赔要求已被发包人认可。

③ 承包人接受索赔处理结果的，索赔款项应作为增加合同价款，在当期进度款中进

行支付；承包人不接受索赔处理结果的，应按合同约定的争议解决方式办理。

4）承包人要求赔偿时，可以选择下列一项或几项方式获得赔偿：

① 延长工期。

② 要求发包人支付实际发生的额外费用。

③ 要求发包人支付合理的预期利润。

④ 要求发包人按合同的约定支付违约金。

5）当承包人的费用索赔与工期索赔要求相关联时，发包人在做出费用索赔的批准决定时，应结合工程延期，综合做出费用赔偿和工程延期的决定。

6）发承包双方在按合同约定办理了竣工结算后，应被认为承包人已无权再提出竣工结算前所发生的任何索赔。承包人在提交的最终结清申请中，只限于提出竣工结算后的索赔，提出索赔的期限应自发承包双方最终结清时终止。

7）根据合同约定，发包人认为由于承包人的原因造成发包人的损失，宜按承包人索赔的程序进行索赔。

8）发包人要求赔偿时，可以选择下列一项或几项方式获得赔偿：

① 延长质量缺陷修复期限；

② 要求承包人支付实际发生的额外费用；

③ 要求承包人按合同的约定支付违约金。

9）承包人应付给发包人的索赔金额可从拟支付给承包人的合同价款中扣除，或由承包人以其他方式支付给发包人。

（14）现场签证

1）承包人应发包人要求完成合同以外的零星项目、非承包人责任事件等工作的，发包人应及时以书面形式向承包人发出指令，并应提供所需的相关资料；承包人在收到指令后，应及时向发包人提出现场签证要求。

2）承包人应在收到发包人指令后的7天内向发包人提交现场签证报告，发包人应在收到现场签证报告后的48小时内对报告内容进行核实，予以确认或提出修改意见。发包人在收到承包人现场签证，报告后的48小时内未确认也未提出修改意见的，应视为承包人提交的现场签证报告已被发包人认可。

3）现场签证的工作如已有相应的计日工单价，现场签证中应列明完成该类项目所需的人工、材料、工程设备和施工机械台班的数量。

如现场签证的工作没有相应的计日工单价，应在现场签证报告中列明完成该签证工作所需的人工、材料设备和施工机械台班的数量及单价。

4）合同工程发生现场签证事项，未经发包人签证确认，承包人便擅自施工的，除非征得发包人书面同意，否则发生的费用应由承包人承担。

5）现场签证工作完成后的7天内，承包人应按照现场签证内容计算价款，报送发包人确认后，作为增加合同价款，与进度款同期支付。

6）在施工过程中，当发现合同工程内容因场地条件、地质水文、发包人要求等不一致时，承包人应提供所需的相关资料，并提交发包人签证认可，作为合同价款调整的依据。

（15）暂列金额

1）已签约合同价中的暂列金额应由发包人掌握使用。

2）发包人按照前述（1）～（14）项的规定支付后，暂列金额余额应归发包人所有。

4. 合同价款期中支付

（1）预付款

1）承包人应将预付款专用于合同工程。

2）包工包料工程的预付款的支付比例不得低于签约合同价（扣除暂列金额）的10%，不宜高于签约合同价（扣除暂列金额）的30%。

3）承包人应在签订合同或向发包人提供与预付款等额的预付款保函后向发包人提交预付款支付申请。

4）发包人应在收到支付申请的7天内进行核实，向承包人发出预付款支付证书，并在签发支付证书后的7天内向承包人支付预付款。

5）发包人没有按合同约定按时支付预付款的，承包人可催告发包人支付；发包人在预付款期满后的7天内仍未支付的，承包人可在付款期满后的第8天起暂停施工。发包人应承担由此增加的费用和延误的工期，并应向承包人支付合理利润。

6）预付款应从每一个支付期应支付给承包人的工程进度款中扣回，直到扣回的金额达到合同约定的预付款金额为止。

7）承包人的预付款保函的担保金额根据预付款扣回的数额相应递减，但在预付款全部扣回之前一直保持有效。发包人应在预付款扣完后的14天内将预付款保函退还给承包人。

（2）安全文明施工费

1）安全文明施工费包括的内容和使用范围，应符合国家有关文件和计量规范的规定。

财政部、国家安全生产监督管理总局印发的《企业安全生产费用提取和使用管理办法》（财企［2012］16号）第十九条规定：建设工程施工企业安全费用应当按照以下范围使用：

① 完善、改造和维护安全防护设施设备支出（不含“三同时”要求初期投入的安全设施），包括施工现场临时用电系统、洞口、临边、机械设备、高处作业防护、交叉作业防护、防火、防爆、防尘、防毒、防雷、防台风、防地质灾害、地下工程有害气体监测、通风、临时安全防护等设施设备支出；

② 配备、维护、保养应急救援器材、设备支出和应急演练支出。

③ 开展重大危险源和事故隐患评估、监控和整改支出。

④ 安全生产检查、评价（不包括新建、改建、扩建项目安全评价）、咨询和标准化建设支出。

⑤ 配备和更新现场作业人员安全防护用品支出。

⑥ 安全生产宣传、教育、培训支出。

⑦ 安全生产适用的新技术、新标准、新工艺、新装备的推广应用支出。

⑧ 安全设施及特种设备检测检验支出。

⑨ 其他与安全生产直接相关的支出。

该办法对安全生产费用的使用范围作了规定，同时鉴于工程建设项目因专业的不同，施工阶段的不同，对安全文明施工措施的要求也不一致。因此，新《建设工程工程量清单计价规范》GB 50500—2013 针对不同的专业工程特点，规定了安全文明施工的内容和包含的范围，执行中应当以此为依据。

2）发包人应在工程开工后的 28 天内预付不低于当年施工进度计划的安全文明施工费总额的 60%，其余部分应按照提前安排的原则进行分解，并应与进度款同期支付。

3）发包人没有按时支付安全文明施工费的，承包人可催告发包人支付；发包人在付款期满后的 7 天内仍未支付的，若发生安全事故，发包人应承担相应责任。

4）承包人对安全文明施工费应专款专用，在财务账目中应单独列项备查，不得挪作他用；否则，发包人有权要求其限期改正；逾期未改正的，造成的损失和延误的工期应由承包人承担。

（3）进度款

1）发承包双方应按照合同约定的时间、程序和方法，根据工程计量结果，办理期中价款结算，支付进度款。

2）进度款支付周期应与合同约定的工程计量周期一致。

3）已标价工程量清单中的单价项目，承包人应按工程计量确认的工程量与综合单价计算；综合单价发生调整的，以发承包双方确认调整的综合单价计算进度款。

4）已标价工程量清单中的总价项目和按照规定形成的总价合同，承包人应按合同中约定的进度款支付分解，分别列入进度款支付申请中的安全文明施工费和本周期应支付的总价项目的金额中。

5）发包人提供的甲供材料金额，应按照发包人签约提供的单价和数量从进度款支付中扣除，列入本周期应扣减的金额中。

6）承包人现场签证和得到发包人确认的索赔金额应列入本周期应增加的金额中。

7）进度款的支付比例按照合同约定，按期中结算价款总额计，不低于 60%，不高于 90%。

8）承包人应在每个计量周期到期后的 7 天内向发包人提交已完工程进度款支付申请一式四份，详细说明此周期认为有权得到的款额，包括分包人已完工程的价款。支付申请应包括下列内容：

① 累计已完成的合同价款；

② 累计已实际支付的合同价款；

③ 本周期合计完成的合同价款：

a. 本周期已完成单价项目的金额；

b. 本周期应支付的总价项目的金额；

c. 本周期已完成的计日工价款；

d. 本周期应支付的安全文明施工费；

e. 本周期应增加的金额；

④ 本周期合计应扣减的金额：

a. 本周期应扣回的预付款；

b. 本周期应扣减的金额；

⑤ 本周期实际应支付的合同价款。

9）发包人应在收到承包人进度款支付申请后的 14 天内，根据计量结果和合同约定对申请内容予以核实，确认后向承包人出具进度款支付证书。若发承包双方对部分清单项目的计量结果出现争议，发包人应对无争议部分的工程计量结果向承包人出具进度款支付证书。

10）发包人应在签发进度款支付证书后的14天内，按照支付证书列明的金额向承包人支付进度款。

11）若发包人逾期未签发进度款支付证书，则视为承包人提交的进度款支付申请已被发包人认可，承包人可向发包人发出催告付款的通知。发包人应在收到通知后的14天内，按照承包人支付申请的金额向承包人支付进度款。

12）发包人未按照9)～11）条的规定支付进度款的，承包人可催告发包人支付，并有权获得延迟支付的利息；发包人在付款期满后的7天内仍未支付的，承包人可在付款期满后的第8天起暂停施工。发包人应承担由此增加的费用和延误的工期，向承包人支付合理利润，并应承担违约责任。

13）发现已签发的任何支付证书有错、漏或重复的数额，发包人有权予以修正，承包人也有权提出修正申请。经发承包双方复核同意修正的，应在本次到期的进度款中支付或扣除。

5. 竣工结算与支付

（1）一般规定

1）工程完工后，发承包双方必须在合同约定时间内办理工程竣工结算。

2）工程竣工结算应由承包人或受其委托具有相应资质的工程造价咨询人编制，并应由发包人或受其委托具有相应资质的工程造价咨询人核对。

3）当发承包双方或一方对工程造价咨询人出具的竣工结算文件有异议时，可向工程造价管理机构投诉，申请对其进行执业质量鉴定。

4）工程造价管理机构对投诉的竣工结算文件进行质量鉴定，宜按工程造价鉴定的相关规定进行。

5）竣工结算办理完毕，发包人应将竣工结算文件报送工程所在地或有该工程管辖权的行业管理部门的工程造价管理机构备案，竣工结算文件应作为工程竣工验收备案、交付使用的必备文件。

（2）编制与复核

1）工程竣工结算应根据下列依据编制和复核：

①《建设工程工程量清单计价规范》GB 50500—2013；

② 工程合同；

③ 发承包双方实施过程中已确认的工程量及其结算的合同价款；

④ 发承包双方实施过程中已确认调整后追加（减）的合同价款；

⑤ 建设工程设计文件及相关资料；

⑥ 投标文件；

⑦ 其他依据。

2）分部分项工程和措施项目中的单价项目应依据发承包双方确认的工程量与已标价工程量清单的综合单价计算；发生调整的，应以发承包双方确认调整的综合单价计算。

3）措施项目中的总价项目应依据已标价工程量清单的项目和金额计算；发生调整的，

应以发承包双方确认调整的金额计算，其中安全文明施工费应按相关规定计算。

4）其他项目应按下列规定计价：

① 计日工应按发包人实际签证确认的事项计算；

② 暂估价应按暂估价的规定计算；

③ 总承包服务费应依据已标价工程量清单金额计算；发生调整的，应以发承包双方确认调整的金额计算；

④ 索赔费用应依据发承包双方确认的索赔事项和金额计算；

⑤ 现场签证费用应依据发承包双方签证资料确认的金额计算；

⑥ 暂列金额应减去合同价款调整（包括索赔、现场签证）金额计算，如有余额归发包人。

5）规费和税金应按相关规定计算。规费中的工程排污费应按工程所在地环境保护部门规定的标准缴纳后按实列入。

6）发承包双方在合同工程实施过程中已经确认的工程计量结果和合同价款，在竣工结算办理中应直接进入结算。

（3）竣工结算

1）合同工程完工后，承包人应在经发承包双方确认的合同工程期中价款结算的基础上汇总编制完成竣工结算文件，应在提交竣工验收申请的同时向发包人提交竣工结算文件。

承包人未在合同约定的时间内提交竣工结算文件，经发包人催告后 14 天内仍未提交或没有明确答复的，发包人有权根据已有资料编制竣工结算文件，作为办理竣工结算和支付结算款的依据，承包人应予以认可。

2）发包人应在收到承包人提交的竣工结算文件后的 28 天内核对。发包人经核实：认为承包人还应进一步补充资料和修改结算文件，应在上述时限内向承包人提出核实意见，承包人在收到核实意见后的 28 天内应按照发包人提出的合理要求补充资料，修改竣工结算文件，并应再次提交给发包人复核后批准。

3）发包人应在收到承包人再次提交的竣工结算文件后的 28 天内予以复核，将复核结果通知承包人，并应遵守下列规定：

① 发包人、承包人对复核结果无异议的，应在 7 天内在竣工结算文件上签字确认，竣工结算办理完毕；

② 发包人或承包人对复核结果认为有误的，无异议部分按照 1）的规定办理不完全竣工结算；有异议部分由发承包双方协商解决；协商不成的，应按照合同约定的争议解决方式处理。

4）发包人在收到承包人竣工结算文件后的 28 天内，不核对竣工结算或未提出核对意见的，应视为承包人提交的竣工结算文件已被发包人认可，竣工结算办理完毕。

5）承包人在收到发包人提出的核实意见后的 28 天内，不确认也未提出异议的，应视为发包人提出的核实意见已被承包人认可，竣工结算办理完毕。

6）发包人委托工程造价咨询人核对竣工结算的，工程造价咨询人应在 28 天内核对完毕，核对结论与承包人竣工结算文件不一致的，应提交给承包人复核；承包人应在 14 天内将同意核对结论或不同意见的说明提交工程造价咨询人。工程造价咨询人收到承包人提出的异议后，应再次复核，复核无异议的，应按 3）中①的规定办理，复核后仍有异议的，按 3）中②的规定办理。

承包人逾期未提出书面异议的，应视为工程造价咨询人核对的竣工结算文件已经承包人认可。

7）对发包人或发包人委托的工程造价咨询人指派的专业人员与承包人指派的专业人员经核对后无异议并签名确认的竣工结算文件，除非发承包人能提出具体、详细的不同意见，发承包人都应在竣工结算文件上签名确认，如其中一方拒不签认的，按下列规定办理：

① 若发包人拒不签认的，承包人可不提供竣工验收备案资料，并有权拒绝与发包人或其上级部门委托的工程造价咨询人重新核对竣工结算文件。

② 若承包人拒不签认的，发包人要求办理竣工验收备案的，承包人不得拒绝提供竣工验收资料；否则，由此造成的损失，承包人承担相应责任。

8）合同工程竣工结算核对完成，发承包双方签字确认后，发包人不得要求承包人与另一个或多个工程造价咨询人重复核对竣工结算。

9）发包人对工程质量有异议，拒绝办理工程竣工结算的，已竣工验收或已竣工未验收但实际投入使用的工程，其质量争议应按该工程保修合同执行，竣工结算应按合同约定办理；已竣工未验收且未实际投入使用的工程以及停工、停建工程的质量争议，双方应就有争议的部分委托有资质的检测鉴定机构进行检测，并应根据检测结果确定解决方案，或按工程质量监督机构的处理决定执行后办理竣工结算，无争议部分的竣工结算应按合同约定办理。

（4）结算款支付

1）承包人应根据办理的竣工结算文件向发包人提交竣工结算款支付申请。申请应包括下列内容：

① 竣工结算合同价款总额；

② 累计已实际支付的合同价款；

③ 应预留的质量保证金；

④ 实际应支付的竣工结算款金额。

2）发包人应在收到承包人提交竣工结算款支付申请后 7 天内予以核实，向承包人签发竣工结算支付证书。

3）发包人签发竣工结算支付证书后的 14 天内，应按照竣工结算支付证书列明的金额向承包人支付结算款。

4）发包人在收到承包人提交的竣工结算款支付申请后 7 天内不予核实，不向承包人签发竣工结算支付证书的，视为承包人的竣工结算款支付申请已被发包人认可；发包人应在收到承包人提交的竣工结算款支付申请 7 天后的 14 天内，按照承包人提交的竣工结算款支付申请列明的金额向承包人支付结算款。

5）发包人未按照 3）、4）规定支付竣工结算款的，承包人可催告发包人支付，并有权获得延迟支付的利息。发包人在竣工结算支付证书签发后或者在收到承包人提交的竣工结算款支付申请 7 天后的 56 天内仍未支付的，除法律另有规定外，承包人可与发包人协商将该工程折价，也可直接向人民法院申请将该工程依法拍卖。承包人应就该工程折价或拍卖的价款优先受偿。

（5）最终结清

1）缺陷责任期终止后，承包人应按照合同约定向发包人提交最终结清支付申请。发包人对最终结清支付申请有异议的，有权要求承包人进行修正和提供补充资料。承包人修正后，应再次向发包人提交修正后的最终结清支付申请。

2）发包人应在收到最终结清支付申请后的 14 天内予以核实，并应向承包人签发最终结清支付证书。

3）发包人应在签发最终结清支付证书后的 14 天内，按照最终结清支付证书列明的金额向承包人支付最终结清款。

4）发包人未在约定的时间内核实，又未提出具体意见的，应视为承包人提交的最终结清支付申请已被发包人认可。

5）发包人未按期最终结清支付的，承包人可催告发包人支付，并有权获得延迟支付的利息。

6）最终结清时，承包人被预留的质量保证金不足以抵减发包人工程缺陷修复费用的，承包人应承担不足部分的补偿责任。

7）承包人对发包人支付的最终结清款有异议的，应按照合同约定的争议解决方式处理。

6. 合同解除的价款结算与支付

（1）发承包双方协商一致解除合同的，应按照达成的协议办理结算和支付合同价款。

（2）由于不可抗力致使合同无法履行解除合同的，发包人应向承包人支付合同解除之日前已完成工程但尚未支付的合同价款。此外，还应支付下列金额：

1）提前竣工（赶工补偿）的由发包人承担的费用；

2）已实施或部分实施的措施项目应付价款；

3）承包人为合同工程合理订购且已交付的材料和工程设备货款；

4）承包人撤离现场所需的合理费用，包括员工遣送费和临时工程拆除、施工设备运离现场的费用；

5）承包人为完成合同工程而预期开支的任何合理费用，且该项费用未包括在本款其他各项支付之内。

发承包双方办理结算合同价款时，应扣除合同解除之日前发包人应向承包人收回的价款。当发包人应扣除的金额超过了应支付的金额，承包人应在合同解除后的 56 天内将其差额退还给发包人。

（3）因承包人违约解除合同的，发包人应暂停向承包人支付任何价款。发包人应在合同解除后 28 天内核实合同解除时承包人已完成的全部合同价款以及按施工进度计划已运至现场的材料和工程设备货款，按合同约定核算承包人应支付的违约金以及造成损失的索赔金额，并将结果通知承包人。发承包双方应在 28 天内予以确认或提出意见，并应办理结算合同价款。如果发包人应扣除的金额超过了应支付的金额，承包人应在合同解除后的 56 天内将其差额退还给发包人。发承包双方不能就解除合同后的结算达成一致的，按照合同约定的争议解决方式处理。

（4）因发包人违约解除合同的，发包人除应按照（2）的规定向承包人支付各项价款外，应按合同约定核算发包人应支付的违约金以及给承包人造成损失或损害的索赔金额费用。该笔费用应由承包人提出，发包人核实后应与承包人协商确定后的7天内向承包人签发支付证书。协商不能达成一致的，应按照合同约定的争议解决方式处理。

7. 合同价款争议的解决

（1）监理或造价工程师暂定

1）若发包人和承包人之间就工程质量、进度、价款支付与扣除、工期延期、索赔、价款调整等发生任何法律上、经济上或技术上的争议，首先应根据已签约合同的规定，提交合同约定职责范围内的总监理工程师或造价工程师解决，并应抄送另一方。总监理工程师或造价工程师在收到此提交件后14天内应将暂定结果通知发包人和承包人。发承包双方对暂定结果认可的，应以书面形式予以确认，暂定结果成为最终决定。

2）发承包双方在收到总监理工程师或造价工程师的暂定结果通知之后的14天内未对暂定结果予以确认也未提出不同意见的，应视为发承包双方已认可该暂定结果。

3）发承包双方或一方不同意暂定结果的，应以书面形式向总监理工程师或造价工程师提出，说明自己认为正确的结果，同时抄送另一方，此时该暂定结果成为争议。在暂定结果对发承包双方当事人履约不产生实质影响的前提下，发承包双方应实施该结果，直到按照发承包双方认可的争议解决办法被改变为止。

（2）管理机构的解释或认定

1）合同价款争议发生后，发承包双方可就工程计价依据的争议以书面形式提请工程造价管理机构对争议以书面文件进行解释或认定。

2）工程造价管理机构应在收到申请的10个工作日内就发承包双方提请的争议问题进行解释或认定。

3）发承包双方或一方在收到工程造价管理机构书面解释或认定后仍可按照合同约定的争议解决方式提请仲裁或诉讼。除工程造价管理机构的上级管理部门做出了不同的解释或认定，或在仲裁裁决或法院判决中不予采信的外，工程造价管理机构做出的书面解释或认定应为最终结果，并应对发承包双方均有约束力。

（3）协商和解

1）合同价款争议发生后，发承包双方任何时候都可以进行协商。协商达成一致的，双方应签订书面和解协议，和解协议对发承包双方均有约束力。

2）如果协商不能达成一致协议，发包人或承包人都可以按合同约定的其他方式解决争议。

（4）调解

1）发承包双方应在合同中约定或在合同签订后共同约定争议调解人，负责双方在合同履行过程中发生争议的调解。

2）合同履行期间，发承包双方可协议调换或终止任何调解人，但发包人或承包人都不能单独采取行动。除非双方另有协议，在最终结清支付证书生效后，调解人的任期应即终止。

3）如果发承包双方发生了争议，任何一方可将该争议以书面形式提交调解人，并将副本抄送另一方，委托调解人调解。

4）发承包双方应按照调解人提出的要求，给调解人提供所需要的资料、现场进入权及相应设施。调解人应被视为不是在进行仲裁人的工作。

5）调解人应在收到调解委托后28天内或由调解人建议并经发承包双方认可的其他期限内提出调解书，发承包双方接受调解书的，经双方签字后作为合同的补充文件，对发承包双方均具有约束力，双方都应立即遵照执行。

6）当发承包双方中任一方对调解人的调解书有异议时，应在收到调解书后28天内向另一方发出异议通知，并应说明争议的事项和理由。但除非并直到调解书在协商和解或仲裁裁决、诉讼判决中做出修改，或合同已经解除，承包人应继续按照合同实施工程。

7）当调解人已就争议事项向发承包双方提交了调解书，而任一方在收到调解书后28天内均未发出表示异议的通知时，调解书对发承包双方应均具有约束力。

（5）仲裁、诉讼

1）发承包双方的协商和解或调解均未达成一致意见，其中的一方已就此争议事项根据合同约定的仲裁协议申请仲裁，应同时通知另一方。

2）仲裁可在竣工前或后进行，但发包人、承包人、调解人各自的义务不得因在工程实施期间进行仲裁而有所改变。当仲裁是在仲裁机构要求停止施工的情况下进行时，承包人应对合同工程采取保护措施，由此增加的费用应由败诉方承担。

3）在上述（1）～（4）项规定的期限之内，暂定或和解协议或调解书已经有约束力的情况下，当发承包中一方未能遵守暂定或和解协议或调解书时，另一方可在不损害他可能具有的任何其他权利的情况下，将未能遵守暂定或不执行和解协议或调解书达成的事项提交仲裁。

4）发包人、承包人在履行合同时发生争议，双方不愿和解、调解或者和解、调解不成，又没有达成仲裁协议的，可依法向人民法院提起诉讼。

1.3 建筑安装工程费用构成与计算

1.3.1 工程费用的基本构成

1. 按费用构成要素划分

建筑安装工程费按照费用构成要素划分：由人工费、材料费（包含工程设备，下同）、施工机具使用费、企业管理费、利润、规费和税金组成。其中人工费、材料费、施工机具使用费、企业管理费和利润包含在分部分项工程费、措施项目费、其他项目费中，具体如图1-1所示。

2. 按造价形成划分

建筑安装工程费按照工程造价形成由分部分项工程费、措施项目费、其他项目费、规费、税金组成，分部分项工程费、措施项目费、其他项目费包含人工费、材料费、施工机具使用费、企业管理费和利润，具体如图1-2所示。

1.3.2 工程费用参考计算方法

1. 人工费

公式一：

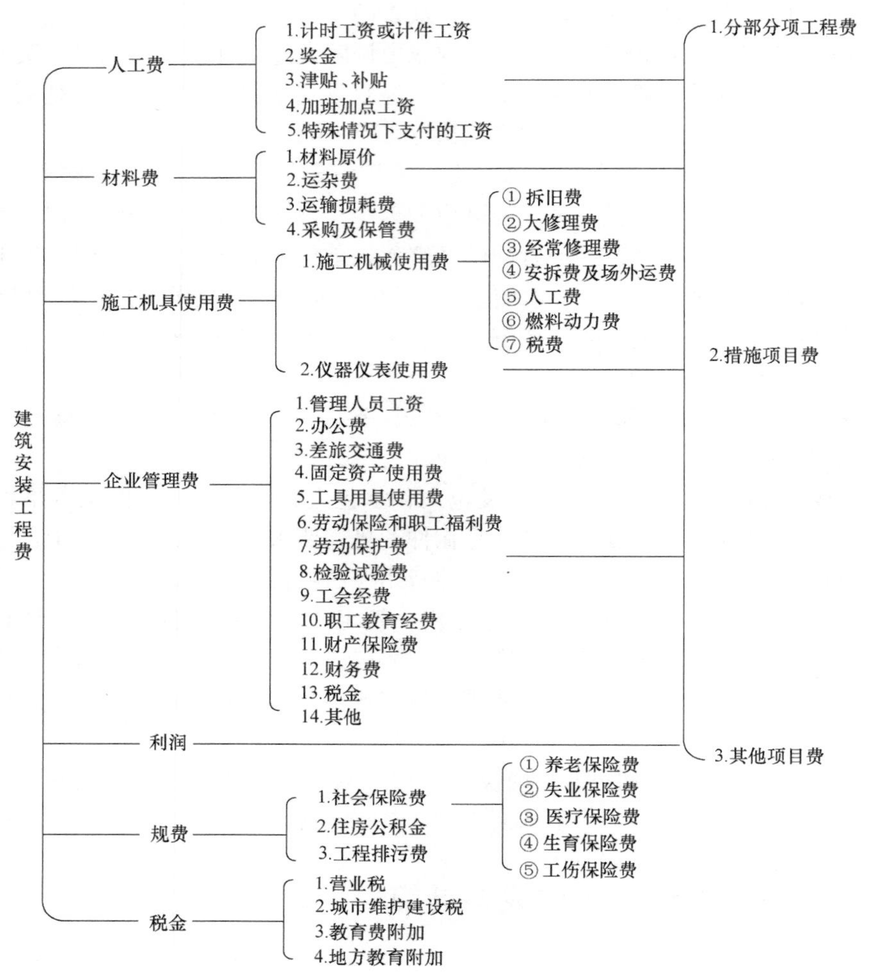

图 1-1 建筑安装工程费用项目组成表（按费用构成要素划分）

$$人工费=\sum(工日消耗量\times日工资单价) \tag{1-7}$$

$$日工资单价=\frac{生产工人平均月工资(计时/计件)+平均月(奖金+津贴补贴+特殊情况下支付的工资)}{年平均每月法定工作日} \tag{1-8}$$

注：式（2-1）、式（2-2）主要适用于施工企业投标报价时自主确定人工费，也是工程造价管理机构编制计价定额确定定额人工单价或发布人工成本信息的参考依据。

公式二：

$$人工费=\sum(工程工日消耗量\times日工资单价) \tag{1-9}$$

其中，日工资单价是指施工企业平均技术熟练程度的生产工人在每工作日（国家法定工作时间内）按规定从事施工作业应得的日工资总额。

工程造价管理机构确定日工资单价应通过市场调查、根据工程项目的技术要求，参考实物工程量人工单价综合分析确定，最低日工资单价不得低于工程所在地人力资源和社会保障部门所发布的最低工资标准的：普工 1.3 倍、一般技工 2 倍、高级技工 3 倍。

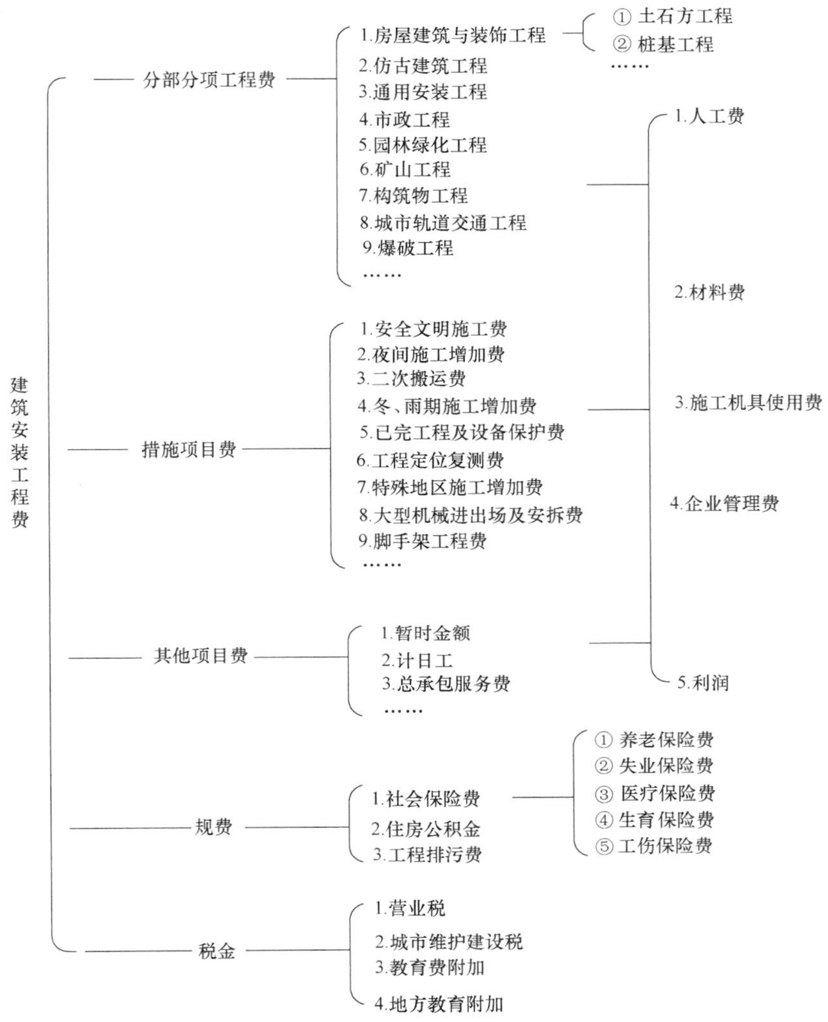

图 1-2 建筑安装工程费用项目组成表（按造价形成划分）

工程计价定额不可只列一个综合工日单价，应根据工程项目技术要求和工种差别适当划分多种日人工单价，确保各分部工程人工费的合理构成。

注：式（1-9）适用于工程造价管理机构编制计价定额时确定定额人工费，是施工企业投标报价的参考依据。

2. 材料费

（1）材料费

$$材料费=\sum(材料消耗量\times材料单价) \tag{1-10}$$

$$材料单价=\{(材料原价+运杂费)\times[1+运输损耗率(\%)]\}\times[1+采购保管费率(\%)] \tag{1-11}$$

（2）工程设备费

$$工程设备费=\sum(工程设备量\times工程设备单价) \tag{1-12}$$

$$工程设备单价=(设备原价+运杂费)\times[1+采购保管费率(\%)] \tag{1-13}$$

3. 施工机具使用费

(1) 施工机械使用费

$$施工机械使用费=\sum(施工机械台班消耗量\times机械台班单价) \tag{1-14}$$

$$\begin{aligned}机械台班单价=&台班折旧费+台班大修费+台班经常修理费+台班安拆费及场外运费\\&+台班人工费+台班燃料动力费+台班车船税费\end{aligned} \tag{1-15}$$

注：工程造价管理机构在确定计价定额中的施工机械使用费时，应根据《建筑施工机械台班费用计算规则》结合市场调查编制施工机械台班单价。施工企业可以参考工程造价管理机构发布的台班单价，自主确定施工机械使用费的报价，如租赁施工机械，公式为：施工机械使用费＝∑（施工机械台班消耗量×机械台班租赁单价）。

(2) 仪器仪表使用费

$$仪器仪表使用费=工程使用的仪器仪表摊销费+维修费 \tag{1-16}$$

4. 企业管理费费率

(1) 以分部分项工程费为计算基础

$$\begin{aligned}企业管理费费率(\%)=&\frac{生产工人年平均管理费}{年有效施工天数\times人工单价}\\&\times人工费占分部分项工昆费比例(\%)\end{aligned} \tag{1-17}$$

(2) 以人工费和机械费合计为计算基础

$$企业管理费费率(\%)=\frac{生产工人年平均管理费}{年有效施工天数\times(人工单价+每一工日机械使用费)}\times100\% \tag{1-18}$$

(3) 以人工费为计算基础

$$企业管理费费率(\%)=\frac{生产工人年平均管理费}{年有效施工天数\times人工单价}\times100\% \tag{1-19}$$

注：上述公式适用于施工企业投标报价时自主确定管理费，是工程造价管理机构编制计价定额确定企业管理费的参考依据。

工程造价管理机构在确定计价定额中企业管理费时，应以定额人工费或（定额人工费＋定额机械费）作为计算基数，其费率根据历年工程造价积累的资料，辅以调查数据确定，列入分部分项工程和措施项目中。

5. 利润

(1) 施工企业根据企业自身需求并结合建筑市场实际自主确定，列入报价中。

(2) 工程造价管理机构在确定计价定额中利润时，应以定额人工费或（定额人工费＋定额机械费）作为计算基数，其费率根据历年工程造价积累的资料，并结合建筑市场实际确定，以单位（单项）工程测算，利润在税前建筑安装工程费的比重可按不低于5%且不高于7%的费率计算。利润应列入分部分项工程和措施项目中。

6. 规费

(1) 社会保险费和住房公积金。社会保险费和住房公积金应以定额人工费为计算基础，根据工程所在地省、自治区、直辖市或行业建设主管部门规定费率计算。

$$社会保险费和住房公积金=\sum(工程定额人工费\times社会保险费和住房公积金费率) \tag{1-20}$$

式中：社会保险费和住房公积金费率可以每万元发承包价的生产工人人工费和管理人员工资含量与工程所在地规定的缴纳标准综合分析取定。

（2）工程排污费。工程排污费等其他应列而未列入的规费应按工程所在地环境保护等部门规定的标准缴纳，按实计取列入。

7. 税金

税金计算公式：

$$税金=税前造价\times综合税率(\%) \tag{1-21}$$

综合税率：

（1）纳税地点在市区的企业：

$$综合税率(\%)=\frac{1}{1-2\%-(3\%\times7\%)-(3\%-3\%)-(3\%\times2\%)}-1 \tag{1-22}$$

（2）纳税地点在县城、镇的企业：

$$综合税率(\%)=\frac{1}{1-3\%-(3\%\times5\%)-(3\%\times3\%)-(3\%\times2\%)}-1 \tag{1-23}$$

（3）纳税地点不在市区、县城、镇的企业：

$$综合税率(\%)=\frac{1}{1-3\%-(3\%\times1\%)-(3\%\times3\%)-(3\%\times2\%)}-1 \tag{1-24}$$

（4）实行营业税改增值税的，按纳税地点现行税率计算。

2 市政工程清单工程量计算及实例

2.1 土石方工程清单工程量计算及实例

2.1.1 工程量清单计价规则

1. 土方工程

土方工程工程量清单计价规则见表 2-1。

土方工程（编号：040101） 表 2-1

项目编码	项目名称	项目特征	计量单位	工程量计算规则	工程内容
040101001	挖一般土方	1. 土壤类别 2. 挖土深度	m	按设计图示尺寸以体积计算	1. 排地表水 2. 土方开挖 3. 围护（挡土板）及拆除 4. 基底钎探 5. 场内运输
040101002	挖沟槽土方			按设计图示尺寸以基础垫层底面积乘以挖土深度计算	
040101003	挖基坑土方				
040101004	暗挖土方	1. 土壤类别 2. 平洞、斜洞（坡度） 3. 运距		按设计图示断面乘以长度以体积计算	1. 排地表水 2. 土方开挖 3. 场内运输
040101005	挖淤泥、流砂	1. 挖掘深度 2. 运距		按设计图示位置、界限以体积计算	1. 开挖 2. 运输

2. 石方工程

石方工程工程量清单计价规则见表 2-2。

石方工程（编号：040102） 表 2-2

项目编码	项目名称	项目特征	计量单位	工程量计算规则	工程内容
040102001	挖一般石方	1. 岩石类别 2. 开凿深度	m^3	按设计图示尺寸以体积计算	1. 排地表水 2. 石方开凿 3. 修整底、边 4. 场内运输
040102002	挖沟槽石方			按设计图示尺寸以基础垫层底面积乘以挖石深度计算	
040102003	挖基坑石方				

3. 回填方及土石方运输

回填方及土石方运输工程量清单计价规则见表 2-3。

回填方及土石方运输（编码：040103）　　表 2-3

项目编码	项目名称	项目特征	计量单位	工程量计算规则	工程内容
040103001	回填方	1. 密实度要求 2. 填方材料品种 3. 填方粒径要求 4. 填方来源、运距	m^3	1. 按挖方清单项目工程量加原地面线至设计要求标高间的体积，减基础、构筑物等埋入体积计算 2. 按设计图示尺寸以体积计算	1. 运输 2. 回填 3. 压实
040103002	余方弃置	1. 废弃料品种 2. 运距		按挖方清单项目工程量减利用回填方体积（正数）计算	余方点装料运输至弃置点

2.1.2　清单相关问题及说明

1. 土方工程

（1）沟槽、基坑、一般土方的划分为：底宽≤7m 且底长＞3 倍底宽为沟槽，底长≤3 倍底宽且底面积≤150m^2 为基坑。超出上述范围则为一般土方。

（2）土壤的分类应按表 2-4 确定。

土壤分类表　　表 2-4

土壤分类	土壤名称	开挖方法
一、二类土	粉土、砂土（粉砂、细砂、中砂、粗砂、砾砂）、粉质黏土、弱中盐渍土、软土（淤泥质土、泥炭、泥炭质土）、软塑红黏土、冲填土	用锹，少许用镐、条锄开挖。机械能全部直接铲挖满载者
三类土	黏土、碎石土（圆砾、角砾）、混合土、可塑红黏土、硬塑红黏土、强盐渍土、素填土、压实填土	主要用镐、条锄，少许用锹开挖。机械需部分刨松方能铲挖满载者或可直接铲挖但不能满载者
四类土	碎石土（卵石、碎石、漂石、块石）、坚硬红黏土、超盐渍土、杂填土	全部用镐、条锄挖掘，少许用撬棍挖掘。机械需普遍刨松方能铲挖满载者

（3）如土壤类别不能准确划分时，招标人可注明为综合，由投标人根据地勘报告决定报价。

（4）土方体积应按挖掘前的天然密实体积计算。

（5）挖沟槽、基坑土方中的挖土深度，一般指原地面标高至槽、坑底的平均高度。

（6）挖沟槽、基坑、一般土方因工作面和放坡增加的工程量，是否并入各土方工程量中，按各省、自治区、直辖市或行业建设主管部门的规定实施。

（7）挖沟槽、基坑、一般土方和暗挖土方清单项目的工作内容中仅包括了土方场内平衡所需的运输费用，如需土方外运时，按 040103002“余方弃置”项目编码列项。

（8）挖方出现流砂、淤泥时，如设计未明确，在编制工程量清单时，其工程数量可为暂估值。结算时，应根据实际情况由发包人与承包人双方现场签证确认工程量。

（9）挖淤泥、流砂的运距可以不描述，但应注明由投标人根据施工现场实际情况自行考虑决定报价。

2. 石方工程

（1）沟槽、基坑、一般石方的划分为：底宽≤7m 且底长＞3 倍底宽为沟槽；底长≤3

倍底宽且底面积≤150m² 为基坑；超出上述范围则为一般石方。

（2）岩石的分类应按表 2-5 确定。

岩石分类表　　　　表 2-5

岩石分类		代表性岩石	开挖方法
极软岩		1. 全风化的各种岩石 2. 各种半成岩	部分用手凿工具、部分用爆破法开挖
软质岩	软岩	1. 强风化的坚硬岩或较硬岩 2. 中等风化-强风化的较软岩 3. 未风化-微风化的页岩、泥岩、泥质砂岩等	用风镐和爆破法开挖
	较软岩	1. 中等风化-强风化的坚硬岩或较硬岩 2. 未风化-微风化的凝灰岩、千枚岩、泥灰岩、砂质泥岩等	用爆破法开挖
硬质岩	较硬岩	1. 微风化的坚硬岩 2. 未风化-微风化的大理岩、板岩、石灰岩、白云岩、钙质砂岩等	
	坚硬岩	未风化-微风化的花岗岩、闪长岩、辉绿岩、玄武岩、安山岩、片麻岩、石英岩、石英砂岩、硅质砾岩、硅质石灰岩等	

（3）石方体积应按挖掘前的天然密实体积计算。

（4）挖沟槽、基坑、一般石方因工作面和放坡增加的工程量，是否并入各石方工程量中，按各省、自治区、直辖市或行业建设主管部门的规定实施。如并入各石方工程量中，编制工程量清单时，其所需增加的工程数量可为暂估值，且在清单项目中予以注明；办理工程结算时，按经发包人认可的施工组织设计规定计算。

（5）挖沟槽、基坑、一般石方清单项目的工作内容中仅包括了石方场内平衡所需的运输费用，如需石方外运时，按 040103002“余方弃置”项目编码列项。

（6）石方爆破按现行国家标准《爆破工程工程量计算规范》GB 50862—2013 相关项目编码列项。

3. 回填方及土石方运输

（1）填方材料品种为土时，可以不描述。

（2）填方粒径，在无特殊要求情况下，项目特征可以不描述。

（3）对于沟、槽坑等开挖后再进行回填方的清单项目，其工程量计算规则按第 1 条确定；场地填方等按第 2 条确定。其中，对工程量计算规则 1，当原地面线高于设计要求标高时，则其体积为负值。

（4）回填方总工程量中若包括场内平衡和缺方内运两部分时，应分别编码列项。

（5）余方弃置和回填方的运距可以不描述，但应注明由投标人根据施工现场实际情况自行考虑决定报价。

（6）回填方如需缺方内运，且填方材料品种为土方时，是否在综合单价中计入购买土方的费用，由投标人根据工程实际情况自行考虑决定报价。

4. 其他问题

（1）隧道石方开挖按“隧道工程”中相关项目编码列项。

（2）废料及余方弃置清单项目中，如需发生弃置、堆放费用的，投标人应根据当地有关规定计取相应费用，并计入综合单价中。

2.1.3 工程量清单计价实例

【例 2-1】 某构筑物混凝土基础如图 2-1 所示，基础垫层为无筋混凝土，长宽方向的外边线尺寸为 6.2m 和 5.4m，垫层厚 20mm，垫层顶面标高为－4.550m，下常水位置高为－3.500m，室外地面标高为－0.650m，人工挖土，地该处土壤类别为三类土。试计算挖土方清单工程量。

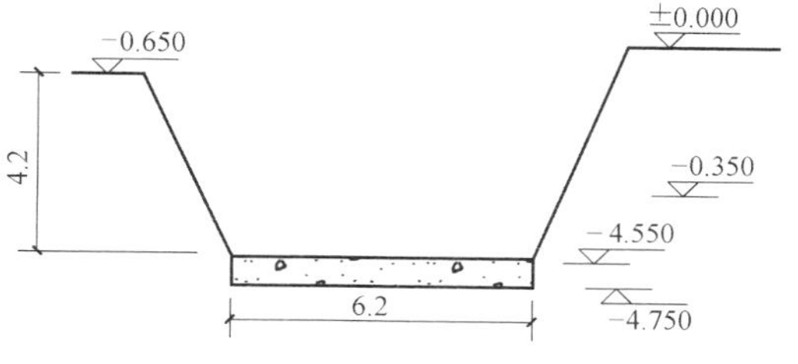

图 2-1 某构筑物混凝土基础

【解】

挖土方清单工程量 $V=6.2\times5.4\times4.2=140.62\text{m}^3$

清单工程量计算表见表 2-6。

清单工程量计算表 **表 2-6**

项目编码	项目名称	项目特征描述	计量单位	工程量
040101001001	挖一般土方	三类土	m^3	140.62

【例 2-2】 某基础沟槽断面图如图 2-2 所示，该沟槽不放坡，双面支挡土板，混凝土基础支模板，预留工作面 0.3m，沟槽长 120m，采用人工挖土，土壤类别为二类土，试计算挖沟槽清单工程量。

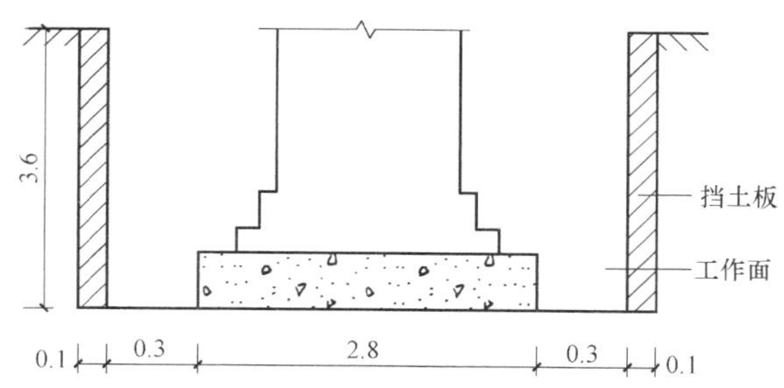

图 2-2 某基础沟槽断面图（单位：m）

【解】

沟槽土方清单工程量 $V=(0.1\times2+0.30\times2+2.8)\times3.6\times120=1555.20\text{m}^3$

清单工程量计算表见表 2-7。

清单工程量计算表 **表 2-7**

项目编码	项目名称	项目特征描述	计量单位	工程量
040101002001	挖沟槽土方	二类土	m^3	1555.20

【例 2-3】 某建筑工程沟槽断面图如图 2-3 所示，施工现场为坚硬岩石，外墙沟槽开挖，长度为 118m，计算沟槽开挖工程量。

【解】

石方沟槽开挖工程量如图 2-3 所示尺寸另加允许超挖量以立方米计算。允许超挖厚

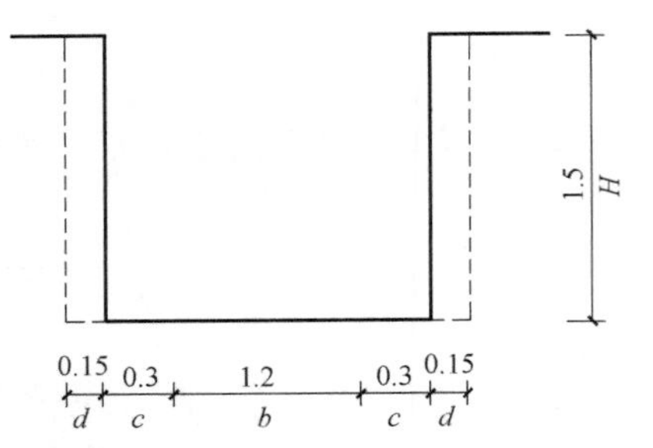

图 2-3 某建筑工程沟槽断面图（单位：m）

度：次坚石为 20cm，特坚石为 15cm。

沟槽开挖的工程量$=H(b+2d+2c)l$

$=1.50\times(1.2+2\times0.15+0.3\times2)\times118=371.7\text{m}^3$

式中 d——允许超挖厚度，m；

H——沟槽开挖深度，m；

Z——沟槽开挖长度，m；

b——沟槽设计宽度，不包括工作面的宽度，m；

c——工作面宽度，m。

清单工程量计算表见表 2-8。

清单工程量计算表 **表 2-8**

项目编码	项目名称	项目特征描述	计量单位	工程量
040101002001	挖沟槽土方	坚硬岩石	m^3	371.7

【例 2-4】 有一圆形建筑物的基础，如图 2-4 所示，采用人工挖土，基底垫层半径为 4m，工作面每边各增加 0.3m，场地土为三类。试计算挖土清单工程量。

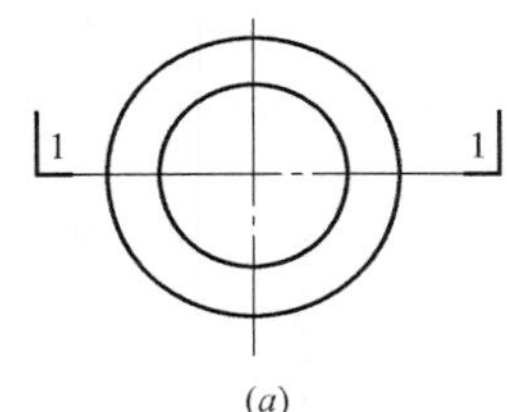

(a)

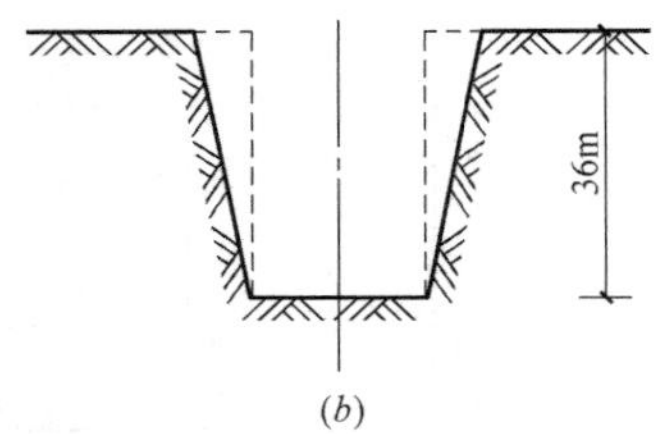

(b)

图 2-4 圆形基坑示意图

(a) 圆形基坑；(b) 1-1

【解】

挖土清单工程量 $V=3.14\times4^2\times3.6=180.86\text{m}^3$

清单工程量计算表见表 2-9。

清单工程量计算表 **表 2-9**

项目编码	项目名称	项目特征描述	计量单位	工程量
040101003001	挖基坑土方	三类土，深 3.6m	m^3	180.86

【例 2-5】 某工程施工场地有坚硬石类岩，其断面形状如图 2-5 所示，其底部尺寸为 40m×41m，上部尺寸为 45m×46m，试计算挖石方工程量。

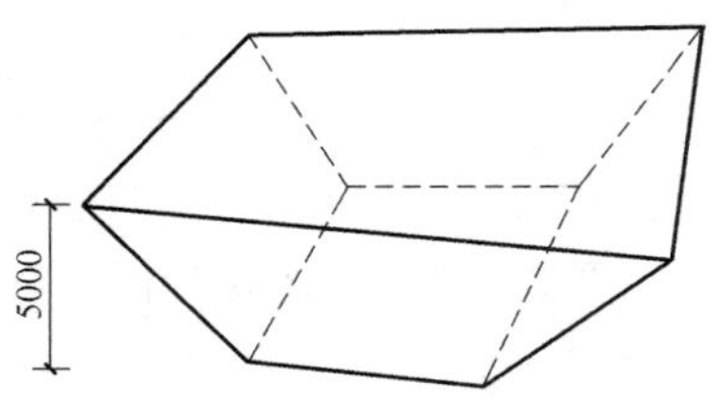

图 2-5 挖一般石方断面形状示意图

【解】

挖一般石方工程量$=(45\times46+40\times41)/2\times5=9275\text{m}^3$

清单工程量计算见表 2-10。

清单工程量计算表 表 2-10

项目编码	项目名称	项目特征描述	计量单位	工程量
040102001001	挖一般石方	坚硬岩石	m^3	9275

【例 2-6】 某市政工程需要在山脚开挖沟槽，已知沟槽内为中等风化的坚硬岩，开挖长度为 300m，沟槽断面如图 2-6 所示，试计算该工程挖石方工程量。

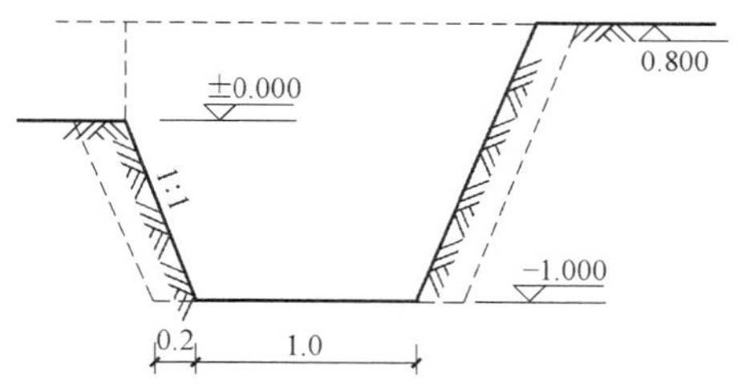

图 2-6 边沟槽断面图（单位：m）

【解】

挖沟槽石方工程 $= 1.0 \times 300 \times 1.0 = 300m^3$

清单工程量计算表见表 2-11。

清单工程量计算表 表 2-11

项目编码	项目名称	项目特征描述	计量单位	工程量
040102002001	挖沟槽石方	中等风化坚硬岩，开凿深度 1.0m	m^3	300

【例 2-7】 某基础底面为矩形，基础底面长为 3.0m，宽为 2.6m，基坑深 3.5m，土质为坚硬玄武岩，两边各留工作面宽度为 0.3m，采用人工挖方，基坑石方示意图如图 2-7 所示，试计算其挖石方工程量。

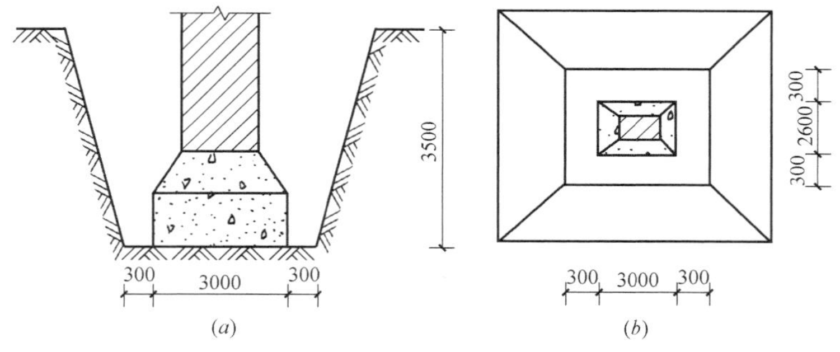

图 2-7 基坑石方示意图

(a) 基坑断面图；(b) 基坑平面图

【解】

挖基坑石方工程量 $=3.0\times2.6\times3.5=27.3m^3$

清单工程量计算表见表 2-12。

清单工程量计算表 表 2-12

项目编码	项目名称	项目特征描述	计量单位	工程量
040102003001	挖基坑石方	坚硬玄武岩，基坑深 3.5m	m^3	27.3

【例 2-8】 某管道沟槽如图 2-8 所示，管道长 132m，混凝土管管径 900mm，施工场地上层 1.55m 为四类土，下层为普通岩石地质，利用人工开挖，管道扣除土方体积表见表 2-13。试计算该管道沟槽的挖土石方工程量及回填土工程量。

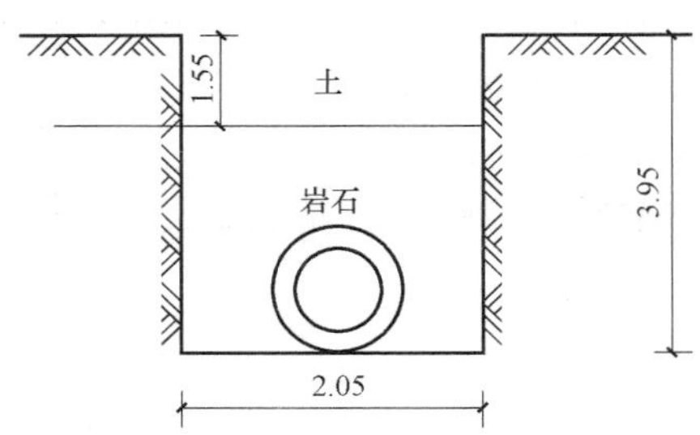

图 2-8 某管道沟槽断面图（单位：m）

管道扣除土方体积表 **表 2-13**

管道名称	管道直径(mm)					
	500～600	601～800	801～1000	1001～1200	1201～1400	1401～1601
钢管	0.21	0.44	0.71	—	—	—
铸铁管	0.24	0.49	0.77	—	—	—
混凝土管	0.33	0.60	0.92	1.15	1.35	1.55

【解】

（1）挖土方工程量

$V_1=2.05\times1.55\times132=419.43\text{m}^3$

（2）挖石方工程量

$V_2=2.05\times(3.95-1.55)\times132=649.44\text{m}^3$

则挖土石方总量为

$V=V_1+V_2=419.43+649.44=1068.87\text{m}^3$

（3）填土工程量

查表 2-13 得，$DN900$ 混凝土管体积为每米 0.92m^3

则回填土工程量：

$V'=1068.87-0.92\times132=947.43\text{m}^3$

【例 2-9】 某铸铁管道工程，管道沟槽底面宽 2.4m，放坡开挖，土质为三类土，管径为 800mm，沟槽长 200m，槽深 2.2m，试计算其填方工程量。

【解】

（1）挖土工程量 $V=bhL=2.4\times2.2\times200=1056\text{m}^3$

（2）填方工程量：查表 2-13 可知，每米管道所占体积为 0.49m^3。则

填方工程量 V_1＝挖土体积－管径所占体积$=1056-0.49\times200=958\text{m}^3$

【例 2-10】 某道路路基工程，挖土 3850m^3，其中可利用 2460m^3，填土 3850m^3，土方运距为 2.55km，现场挖填平衡，试计算确定余土外运工程量。

【解】

余方弃置工程量＝3850－2460＝1390m^3

清单工程量计算表见表 2-14。

清单工程量计算表　　表 2-14

项目编码	项目名称	项目特征描述	计量单位	工程量
040103002001	余方弃置	土方运距为 2.55km	m^3	1390

【例 2-11】 开挖的某建筑物沟槽如图 2-9 所示，挖深 1.55m，土质为普通岩石，计算其地槽开挖的清单工程量。

【解】

（1）外墙地槽中心线长

$$L_{外}=2\times(5.8+6.8)+5.4+4.5+3.6\times2+2.5=44.8m$$

（2）内墙地槽净长

$$L_{内}=(5.8-0.8)+(6.8-0.8)+(3.6+3.6-0.8)=17.4m$$

（3）地槽总长度

$$L_{总}=L_{外}+L_{内}=44.8+17.4=62.2m$$

（4）地槽开挖工程量

$$V_{挖}=0.8\times62.2\times1.55=77.128m^3$$

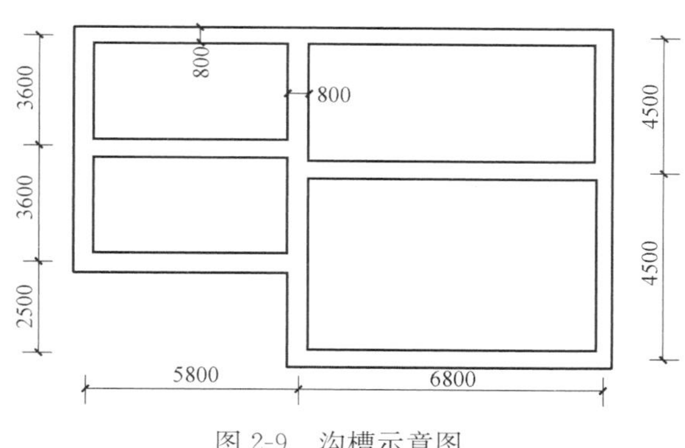

图 2-9　沟槽示意图

【例 2-12】 如图 2-10 所示，设桩号 0＋000 的挖方断面面积为 2.6m^2，填方断面面积为 2.4m^2，2-2 中桩号 0＋050 的挖方断面面积为 1.9m^2，填方断面面积为 1.8m^2，两桩间的距离为 50m，求其填挖方量，并对土方量进行汇总（三类土，填方密实度为 95%）。

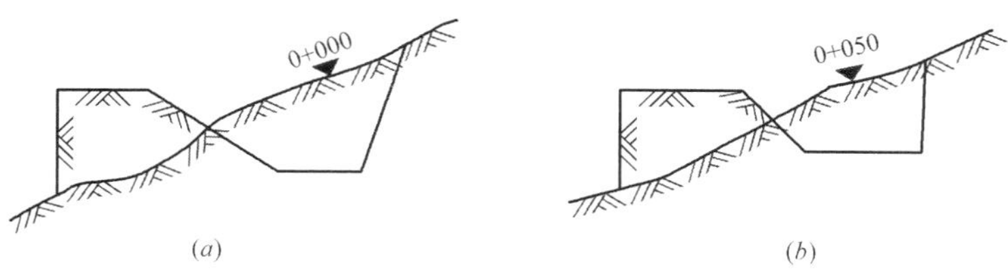

图 2-10　土方断面示意图

(a) 1-1；(b) 2-2

【解】

$V_{挖}=\frac{1}{2}\times(2.6+1.9)\times50=112.5m^3$

$V_{填}=\frac{1}{2}\times(2.4+1.8)\times50=105m^3$

清单工程量计算表见表 2-15。

清单工程量计算表　　**表 2-15**

项目编码	项目名称	项目特征描述	计量单位	工程量
040101001001	挖一般土方	三类土	m^3	112.5
040103001001	回填方	密实度 95%	m^3	105

【例 2-13】 某道路工程，修筑起点 0+000，终点 0+400，路面修筑路宽度 10m，路肩各宽 1m，余方运至 10km 处弃置点，其余已知数据见表 2-16，试计算运土方量（三类土，填方密实度 95%，运距 3km）。

道路工程各断面填挖面积　　**表 2-16**

桩号	距离(m)	挖土	填土
		断面积(m^2)	断面积(m^2)
0+000	50	2.90	2.60
0+050	50	3.10	2.40
0+100	50	3.50	3.10
0+150	50	4.20	3.80
0+200	50	5.20	5.00
0+250	50	5.80	5.10
0+300	50	5.60	5.40
0+350	50	6.80	4.40
0+400	50	8.20	6.20

【解】

挖、填土方量：

(1) 0+000～0+050

$V_{挖}=\frac{1}{2}\times(2.90+3.10)\times50=147.5m^3$

$V_{填}=\frac{1}{2}\times(2.60+2.40)\times50=125m^3$

(2) 0+050～0+100

$V_{挖}=\frac{1}{2}\times(3.10+3.50)\times50=165m^3$

$V_{填}=\frac{1}{2}\times(2.40+3.10)\times50=137.5m^3$

(3) 0+100～0+150

$V_{挖}=\frac{1}{2}\times(3.50+4.20)\times50=192.5m^3$

$V_{填}=\frac{1}{2}\times(3.10+3.80)\times50=172.5m^3$

（4）0+150～0+200

$V_{挖}=\frac{1}{2}\times(4.20+5.20)\times50=235m^3$

$V_{填}=\frac{1}{2}\times(3.80+5.00)\times50=220m^3$

（5）0+200～0+250

$V_{挖}=\frac{1}{2}\times(5.20+5.80)\times50=275m^3$

$V_{填}=\frac{1}{2}\times(5.00+5.10)\times50=252.5m^3$

（6）0+250～0+300

$V_{挖}=\frac{1}{2}\times(5.80+5.60)\times50=285m^3$

$V_{填}=\frac{1}{2}\times(5.10+5.40)\times50=262.5m^3$

（7）0+300～0+350

$V_{挖}=\frac{1}{2}\times(5.60+6.80)\times50=310m^3$

$V_{填}=\frac{1}{2}\times(5.40+4.40)\times50=245m^3$

（8）0+350～0+400

$V_{挖}=\frac{1}{2}\times(6.80+8.20)\times50=375m^3$

$V_{填}=\frac{1}{2}\times(4.40+6.20)\times50=265m^3$

$V_{挖总}=147.5+165+192.5+235+275+285+310+375=1985m^3$

$V_{填总}=125+137.5+172.5+220+252.5+262.5+245+265=1680m^3$

运土方工程量$=V_{挖总}-V_{填总}=305m^3$

清单工程量计算表见表 2-17。

清单工程量计算表 **表 2-17**

项目编码	项目名称	项目特征描述	计量单位	工程量
040101001001	挖一般土方	三类土	m^3	1985
040103001001	回填土	密实度 95%	m^3	1680
040103002001	余方弃置	运距 3km	m^3	305

【例 2-14】 某市政道路整修工程，全长为 600m，路面修筑路宽度为 14m，路肩各宽 1m，土质为四类，余方运至 5km 处弃置点，填方要求密实度达到 95%。道路工程土方计算表见表 2-18。

道路工程土方工程量计算表　　　　**表 2-18**

桩号	距离（m）	挖土			填土		
		断面积（m^2）	平均断面积（m^2）	体积（m^3）	断面积（m^2）	平均断面积（m^2）	体积（m^3）
0+000	50	0	1.5	75	3.00	3.2	160
0+050	50	3.00	3.0	150	3.40	4.0	200
0+100	50	3.00	3.4	170	4.60	4.5	225
0+150	50	3.80	3.6	180	4.40	5.2	260
0+200	50	3.40	4.0	200	6.00	5.2	260
0+250	50	3.60	4.4	220	4.40	6.2	310
0+300	50	4.20	4.6	230	8.00	6.6	330
0+350	50	5.00	5.1	255	5.20	8.1	405
0+400	50	5.20	6.0	300	11.00		
0+450	50	6.80	4.8	240			
0+500	50	2.80	2.4	120			
0+550	50	2.00	6.8	340			
0+600		11.60					
合计				2480			2150

施工方案如下：

（1）挖土数量不大，拟用人工挖土。

（2）土方平衡部分场内运输考虑用手推车运土，从道路工程土方计算表中可看出运距在 200m 内。

（3）余方弃置拟用人工装车，自卸汽车运输。

（4）路基填土压实拟用路基碾压、碾压厚度每层不超过 30cm，并分层检验密实度，达到要求的密实度后再填筑上一层。

（5）路床碾压为保证质量按路面宽度每边加宽 30cm。

试计算其工程量，并编制综合单价分析表及土石方工程分部分项工程量清单与计价表。

【解】

（1）清单工程量计算

1）挖土方体积$=2480m^3$

2）回填土体积$=2150m^3$

3）余方弃置体积$=330m^3$

4）路床碾压面积：

$S_1=(14+0.6)\times600=8760m^2$

5）路肩整形碾压面积：

$S_2=2\times600=1200m^2$

（2）工程量计价表格编制

管理费按直接费的10%考虑，利润按直接费的5%考虑。

工程量综合单价分析表见表2-19～表2-21，分部分项工程和单价措施项目清单与计价表见表2-22。

综合单价分析表（一） **表2-19**

工程名称：某道路工程　　标段：K0+000～K0+600　　第1页 共3页

项目编码	040101001001	项目名称		挖一般土石方		计量单位	m³	工程量		2480	
清单综合单价组成明细											
定额编号	定额项目名称	定额单位	数量	单价				合价			
				人工费	材料费	机械费	管理费和利润	人工费	材料费	机械费	管理费和利润
1-3	人工挖路槽土方（四类土）	$100m^3$	0.01	1129.34	—	—	169.40	11.29	—	—	1.69
1-45	双轮斗车运土（运距50m以内）	$100m^3$	0.01	431.65	—	—	64.75	4.32	—	—	0.65
1-46	双轮斗车运土（增运距150m）	$100m^3$	0.01	85.39	—	—	20.27	2.56	—	—	0.61
人工单价		小计						18.17	—	—	2.95
22.47元/工日		未计价材料费						—			
清单项目综合单价								21.12			

综合单价分析表（二） **表2-20**

工程名称：某市道路工程　　标段：K0+000～K0+600　　第2页 共3页

项目编码	040103001001	项目名称		回填方		计量单位	m³	工程量		2150	
清单综合单价组成明细											
定额编号	定额项目名称	定额单位	数量	单价				合价			
				人工费	材料费	机械费	管理费和利润	人工费	材料费	机械费	管理费和利润
1-359	填土压路机碾压（密实度95%）	$1000m^3$	0.001	134.82	6.75	1803.45	291.75	0.13	0.01	1.80	0.29
2-1	路床碾压检验	$100m^2$	0.041	8.09	—	73.69	12.27	0.33	—	3.02	0.50
2-2	路肩整形碾压	$100m^2$	0.006	38.65	—	7.91	6.98	0.23	—	0.05	0.04
人工单价		小计						0.69	0.01	4.87	0.83
22.47元/工日		未计价材料费						—			
清单项目综合单价								6.40			

综合单价分析表（三） **表 2-21**

工程名称：某市道路工程　　标段：K0＋000～K0＋600　　第 3 页 共 3 页

项目编码	040103001001		项目名称		余方弃置(运距 5km)		计量单位	m³	工程量		330
清单综合单价组成明细											
定额编号	定额项目名称	定额单位	数量	单价				合价			
				人工费	材料费	机械费	管理费和利润	人工费	材料费	机械费	管理费和利润
1—49	人工装汽车(土方)	100m³	0.01	370.76	—	—	55.614	3.70	—	—	0.56
1—272	自卸汽车运土(运距 5km)	1000m³	0.001	—	5.40	10691.79	1604.58	—	0.01	10.70	1.60
人工单价		小计						3.70	0.01	10.70	2.16
22.47 元/工日		未计价材料费						—			
清单项目综合单价								16.57			

分部分项工程和单价措施项目清单与计价表 **表 2-22**

工程名称：某市道路工程　　标段：K0＋000～K0＋600　　第 1 页 共 1 页

序号	项目编号	项目名称	项目特征描述	计量单位	工程数量	金额/元	
						综合单价	合价
1	040101001001	挖一般土方	土壤类别:四类土	m³	2480	21.12	52377.60
2	040103001001	回填方	密实度:95%	m³	2150	6.40	13760.00
3	040103002001	余方弃置	运距:5km	m³	330	16.57	5468.10
合计							71605.70

2.2 道路工程清单工程量计算及实例

2.2.1 工程量清单计价规则

1. 路基处理

路基处理工程量清单计价规则见表 2-23。

路基处理（编码：040201） **表 2-23**

项目编码	项目名称	项目特征	计量单位	工程量计算规则	工程内容
040201001	预压地基	1. 排水竖井种类、断面尺寸、排列方式、间距、深度 2. 预压方法 3. 预压荷载、时间 4. 砂垫层厚度	m^2	按设计图示尺寸以加固面积计算	1. 设置排水竖井、盲沟、滤水管 2. 铺设砂垫层、密封膜 3. 堆载、卸载或抽气设备安拆、抽真空 4. 材料运输
040201002	强夯地基	1. 夯击能量 2. 夯击遍数 3. 地耐力要求 4. 夯填材料种类			1. 铺设夯填材料 2. 强夯 3. 夯填材料运输
040201003	振冲密实（不填料）	1. 地层情况 2. 振密深度 3. 孔距 4. 振冲器功率	m^2		1. 振冲加密 2. 泥浆运输
040201004	掺石灰	含灰量	m^3	按设计图示尺寸以体积计算	1. 掺石灰 2. 夯实
040201005	掺干土	1. 密实度 2. 掺土率			1. 掺干土 2. 夯实
040201006	掺石	1. 材料品种、规格 2. 掺石率			1. 掺石 2. 夯实
040201007	抛石挤淤	材料品种、规格			1. 抛石挤淤 2. 填塞垫平、压实
040201008	袋装砂井	1. 直径 2. 填充料品种 3. 深度	m	按设计图示尺寸以长度计算	1. 制作砂袋 2. 定位沉管 3. 下砂袋 4. 拔管
040201009	塑料排水板	材料品种、规格			1. 安装排水板 2. 沉管插板 3. 拔管
040201010	振冲桩（填料）	1. 地层情况 2. 空桩长度、桩长 3. 桩径 4. 填充材料种类	1. m 2. m^3	1. 以米计量，按设计图示尺寸以桩长计算 2. 以立方米计量，按设计桩截面乘以桩长以体积计算	1. 振冲成孔、填料、振实 2. 材料运输 3. 泥浆运输
040201011	砂石桩	1. 地层情况 2. 空桩长度、桩长 3. 桩径 4. 成孔方法 5. 材料种类、级配		1. 以米计量，按设计图示尺寸以桩长（包括桩尖）计算 2. 以立方米计量，按设计桩截面乘以桩长（包括桩尖）以体积计算	1. 成孔 2. 填充、振实 3. 材料运输
040201012	水泥粉煤灰碎石桩	1. 地层情况 2. 空桩长度、桩长 3. 桩径 4. 成孔方法 5. 混合料强度等级	m	按设计图示尺寸以桩长（包括桩尖）计算	1. 成孔 2. 混合料制作、灌注、养护 3. 材料运输
040201013	深层水泥搅拌桩	1. 地层情况 2. 空桩长度、桩长 3. 桩截面尺寸 4. 水泥强度等级、掺量		按设计图示尺寸以桩长计算	1. 预搅下钻、水泥浆制作、喷浆搅拌提升成桩 2. 材料运输

续表

项目编码	项目名称	项目特征	计量单位	工程量计算规则	工程内容
040201014	粉喷桩	1. 地层情况 2. 空桩长度、桩长 3. 桩径 4. 粉体种类、掺量 5. 水泥强度等级、石灰粉要求	m	按设计图示尺寸以桩长计算	1. 预搅下钻、喷粉搅拌提升成桩 2. 材料运输
040201015	高压水泥旋喷桩	1. 地层情况 2. 空桩长度、桩长 3. 桩截面 4. 旋喷类型、方法 5. 水泥强度等级、掺量			1. 成孔 2. 水泥浆制作、高压旋喷注浆 3. 材料运输
040201016	石灰桩	1. 地层情况 2. 空桩长度、桩长 3. 桩径 4. 成孔方法 5. 掺和料种类、配合比		按设计图示尺寸以桩长(包括桩尖)计算	1. 成孔 2. 混合料制作、运输、夯填
040201017	灰土(土)挤密桩	1. 地层情况 2. 空桩长度、桩长 3. 桩径 4. 成孔方法 5. 灰土级配	m	按设计图示尺寸以桩长(包括桩尖)计算	1. 成孔 2. 灰土拌和、运输、填充、夯实
040201018	柱锤冲扩桩	1. 地层情况 2. 空桩长度、桩长 3. 桩径 4. 成孔方法 5. 桩体材料种类、配合比		按设计图示尺寸以桩长计算	1. 安拔套管 2. 冲孔、填料、夯实 3. 桩体材料制作、运输
040201019	地基注浆	1. 地层情况 2. 成孔深度、间距 3. 浆液种类及配合比 4. 注浆方法 5. 水泥强度等级、用量	1. m 2. m^3	1. 以米计量,按设计图示尺寸以深度计算 2. 以立方米计量,按设计图示尺寸以加固体积计算	1. 成孔 2. 注浆导管制作、安装 3. 浆液制作、压浆 4. 材料运输
040201020	褥垫层	1. 厚度 2. 材料品种、规格及比例	1. m^2 2. m^3	1. 以平方米计量,按设计图示尺寸以铺设面积计算 2. 以立方米计量,按设计图示尺寸以铺设体积计算	1. 材料拌和、运输 2. 铺设 3. 压实
040201021	土工合成材料	1. 材料品种、规格 2. 搭接方式	m^2	按设计图示尺寸以面积计算	1. 基层整平 2. 铺设 3. 固定
040201022	排水沟、截水沟	1. 断面尺寸 2. 基础、垫层:材料品种、厚度 3. 砌体材料 4. 砂浆强度等级 5. 伸缩缝填塞 6. 盖板材质、规格	m	按设计图示以长度计算	1. 模板制作、安装、拆除 2. 基础、垫层铺筑 3. 混凝土拌和、运输、浇筑 4. 侧墙浇捣或砌筑 5. 勾缝、抹面 6. 盖板安装
040201023	盲沟	1. 材料品种、规格 2. 断面尺寸			铺筑

2. 道路基层

道路基层工程量清单计价规则见表 2-24。

道路基层（编码：040202） **表 2-24**

项目编码	项目名称	项目特征	计量单位	工程量计算规则	工程内容
040202001	路床(槽)整形	1. 部位 2. 范围	m²	按设计道路底基层图示尺寸以面积计算，不扣除各类井所占面积	1. 放样 2. 整修路拱 3. 碾压成型
040202002	石灰稳定土	1. 含灰量 2. 厚度	m²	按设计图示尺寸以面积计算，不扣除各类井所占面积	1. 拌和 2. 运输 3. 铺筑 4. 找平 5. 碾压 6. 养护
040202003	水泥稳定土	1. 水泥含量 2. 厚度			
040202004	石灰、粉煤灰、土	1. 配合比 2. 厚度			
040202005	石灰、碎石、土	1. 配合比 2. 碎石规格 3. 厚度			
040202006	石灰、粉煤灰、碎(砾)石	1. 配合比 2. 碎(砾)石规格 3. 厚度			
040202007	粉煤灰	厚度			
040202008	矿渣				
040202009	砂砾石	1. 石料规格 2. 厚度			
040202010	卵石				
040202011	碎石				
040202012	块石				
040202013	山皮石				
040202014	粉煤灰三渣	1. 配合比 2. 厚度	m²	按设计图示尺寸以面积计算，不扣除各类井所占面积	1. 拌和 2. 运输 3. 铺筑 4. 找平 5. 碾压 6. 养护
040202015	水泥稳定碎(砾)石	1. 水泥含量 2. 石料规格 3. 厚度			
040202016	沥青稳定碎石	1. 沥青品种 2. 石料规格 3. 厚度			

3. 道路面层

道路面层工程量清单计价规则见表 2-25。

道路面层（编码：040203）　　　　**表 2-25**

项目编码	项目名称	项目特征	计量单位	工程量计算规则	工程内容
040203001	沥青表面处治	1. 沥青品种 2. 层数	m^2	按设计图示尺寸以面积计算，不扣除各种井所占面积，带平石的面层应扣除平石所占面积	1. 喷油、布料 2. 碾压
040203002	沥青贯入式	1. 沥青品种 2. 石料规格 3. 厚度			1. 摊铺碎石 2. 喷油、布料 3. 碾压
040203003	透层、粘层	1. 材料品种 2. 喷油量			1. 清理下承面 2. 喷油、布料
040203004	封层	1. 材料品种 2. 喷油量 3. 厚度			1. 清理下承面 2. 喷油、布料 3. 压实
040203005	黑色碎石	1. 材料品种 2. 石料规格 3. 厚度			1. 清理下承面 2. 拌和、运输 3. 摊铺、整型 4. 压实
040203006	沥青混凝土	1. 沥青品种 2. 沥青混凝土种类 3. 石料粒料 4. 掺合料 5. 厚度			1. 模板制作、安装、拆除 2. 混凝土拌和、运输、浇筑 3. 拉毛 4. 压痕或刻防滑槽 5. 伸缝 6. 缩缝 7. 锯缝、嵌缝 8. 路面养
040203007	水泥混凝土	1. 混凝土强度等级 2. 掺合料 3. 厚度 4. 嵌缝材料			
040203008	块料面层	1. 块料品种、规格 2. 垫层：材料品种、厚度、强度等级	m^2	按设计图示尺寸以面积计算，不扣除各种井所占面积，带平石的面层应扣除平石所占面积	1. 铺筑垫层 2. 铺砌块料 3. 嵌缝、勾缝
040203009	弹性面层	1. 材料品种 2. 厚度			1. 配料 2. 铺贴

4. 人行道及其他

人行道及其他工程量清单计价规则见表 2-26。

人行道及其他（编码：040204）　　　　**表 2-26**

项目编码	项目名称	项目特征	计量单位	工程量计算规则	工程内容
040202001	人行道整形碾压	1. 部位 2. 范围	m^2	按设计人行道图示尺寸以面积计算，不扣除侧石、树池和各类井所占面积	1. 放样 2. 碾压
040202002	人行道块料铺设	1. 块料品种、规格 2. 基础、垫层：材料品种、厚度 3. 图形		按设计图示尺寸以面积计算，不扣除各类井所占面积，但应扣除侧石、树池所占面积	1. 基础、垫层铺筑 2. 块料铺设
040202003	现浇混凝土人行道及进口坡	1. 混凝土强度等级 2. 厚度 3. 基础、垫层：材料品种、厚度			1. 模板制作、安装、拆除 2. 基础、垫层铺筑 3. 混凝土拌和、运输、浇筑

续表

项目编码	项目名称	项目特征	计量单位	工程量计算规则	工程内容
040202004	安砌侧(平、缘)石	1. 材料品种、规格 2. 基础、垫层：材料品种、厚度	m	按设计图示中心线长度计算	1. 开槽 2. 基础、垫层铺筑 3. 侧(平、缘)石安砌
040202005	现浇侧(平、缘)石	1. 材料品种 2. 尺寸 3. 形状 4. 混凝土强度等级 5. 基础、垫层：材料品种、厚度			1. 模板制作、安装、拆除 2. 开槽 3. 基础、垫层铺筑 4. 混凝土拌和、运输、浇筑
040202006	检查井升降	1. 材料品种 2. 检查井规格 3. 平均升(降)高度	座	按设计图示路面标高与原有的检查井发生正负高差的检查井的数量计算	1. 提升 2. 降低
040202007	树池砌筑	1. 材料品种、规格 2. 树池尺寸 3. 树池盖面材料品种	个	按设计图示数量计算	1. 基础、垫层铺筑 2. 树池砌筑 3. 盖面材料运输、安装
040202008	预制电缆沟铺设	1. 材料品种 2. 规格尺寸 3. 基础、垫层：材料品种、厚度 4. 盖板品种、规格	m	按设计图示中心线长度计算	1. 基础、垫层铺筑 2. 预制电缆沟安装 3. 盖板安装

5. 交通管理设施

交通管理设施工程量清单计价规则见表2-27。

交通管理设施（编码：040205）　　表2-27

项目编码	项目名称	项目特征	计量单位	工程量计算规则	工程内容
040205001	人(手)孔井	1. 材料品种 2. 规格尺寸 3. 盖板材质、规格 4. 基础、垫层：材料品种、厚度	座	按设计图示数量计算	1. 基础、垫层铺筑 2. 井身砌筑 3. 勾缝(抹面) 4. 井盖安装
040205002	电缆保护管	1. 材料品种 2. 规格	m	按设计图示以长度计算	敷设
040205003	标杆	1. 类型 2. 材质 3. 规格尺寸 4. 基础、垫层：材料品种、厚度 5. 油漆品种	根	按设计图示数量计算	1. 基础、垫层铺筑 2. 制作 3. 喷漆或镀锌 4. 底盘、拉盘、卡盘及杆件安装
040205004	标志板	1. 类型 2. 材质、规格尺寸 3. 板面反光膜等级	块		制作、安装
040205005	视线诱导器	1. 类型 2. 材料品种	只		安装

续表

项目编码	项目名称	项目特征	计量单位	工程量计算规则	工程内容
040205006	标线	1. 材料品种 2. 工艺 3. 线型	1. m 2. m^2	1. 以米计量，按设计图示以长度计算 2. 以平方米计量，按设计图示尺寸以面积计算	1. 清扫 2. 放样 3. 画线 4. 护线
040205007	标记	1. 材料品种 2. 类型 3. 规格尺寸	1. 个 2. m^2	1. 以个计量，按设计图示数量计算 2. 以平方米计量，按设计图示尺寸以面积计算	
040205008	横道线	1. 材料品种 2. 形式	m^2	按设计图示尺寸以面积计算	
040205009	清除标线	清除方法			清除
0402050010	环形检测线圈	1. 类型 2. 规格、型号	个	按设计图示数量计算	1. 安装 2. 调试
0402050011	值警亭	1. 类型 2. 规格 3. 基础、垫层：材料品种、厚度	座	按设计图示数量计算	1. 基础、垫层铺筑 2. 安装
0402050012	隔离护栏	1. 类型 2. 规格、型号 3. 材料品种 4. 基础、垫层：材料品种、厚度	m	按设计图示以长度计算	1. 基础、垫层铺筑 2. 制作、安装
0402050013	架空走线	1. 类型 2. 规格、型号			架线
0402050014	信号灯	1. 类型 2. 灯架材质、规格 3. 基础、垫层：材料品种、厚度 4. 信号灯规格、型号、组数	套	按设计图示数量计算	1. 基础、垫层铺筑 2. 灯架制作、镀锌、喷漆 3. 底盘、拉盘、卡盘及杆件安装 4. 信号灯安装、调试
0402050015	设备控制机箱	1. 类型 2. 材质、规格尺寸 3. 基础、垫层：材料品种、厚度 4. 配置要求	台		1. 基础、垫层铺筑 2. 安装 3. 调试
0402050016	管内配线	1. 类型 2. 材质 3. 规格、型号	m	按设计图示以长度计算	配线

续表

项目编码	项目名称	项目特征	计量单位	工程量计算规则	工程内容
0402050017	疗撞筒(墩)	1. 材料品种 2. 规格、型号	个	按设计图示数量计算	制作、安装
0402050018	警示柱	1. 类型 2. 材料品种 3. 规格、型号	根		
0402050019	减速垄	1. 材料品种 2. 规格、型号	m	按设计图示以长度计算	
0402050020	监控摄像机	1. 类型 2. 规格、型号 3. 支架形式 4. 防护罩要求	台	按设计图示数量计算	1. 安装 2. 调试
0402050021	数码相机	1. 规格、型号 2. 立杆材质、形式 3. 基础、垫层:材料品种、厚度	套	按设计图示数量计算	1. 基础、垫层铺筑 2. 安装 3. 调试
0402050022	道闸机	1. 类型 2. 规格、型号 3. 基础、垫层:材料品种、厚度			
0402050023	可变信息情报板	1. 类型 2. 规格、型号 3. 立(横)杆材质、形式 4. 配置要求 5. 基础、垫层:材料品种、厚度			
0402050024	交通智能系统调试	系统类别	系统		系统调试

2.2.2 清单相关问题及说明

1. 路基处理

(1) 地层情况按表 2-4 和表 2-5 的规定，并根据岩土工程勘察报告按单位工程各地层所占比例（包括范围值）进行描述。对无法准确描述的地层情况，可注明由投标人根据岩土工程勘察报告自行决定报价。

(2) 项目特征中的桩长应包括桩尖，空桩长度=孔深一桩长，孔深为自然地面至设计桩底的深度。

(3) 如采用碎石、粉煤灰、砂等作为路基处理的填方材料时，应按土石方工程中“回填方”项目编码列项。

(4) 排水沟、截水沟清单项目中，当侧墙为混凝土时，还应描述侧墙的混凝土强度等级。

2. 道路基层

(1) 道路工程厚度应以压实后为准。

（2）道路基层设计截面如为梯形时，应按其截面平均宽度计算面积，并在项目特征中对截面参数加以描述。

3. 道路面层

水泥混凝土路面中传力杆和拉杆的制作、安装应按“钢筋工程”中相关项目编码列项。

4. 交通管理设施

（1）本节清单项目如发生破除混凝土路面、土石方开挖、回填夯实等，应分别按“拆除工程”及“土石方工程”中相关项目编码列项。

（2）除清单项目特殊注明外，各类垫层应按《市政工程工程量计算规范》GB 50857—2013 附录中相关项目编码列项。

（3）立电杆按“路灯工程”中相关项目编码列项。

（4）值警亭按半成品现场安装考虑，实际采用砖砌等形式的，按现行国家标准《房屋建筑与装饰工程工程量计算规范》GB 50854－2013 中相关项目编码列项。

（5）与标杆相连的，用于安装标志板的配件应计入标志板清单项目内。

2.2.3　工程量清单计价实例

【例 2-15】 某道路工程抛石挤淤断面图如图 2-11 所示，路面宽度为 12.5m，由于在 K0＋250～K0＋850 之间为排水困难的洼地，且软弱层土易于流动，厚度比较薄，表层无硬壳，从而采用在基底抛投不小于 35cm 的片石对路基进行加固处理，试计算抛石挤淤工程量。

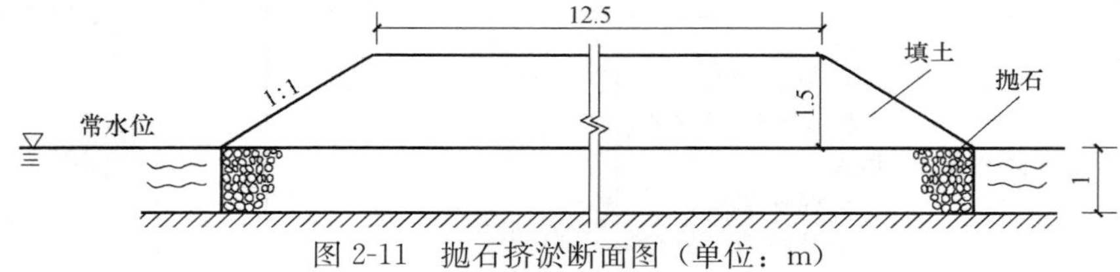

图 2-11　抛石挤淤断面图（单位：m）

【解】

抛石挤淤的工程量＝(850－250)×(12.5＋1×1.5×2)×1＝9300.00m^3

【例 2-16】 某道路全长为 1600m，路面宽度为 15m，路肩各为 1m，路基加宽值为 30cm，其中路堤断面图与粉喷桩示意图如图 2-12 所示。试计算粉喷桩清单工程量。

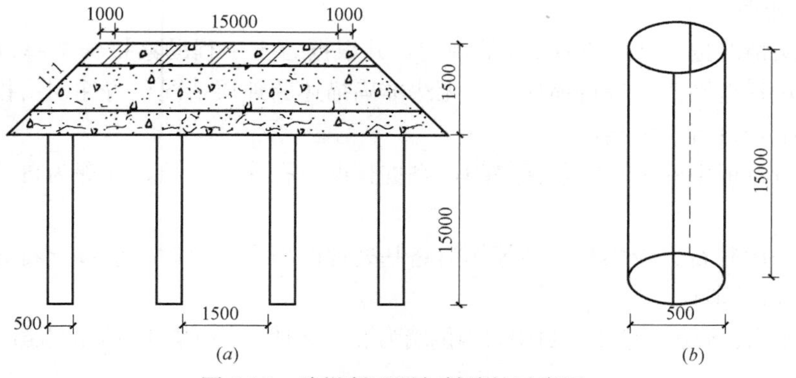

图 2-12　路堤断面图与粉喷桩示意图

(a) 路堤断面图；(b) 粉喷桩示意图

【解】

粉喷桩清单工程量为：

[1600÷(1.5+0.5)+1]×[(15+1×2)÷2+1]×15m=114142.5m

清单工程量计算表见表 2-28。

清单工程量计算表　　　　**表 2-28**

序号	项目编码	项目名称	项目特征描述	计量单位	工程量
1	040201014001	粉喷桩	粉喷桩桩长 15000mm，桩直径 500mm	m	114142.5

【例 2-17】 某软土路基进行袋装砂井处理，如图 2-13 所示，已知该路段长 150m，袋装砂井长度为 1.2m，直径为 0.2m，相邻袋装砂井之间间距为 0.2m，前后井间距也为 0.2m，试计算袋装砂井工程量。

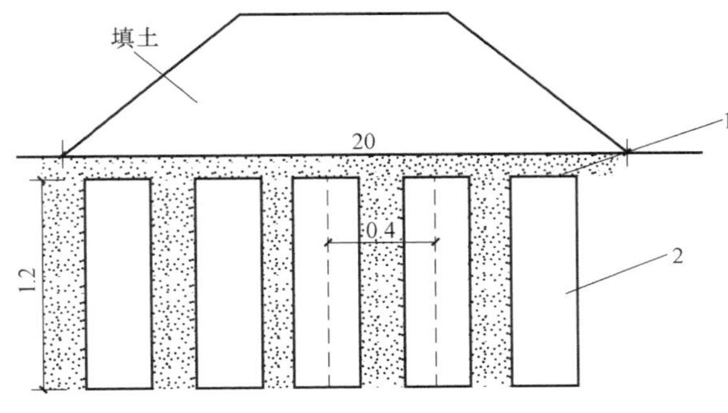

图 2-13　袋装砂井路堤断面图（单位：m）

1—砂垫层；2—砂井

【解】

袋装砂井的工程量=(150/0.20+1)×(20/0.4+1)×1.2=45961.2m

【例 2-18】 某安装塑料排水板路基，如图 2-14 所示，该路段长 240m，路面宽 15m，每个路基断面铺两层塑料排水板，每块板宽 6m，板长 32m，试计算塑料排水板工程量。

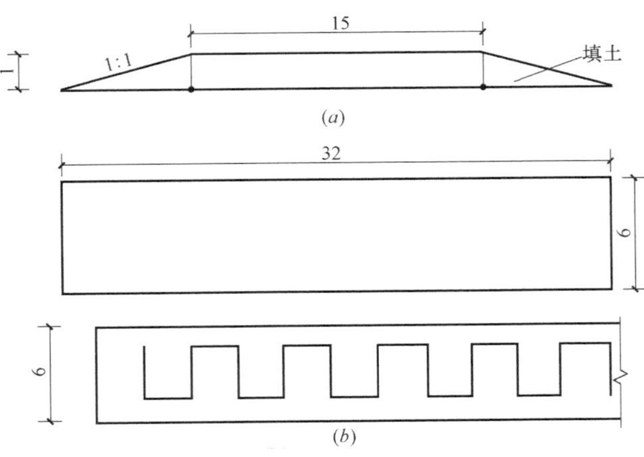

图 2-14　塑料排水板路基（单位：m）

(a) 路堤断面图；(b) 塑料排水板结构

【解】

塑料排水板的工程量＝240/6×32×2＝2560m

清单工程量计算表见表 2-29。

清单工程量计算表 表 2-29

项目编码	项目名称	项目特征描述	计量单位	工程量
040201009001	塑料排水板	板宽 6m，板长 32m	m	2560

【例 2-19】 某软弱土采用铺装土工合成材料地基处理方法，如图 2-15 所示，道路长 2200m，路面宽 15m，试计算土工合成材料工程量。

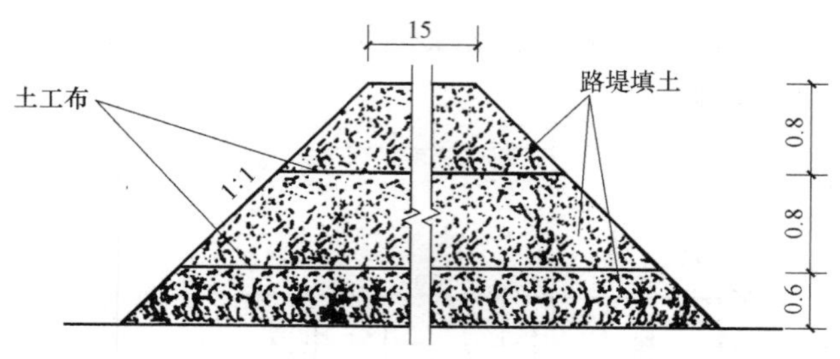

图 2-15 土工布道路横断面示意图（单位：m）

【解】

土工合成材料的工程量＝2200×[(15＋0.8×1×2)＋(15＋0.8×1×2×2)]
＝2200×(16.6＋18.2)
＝76560m^2

【例 2-20】 某 1250m 长道路路基两侧设置纵向盲沟，该盲沟主要用来隔断或截流流向路基的泉水和地下集中水流，试计算盲沟的工程量。

【解】

盲沟工程量＝1250×2＝2500m

【例 2-21】 某一级道路 K0＋160～K0＋760 段为沥青混凝土结构如图 2-16 所示，路面宽度为 20m，路肩宽度为 2.2m。为保证路基压实，路基两侧各加宽 55cm，试计算水泥稳定土的工程量。

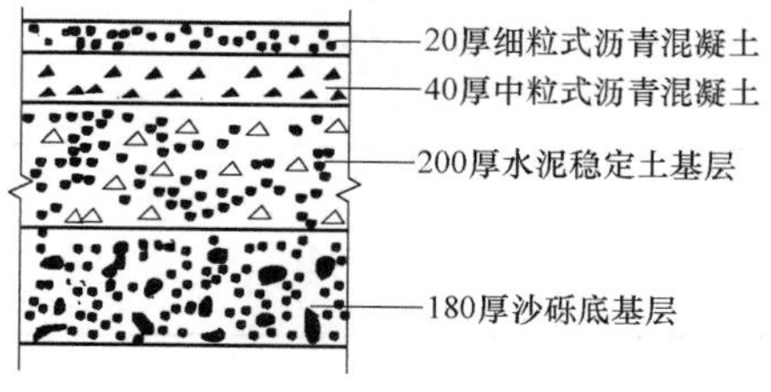

图 2-16 某一级道路结构图

【解】

水泥稳定土的工程量＝(760－160)×20＝12000m^2

【例 2-22】 某水泥混凝土结构道路如图 2-17 所示，道路在 K0＋180～K3＋200 段为该结构，且路面宽度为 12.5m，路肩各宽 1m。由于该路段雨水量较大，两侧设置边沟以利于排水，试计算卵石底层的工程量。

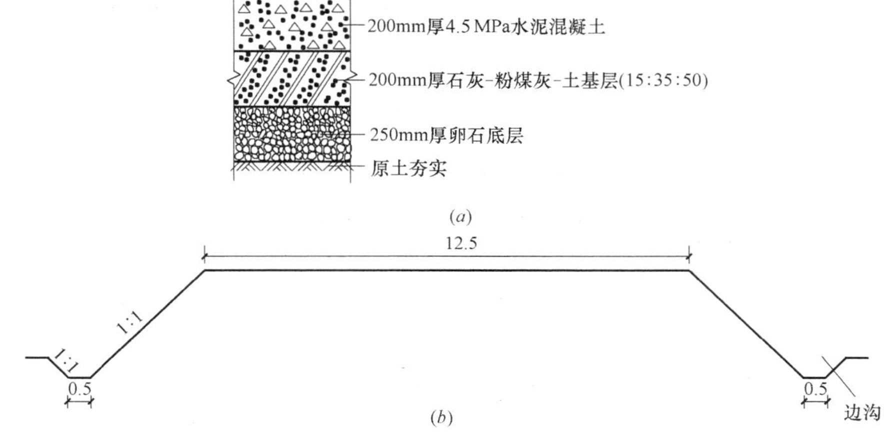

图 2-17　某水泥混凝土结构道路（单位：m）

（a）道路结构示意；（b）道路横断面示意

【解】

$$卵石底层的工程量=(3200-180)\times 12.5=37750m^2$$

【例 2-23】　某道路工程 K0＋000～K0＋150 为沥青混凝土结构，路面宽度为 12m，路面两边铺侧缘石，路肩各宽 1m，路基加宽值为 0.5m。道路的结构图如图 2-18 所示，道路平面图如图 2-19 所示，试计算道路工程工程量。

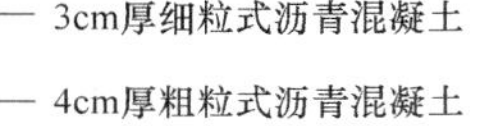

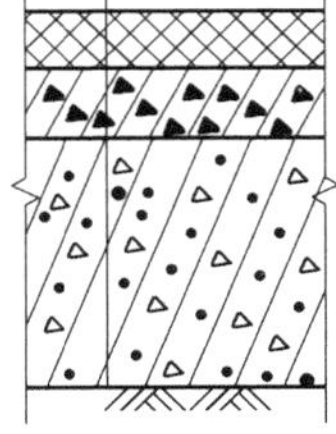

图 2-18　道路结构示意图

图 2-19　道路平面图（单位：m）

【解】

（1）石灰炉渣基层面积

$$12\times 150m^2=1800m^2$$

（2）沥青混凝土面层面积

$$12\times 150m^2=1800m^2$$

（3）侧缘石长度

$$150\times 2m=300m$$

清单工程量计算表见表 2-30。

清单工程量计算表 **表 2-30**

序号	项目编码	项目名称	项目特征描述	计算单位	工程量
1	040202004001	石灰、粉煤灰、土	石灰炉渣(2.5∶7.5)基层 20cm 厚	m^2	1800
2	040203006001	沥青混凝土	4cm 厚粗粒式，石料最大粒径 30mm	m^2	1800
3	040203006002	沥青混凝土	3cm 厚细粒式，石料最大粒径 20mm	m^2	1800
4	040204004001	安砌侧(平、缘)石	C30 混凝土缘石安砌，砂垫层	m	300

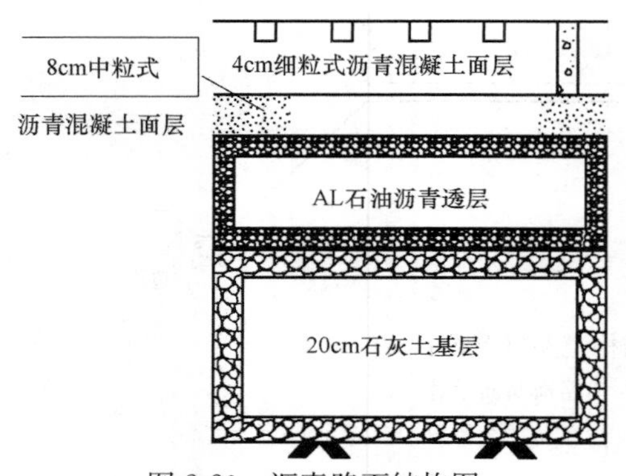

图 2-20 沥青路面结构图

【例 2-24】 某道路工程路面结构为两层石油沥青混凝土路面，路面结构设计如图 2-20 所示。路段里程 K4＋150～K4＋950，路面宽度 18m，基层宽度 16.5m，石灰土基层的灰剂量为 10％。面层分两层：上层为 LH-15 细粒式沥青混凝土，下层为 LH-20 中粒式沥青混凝土。试计算该路面工程的清单工程量。

【解】

10％石灰稳定土基层：800×16.5＝13200m^2

LH-20 中粒式沥青混凝土面层：800×18＝14400m^2

LH-15 细粒式沥青混凝土面层：800×18＝14400m^2

清单工程量计算表见表 2-31。

清单工程量计算表 **表 2-31**

序号	项目编码	项目名称	项目特征描述	计算单位	工程量
1	040202002001	石灰稳定土	灰剂量 10％	m^2	13200
2	040503006001	沥青混凝土	LH-20 中粒式	m^2	14400
3	040203006002	沥青混凝土	LH-15 细粒式	m^2	14400

【例 2-25】 某道路工程全长 400m，混合车行道宽 15m，两侧人行道宽各为 3m，路面结构如图 2-21 所示，甲型路牙宽 12.5cm，全线雨、污水检查井 20 座，计算道路基层工程量。

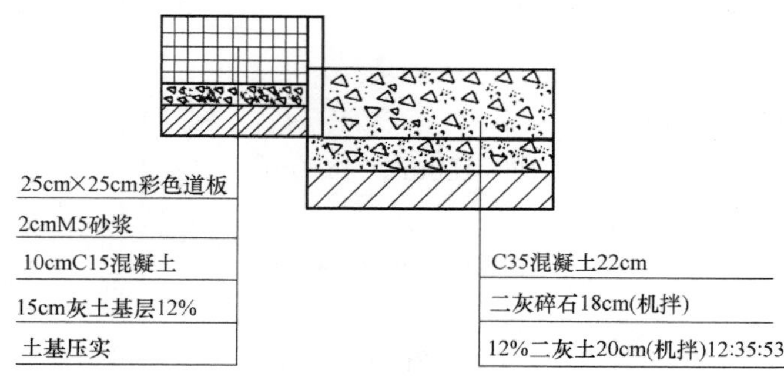

图 2-21 道路结构图（人行道、车行道）

【解】

（1）12%二灰土（20cm）的面积（机拌12∶35∶53）

$$S_1=400\times15=6000m^2$$

（2）18cm二灰碎石（机拌）面积

$$S_2=400\times15=6000m^2$$

（3）12%15cm灰土基面积

$$S_3=400\times(3-0.125)\times2=2300m^2$$

（4）10cmC15混凝土垫层

$$V_1=400\times(3-0.125)\times0.10\times2=230m^3$$

（5）C35混凝土22cm

$$V_2=400\times(15-0.125\times2)\times0.22=1298m^3$$

清单工程量计算表见表2-32。

清单工程量计算表　　表2-32

序号	项目编码	项目名称	项目特征描述	计算单位	工程量
1	040202004001	石灰、粉煤灰土	12%二灰土，厚20cm，12∶35∶53	m^2	6000
2	040202006001	石灰、粉煤灰、碎(砾)石	厚18cm	m^2	6000
3	040202002001	石灰稳定土	12%，厚15cm	m^2	2300
4	040303001001	混凝土垫层	C15混凝土，厚10cm	m^2	230
5	040303001002	混凝土垫层	C20混凝土，厚22cm	m^2	1298

【例2-26】　某道路工程长1220m，路面宽度为12.5m，路基两侧均加宽20cm，设路缘石以保证路基稳定性。在路面每隔5m用切缝机切缝，图2-22为锯缝断面示意图，试计算路缘石及锯缝长度。

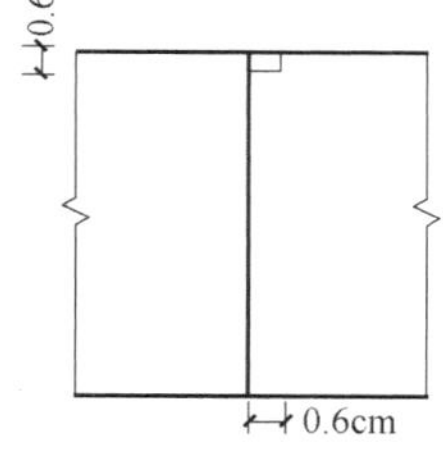

图2-22　锯缝断面示意图

【解】

（1）计算路缘石长度

$$1220\times2=2440m$$

（2）计算锯缝面积

1）锯缝个数：$(1220\div5-1)=243$条

2）锯缝总长度：$243\times12.5=3037.5m$

3）锯缝面积：$3037.5\times0.006=18.225m^2$

清单工程量计算表见表2-33。

清单工程量计算表　　表2-33

项目编码	项目名称	项目特征描述	计量单位	工程量
040203007001	水泥混凝土	切缝机锯缝宽0.6cm	m^2	18.225
040204004001	安砌侧(平、缘)石	C30混凝土缘石安砌	m	2440

【例2-27】　某一级道路为沥青混凝土结构（K1＋100～K1＋1100），道路结构如图2-23所示，路面宽度为18m，路肩宽度为1.5m，路基两侧各加宽50cm，其中K1＋550～K0＋600之间为过湿土基，用石灰砂桩进行处理，按矩形布置，桩间距为90cm。石灰桩

示意图如图 2-24 所示，试计算道路工程量。

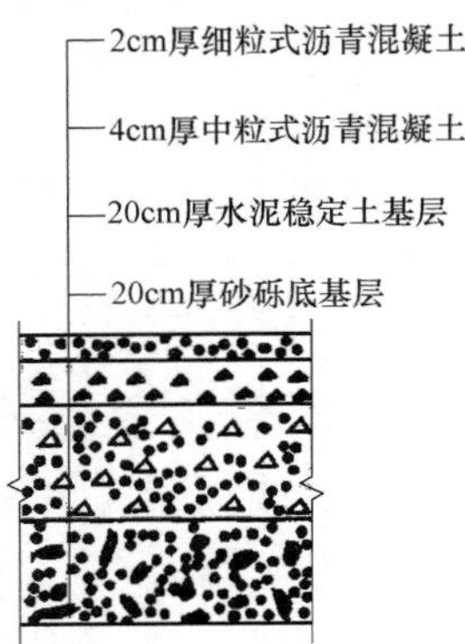

图 2-23 道路结构图

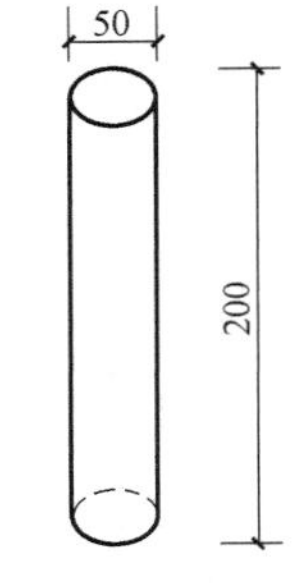

图 2-24 石灰桩示意图（单位：cm）

【解】

（1）砂砾底基层面积

$$18\times1000\text{m}^2=18000\text{m}^2$$

（2）水泥稳定土基层面积

$$18\times1000\text{m}^2=18000\text{m}^2$$

（3）沥青混凝土面层面积

$$18\times1000\text{m}^2=18000\text{m}^2$$

（4）道路横断面方向布置桩数

$$(18\div0.9+1)\text{个}=21\text{个}$$

（5）道路纵断面方向布置桩数

$$(50\div0.9+1)\text{个}\approx57\text{个}$$

（6）所需桩数

$$21\times57\text{个}=1197\text{个}$$

（7）总桩长度

$$1197\times2\text{m}=2394\text{m}$$

【例 2-28】 某道路桩号为 0＋000～1＋280，路幅宽度为 30m，两侧为甲型路牙，甲型路牙宽为 12.5cm，高出路面 15.0m，两侧人行道路宽各为 5m，土路肩各为 0.5m，边坡坡比 1∶1.5，道路车行道横坡为 2%，（双面）人行道横坡为 1.5%，如图 2-25 所示，试计算人行道整形的清单工程量。

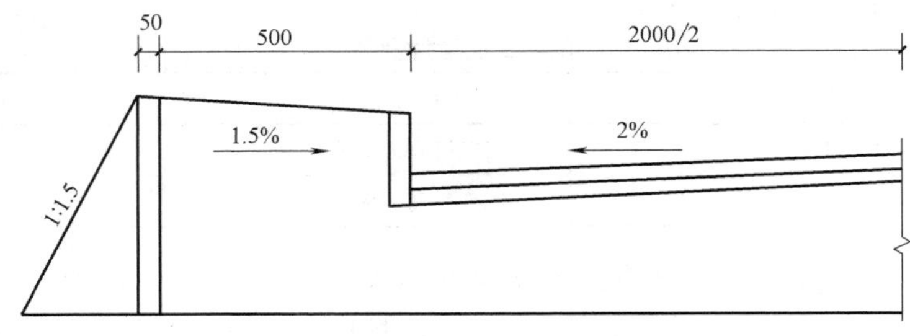

图 2-25 道路横断面图（单位：cm）

【解】

整理人行道的清单工程量为：

$$S_1=1280\times(5-0.125)\times2=12480\text{m}^2$$

清单工程量计算表见表 2-34。

清单工程量计算表 **表 2-34**

项目编码	项目名称	项目特征描述	计量单位	工程量
040204001001	人行道整形碾压	人行道宽 5m，横坡 1.5%	m^2	12480

【例 2-29】 某道路为水泥混凝土路面，道路横断面示意图如图 2-26 所示，全长 2500m，路面宽度为 24m，其中分为快车道、慢车道和人行道，分别为 9m、8m、7m，两快车道之间设有一条延伸缝，伸缩缝横断面示意图如图 2-27 所示。在人行道边缘每隔 5m 设一个树池，每 50m 设一检查井，且每一座检查井与设计路面标高发生正负高差，试计算检查井、伸缩缝以及树池的工程量。

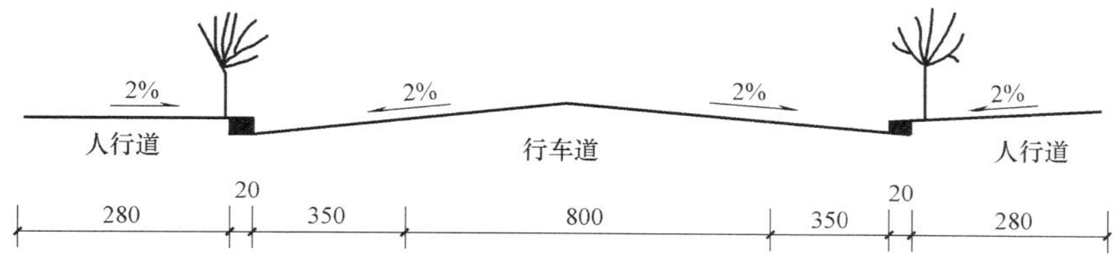

图 2-26 道路横断面示意图

【解】

(1) 伸缩缝面积

$$2500\times0.015=37.5\text{m}^2$$

(2) 检查井座数：

$$(2500\div50+1)\times2=102\text{座}$$

(3) 树池个数：

$$(2000\div5+1)\times2=102\text{个}$$

清单工程量计算表见表 2-35。

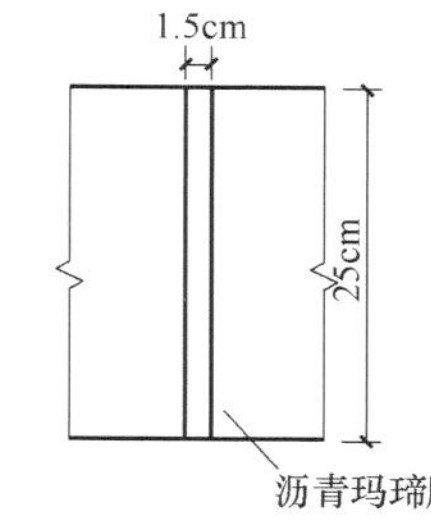

图 2-27 伸缩缝横断面示意图

清单工程量计算表 **表 2-35**

序号	项目编码	项目名称	项目特征描述	计量单位	工程量
1	040203007001	水泥混凝土	伸缩缝宽 2cm，沥青玛瑞脂填料	m^2	37.5
2	040204006001	检查井升降	检查井均与设计路面标高发生正负高差	座	102
3	040204007001	树池砌筑	人行道边缘砌筑树池	个	102

【例 2-30】 某市道路结构图、侧石大样图及横断面图如图 2-28 所示，道路全长 500m，路幅宽度为 30m，人行道两侧的宽度均为 10m，路缘石宽度为 20cm，且路基每侧加宽值为 0.5m，试计算人行道工程量和侧石工程量。

【解】

(1) 褥垫层工程量

$$S_{\text{垫层}}=2\times500\times10=10000\text{m}^2$$

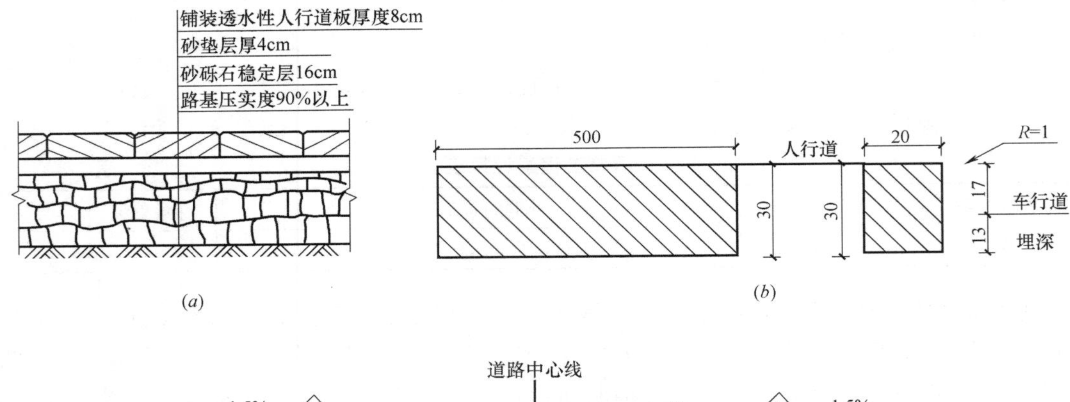

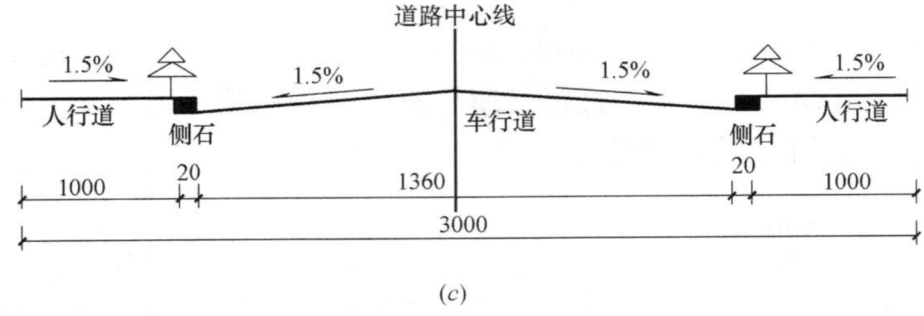

图 2-28　某市政道路结构示意图（单位：cm）

(a) 人行道结构示意图；(b) 侧石大样图；(c) 道路横断面图

（2）砂砾石稳定层工程量

$$S_{稳定层}=2\times500\times10=10000\text{m}^2$$

（3）人行道块料铺设工程量

$$S_{垫层}=2\times500\times10=10000\text{m}^2$$

（4）安砌侧（平、缘）石工程量

$$L=2\times500=1000\text{m}$$

【例 2-31】　如图 2-29 所示某公路，路长 220m，试计算其工程量，包括侧石长度、基础面积、水泥混凝土路面面积、块料人行道板面积。

【解】

（1）侧石长度（花岗石）

$$l=220\times2=440\text{m}$$

（2）基础面积

$$(220-40)\times2+3.14\times10\times2+(40-4)\times4+3.14\times2\times2\times2=591.92\text{m}$$

$$591.92\times0.25=147.98\text{m}^2$$

（3）水泥混凝土路面面积

$$220\times20-(36\times4+3.14\times22)\times2+20\times10\times2+0.2146\times102\times4=4572.72\text{m}^2$$

（4）人行道板面积

$$(220-40)\times(10-0.15)\times2+3.14\times9.85^2+(40-4)\times3.7\times2+3.14\times1.852\times2=4138.54\text{m}^2$$

清单工程量计算表见表 2-36。

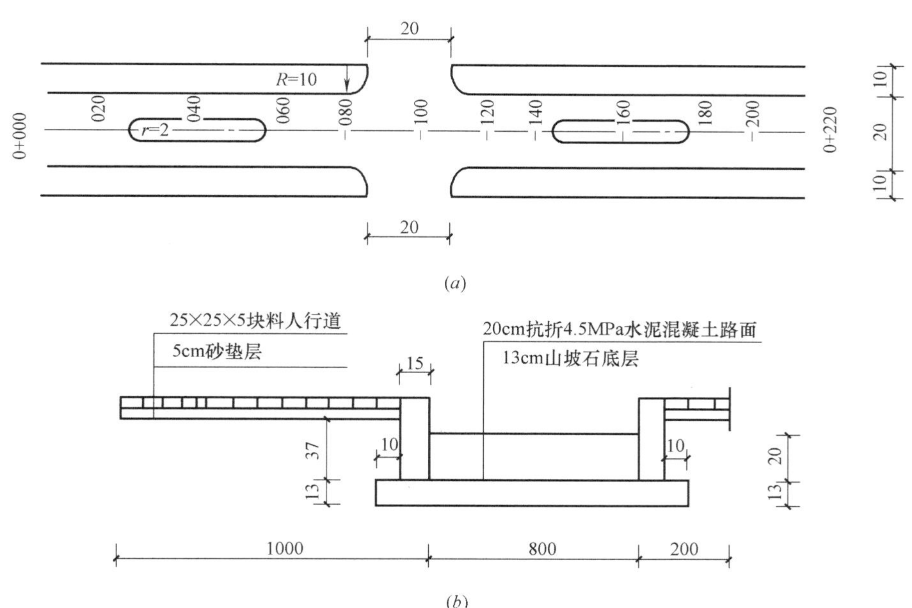

图 2-29 某公路工程

(a) 平面示意图，路口转角半径 R=10m，分隔带半径 r=2m；

(b) 有分隔带段水泥混凝土路面结构（单位：cm）

清单工程量计算表 **表 2-36**

序号	项目编码	项目名称	项目特征描述	计量单位	工程量
1	040204004001	安砌侧(平、缘)石	花岗石	m	440
2	040305001001	垫层	砂垫层，厚 5m	m^2	147.98
3	040203007001	水泥混凝土	20cm 抗折 4.5MPa 水泥混凝土	m^2	4572.72
4	040204001001	人行道整形碾压	25×25×5(cm)	m^2	4138.54

【例 2-32】 某新建道路全长为 2100m，宽度为 18.5m，路面结构为水泥混凝土路面，在该路段安装视线诱导器（长方形，规格为 22cm×40cm），每 100m 安装一只视线诱导器，试计算视线诱导器工程量。

【解】

视线诱导器工程量=2100/100+1=22只

清单工程量计算表见表 2-37。

清单工程量计算表 **表 2-37**

项目编码	项目名称	项目特征描述	计量单位	工程量
040205005001	视线诱导器	长方形，规格为 22cm×40cm	只	22

【例 2-33】 某干道交叉口平面图如图 2-30 所示，人行道横道线宽 25cm，长度均为 1.4m，计算人行道横道线的工程量。

【解】

人行道横道线的工程量=0.25×1.4×(2×7+2×7)=9.8m^2

【例 2-34】 某改建道路要清除原路面上的标线，如图 2-31 所示。已知该道路全长 950m，路面宽 9m，车道中心线宽 20cm，试计算清除标线的工程量。

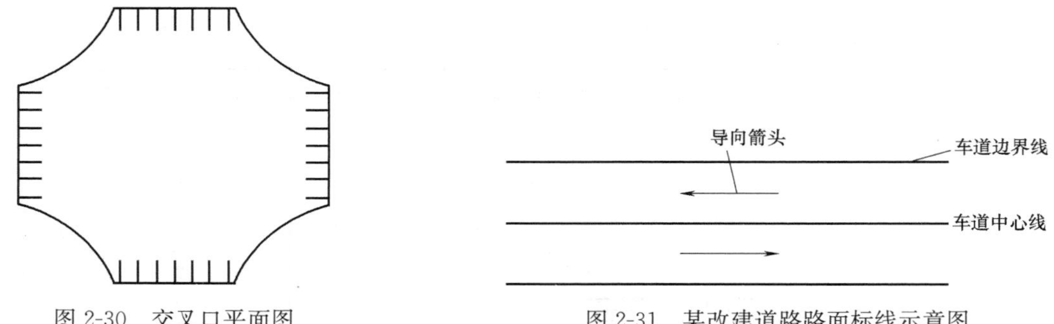

图 2-30　交叉口平面图

图 2-31　某改建道路路面标线示意图

【解】

$$清除标线的工程量=950\times0.2=190m^2$$

【例 2-35】 某道路长为 2600m，路面宽度为 15m，其中 K0＋340～K0＋970 之间由于土基比较湿软，对其进行处理，采用砂井办法。在 K1＋320～K1＋950 之间由于排水困难，会影响路基的稳定性，采用盲沟排水。另外，每隔 100m 设置一标杆以引导驾驶员的视线，该道路与大型建筑物相邻时，竖立标志板以保证行人安全，共有 23 个此类建筑物。如图 2-32～图 2-35 所示，试计算该道路的清单工程量。

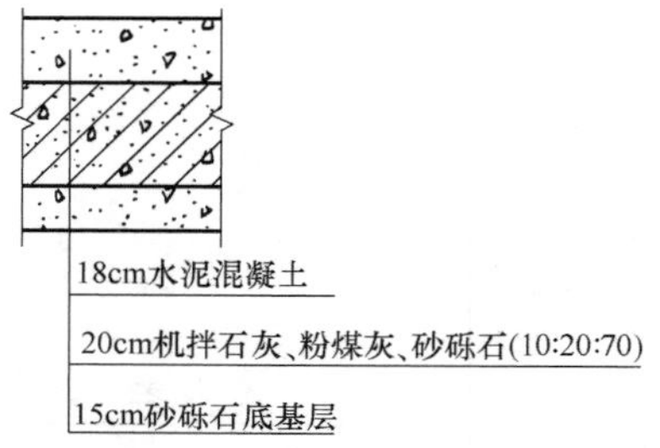

图 2-32　道路结构图

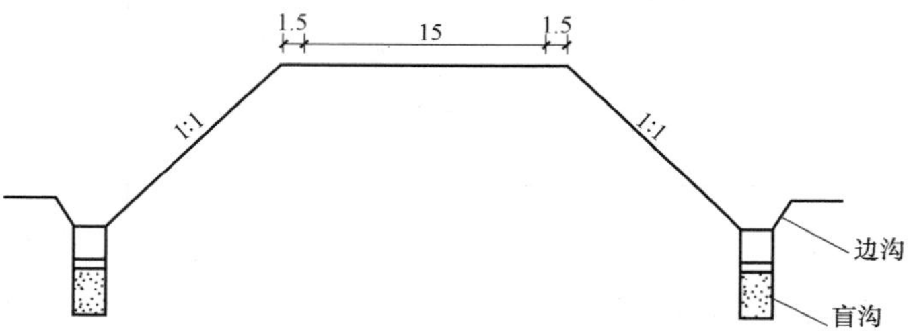

图 2-33　直沟布置图（单位：cm）

图 2-34　标杆示意图

图 2-35　标志板示意图

【解】

（1）砂砾石底基层的面积

$$2600 \times 15 = 39000\text{m}^2$$

（2）石灰、粉煤灰、砂砾石（10∶20∶70）基层的面积

$$2500 \times 15 = 39000\text{m}^2$$

（3）水泥混凝土面层面积

$$2500 \times 15 = 39000\text{m}^2$$

（4）砂井的长度

$$[(1.5 \times 2 + 1.5 \times 2 + 15) \div (2 + 0.1) + 1] \times [(970-340) \div (2 + 0.1) + 1] \times 1.5 = 4967\text{m}$$

（5）盲沟长度

$$(1950 - 1320) \times 2 = 1260\text{m}$$

（6）标杆套数

2600÷100＋1套＝27套

（7）标志板块数

标志板块数＝23块

【例 2-36】 某道路工程 K0＋000～K0＋100 为沥青混凝土结构，K0＋100～K0＋135 为混凝土结构，车行道道路结构如图 2-36、人行道道路结构如图 2-37 所示。路面修筑宽度为 10m，路肩各宽 1m，为保证压实每边各加 30cm。路面两边铺侧缘石。

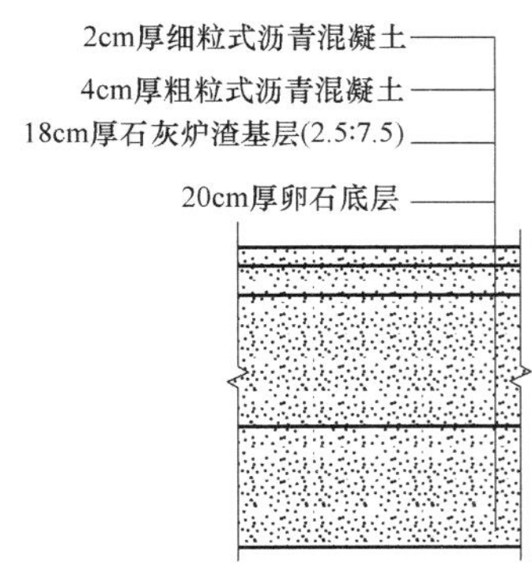

图 2-36　车行道道路结构图

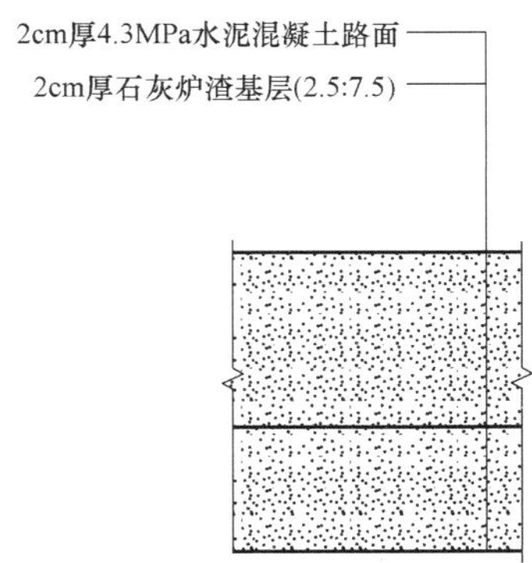

图 2-37　人行道道路结构图

其施工方案如下：

（1）卵石底层用人工铺装、压路机碾压。

（2）石灰炉渣基层用拖拉机拌合、机械铺装、压路机碾压、顶层用洒水机养生。

（3）机械铺摊沥青混凝土，粗粒式沥青混凝土和细粒式沥青混凝土用厂拌运到现场，运距 5km。

（4）水泥混凝土采取现场机械拌合、人工筑铺、用草袋覆盖洒水养生。

（5）设计侧缘石长 50cm；采用切缝机钢锯片。

（6）工程采用材料单价如表 2-38。

试编制综合单价分析表及土石方工程分部分项工程量清单与计价表。

工程材料单价表 **表 2-38**

序号	材料名称	单价	序号	材料名称	单价
1	粗粒式沥青混凝土	360 元/m^3	4	侧缘石	5.0 元/片
2	细粒式沥青混凝土	420 元/m^3	5	切缝机钢锯片	23 元/片
3	4.5MPa 水泥混凝土	170 元/m^3	—	—	—

【解】

（1）编制工程量清单

分部分项工程和单价措施项目清单与计价表见表 2-39。

分部分项工程和单价措施项目清单与计价表 **表 2-39**

工程名称：某道路工程　　标段：K0＋000～K0＋135　　第 1 页 共 1 页

序号	项目编号	项目名称	项目特征描述	计量单位	工程量	金额/元	
						综合单价	合价
1	040202010001	卵石	卵石厚度:20cm	m^2	1000		
2	040202006001	石灰、粉煤灰、碎(砾)石	1. 配合比:石灰炉渣 2.5∶7.5 2. 厚度:20cm	m^2	350		
3	040202006002	石灰、粉煤灰、碎(砾)石	1. 配合比:石灰炉渣 2.5∶7.5 2. 厚度:18cm	m^2	1000		
4	040203006001	沥青混凝土	1. 沥青品种:石油沥青 2. 石料粒径:最大粒径 5cm 3. 厚度:4cm	m^2	1000		
5	040203006002	沥青混凝土	1. 沥青品种:石油沥青 2. 石料粒径:最大粒径 3cm 3. 厚度:2cm	m^2	1000		
6	040203007001	水泥混凝土	1. 混凝土强度:4.5MPa 2. 厚度:22cm	m^2	350		
7	040204004001	安砌侧(平、缘)石	材料品种:侧缘石	m	270		
合计							

（2）工程量清单计价编制

管理费费率取值为直接费的 14%，利率取值为直接费的 7%。

工程量清单综合单价分析表见表 2-40～表 2-47。分部分项工程和单价措施项目清单与计价表见表 2-47。

综合单价分析表（一） **表 2-40**

工程名称：某道路工程　　标段：K0＋000～K0＋100　　第 1 页 共 7 页

项目编码	040202010001	项目名称	卵石	计量单位	m^2	工程量	1000				
清单综合单价组成明细											
定额编号	定额名称	定额单位	数量	单价				合价			
				人工费	材料费	机械费	管理费和利润	人工费	材料费	机械费	管理费和利润
2-185	卵石	100m^2	0.011	272.79	1172.37	63.29	316.775	3.0	12.896	0.696	3.485

续表

人工单价		小计			3.0	12.896	0.696	3.485
22.47 元/工日		未计价材料费			11.74			
清单项目综合单价					31.82			
材料费明细	主要材料名称、规格、型号	单位	数量		单价/元	合价/元	暂估单价/元	暂估合价/元
	卵石、杂色	m³	0.24		43.96	10.55		
	中粗砂	m³	0.027		44.23	1.19		
	其他材料费				—		—	
	材料费小计				—	11.74	—	

综合单价分析表（二）

表 2-41

工程名称：某道路工程　　标段：K0+000～K0+100　　第 2 页 共 7 页

项目编码	040202006001	项目名称	石灰、粉煤灰、碎(砾)石	计量单位	m²	工程量	350

定额编号	定额名称	定额单位	数量	单价				合价			
				人工费	材料费	机械费	管理费和利润	人工费	材料费	机械费	管理费和利润
2-151	石灰炉渣 2.5 ∶ 7.5 厚 20cm	100m²	0.01	91.68	1748.98	157.89	419.7	0.917	17.49	1.58	4.2
2-177	顶层多合土养生	100m²	0.01	1.57	0.66	10.52	2.678	0.016	0.0066	0.1052	0.027
人工单价		小计						0.933	17.497	0.696	4.227
22.47 元/工日		未计价材料费						16.82			
清单项目综合单价								40.17			

材料费明细	主要材料名称、规格、型号	单位	数量	单价/元	合价/元	暂估单价/元	暂估合价/元
	生石灰	t	0.06	120.00	7.2		
	炉渣	m³	0.24	39.97	9.59		
	水	m³	0.06	0.45	0.03		
	其他材料费			—		—	
	材料费小计			—	16.82	—	

综合单价分析表（三）　　表 2-42

工程名称：某道路工程　　标段：K0＋100～K0＋135　　第 3 页 共 7 页

项目编码	040202006002	项目名称	石灰、粉煤灰、碎（砾）石	计量单位	m^3	工程量	1000

清单综合单价组成明细											
定额编号	定额名称	定额单位	数量	单价				合价			
				人工费	材料费	机械费	管理费和利润	人工费	材料费	机械费	管理费和利润
2-151	石灰炉渣 2.5∶7.5 厚 20cm	$100m^2$	0.011	91.68	1748.98	157.89	419.7	0.917	17.49	1.58	4.2
2-152	石灰炉渣 2.5∶7.5 厚减 2cm	$100m^2$	0.011	−2.92	−87.28	−0.83	−19.116	−0.064	−0.192	−0.018	−0.42
2-177	顶层多合土养生	$100m^2$	0.011	1.57	0.66	10.52	2.678	0.0157	0.0066	0.1052	0.027
人工单价		小计						0.8687	17.29	1.6672	3.8
22.47 元/工日		未计价材料费						16.02			
清单项目综合单价								39.65			

材料费明细	主要材料名称、规格、型号	单位	数量	单价/元	合价/元	暂估单价/元	暂估合价/元
	生石灰	t	0.06	120.00	7.2		
	中粗砂	m^3	0.22	39.97	8.79		
	水	m^3	0.06	0.45	0.03		
	其他材料费			—		—	
	材料费小计			—	16.02	—	

综合单价分析表（四） **表 2-43**

工程名称：某道路工程　　　　标段：K0+000～K0+100　　　　第 4 页 共 7 页

项目编码	040203006001		项目名称		沥青混凝土		计量单位	m²		工程量	1000
清单综合单价组成明细											
定额编号	定额名称	定额单位	数量	单价				合价			
				人工费	材料费	机械费	管理费和利润	人工费	材料费	机械费	管理费和利润
2-267	粗粒式沥青混凝土路面	$100m^2$	0.01	49.43	12.30	146.72	43.77	0.49	0.123	1.47	0.437
2-249	喷洒沥青油料	$100m^2$	0.01	1.8	146.33	19.11	35.12	0.018	1.463	0.1911	0.351
人工单价		小计						0.508	1.586	1.6611	0.788
22.47 元/工日		未计价材料费						14.4			
清单项目综合单价								18.94			
材料费明细	主要材料名称、规格、型号					单位	数量	单价/元	合价/元	暂估单价/元	暂估合价/元
	粗粒式沥青混凝土					m^3	0.04	360	14.4		
	其他材料费							—		—	
	材料费小计							—	14.4	—	

综合单价分析表（五） **表 2-44**

工程名称：某道路工程　　　　标段：K0+100～K0+100　　　　第 5 页 共 7 页

项目编码	040203006002		项目名称		沥青混凝土	计量单位		m²		工程量	1000
清单综合单价组成明细											
定额编号	定额名称	定额单位	数量	单价				合价			
				人工费	材料费	机械费	管理费和利润	人工费	材料费	机械费	管理费和利润
2-284	细粒式沥青混凝土	$100m^2$	0.01	37.08	6.24	78.74	25.63	0.37	0.624	0.787	0.256
人工单价		小计						0.37	0.624	0.787	0.256
22.47 元/工日		未计价材料费						8.4			
清单项目综合单价								10.44			
材料费明细	主要材料名称、规格、型号					单位	数量	单价/元	合价/元	暂估单价/元	暂估合价/元
	细(微)粒式沥青混凝土					m^3	0.02	420	8.4		
	其他材料费							—		—	
	材料费小计							—	8.4	—	

综合单价分析表（六） 表 2-45

工程名称：某道路工程 标段：K0＋000～K0＋135 第 6 页 共 7 页

项目编码	040203007001	项目名称	水泥混凝土	计量单位	m^2	工程量	350

清单综合单价组成明细											
定额编号	定额名称	定额单位	数量	单价				合价			
				人工费	材料费	机械费	管理费和利润	人工费	材料费	机械费	管理费和利润
2-290	水泥混凝土路面	$100m^2$	0.01	814.54	138.65	92.52	219.6	8.145	1.3865	0.9252	2.196
2-294	伸缝	$100m^2$	0.007	77.75	756.66	—	175.23	0.544	5.3	—	1.227
2-298	锯缝机锯缝	$100m^2$	0.057	14.38	—	8.14	4.73	0.8197	—	0.464	0.2696
2-300	混凝土路面养护(草袋)	$100m^2$	0.01	25.84	106.59	—	27.81	0.258	1.066	—	0.278
人工单价		小计						9.7667	7.7525	1.3892	3.9706
22.47 元/工日		未计价材料费						37.561			
清单项目综合单价								60.44			

材料费明细	主要材料名称、规格、型号	单位	数量	单价/元	合价/元	暂估单价/元	暂估合价/元
	4.5MPa 水泥混凝土	m^3	0.22	170	37.4		
	钢锯片	片	0.007	23	0.161		
	其他材料费			—		—	
	材料费小计			—	37.561	—	

综合单价分析表（七） 表 2-46

工程名称：某道路工程 标段：K0＋000～K0＋135 第 7 页 共 7 页

项目编码	040204004001	项目名称	安砌侧(平、缘)石	计量单位	m	工程量	270

清单综合单价组成明细											
定额编号	定额名称	定额单位	数量	单价				合价			
				人工费	材料费	机械费	管理费和利润	人工费	材料费	机械费	管理费和利润
2-331	砂垫层	$100m^2$	0.01	13.93	57.42	—	14.983	0.1393	0.5742	—	0.1498
2-334	混凝土缘石	100m	0.01	114.6	34.19	—	31.246	1.146	0.3419	—	0.3125
人工单价		小计						1.2853	0.9161	—	0.4623
22.47 元/工日		未计价材料费						5.1			
清单项目综合单价								7.76			

材料费明细	主要材料名称、规格、型号	单位	数量	单价/元	合价/元	暂估单价/元	暂估合价/元
	混凝土侧石	m	1.02	5.00	5.1		
	其他材料费			—		—	
	材料费小计			—	5.1	—	

分部分项工程和单价措施项目清单与计价表　　　　**表 2-47**

工程名称：某道路工程　　　　标段：K0＋000～K0＋135　　　　第 1 页 共 1 页

序号	项目编号	项目名称	项目特征描述	计量单位	工程量	金额/元	
						综合单价	合价
1	040202010001	卵石	卵石厚度:20cm	m^2	1000	31.82	31820
2	040202006001	石灰、粉煤灰、碎(砾)石	1. 配合比:石灰炉渣 2.5∶7.5 2. 厚度:20cm	m^2	350	40.17	14059.5
3	040202006002	石灰、粉煤灰、碎(砾)石	1. 配合比:石灰炉渣 2.5∶7.5 2. 厚度:18cm	m^2	1000	39.65	39650
4	040203006001	沥青混凝土	1. 沥青品种:石油沥青 2. 石料粒径:最大粒径 5cm 3. 厚度:4cm	m^2	1000	18.94	18940
5	040203006002	沥青混凝土	1. 沥青品种:石油沥青 2. 石料粒径:最大粒径 3cm 3. 厚度:2cm	m^2	1000	10.44	10440
6	040203007001	水泥混凝土	1. 混凝土强度:4.5MPa 2. 厚度:22cm	m^2	350	60.44	21154
7	040204004001	安砌侧(平、缘)石	材料品种:侧缘石	m	270	7.76	2095.2
合计							138158.7

2.3　桥涵工程清单工程量计算及实例

2.3.1　工程量清单计价规则

1. 桩基

桩基工程量清单计价规则见表 2-48。

桩基（编号：040301）　　　　**表 2-48**

项目编码	项目名称	项目特征	计量单位	工程量计算规则	工程内容
040301001	预制钢筋混凝土方桩	1. 地层情况 2. 送桩深度、桩长 3. 桩截面 4. 桩倾斜度 5. 混凝土强度等级	1. m 2. m^3 3. 根	1. 以米计量，按设计图示尺寸以桩长(包括桩尖)计算 2. 以立方米计量，按设计图示桩长(包括桩尖)乘以桩的断面积计算 3. 以根计量，按设计图示数量计算	1. 工作平台搭拆 2. 桩就位 3. 桩机移位 4. 沉桩 5. 接桩 6. 送桩
040301002	预制钢筋混凝土管桩	1. 地层情况 2. 送桩深度、桩长 3. 桩外径、壁厚 4. 桩倾斜度 5. 桩尖设置及类型 6. 混凝土强度等级 7. 填充材料种类			1. 工作平台搭拆 2. 桩就位 3. 桩机移位 4. 桩尖安装 5. 沉桩 6. 接桩 7. 送桩 8. 桩芯填充

续表

项目编码	项目名称	项目特征	计量单位	工程量计算规则	工程内容
040301003	钢管桩	1. 地层情况 2. 送桩深度、桩长 3. 材质 4. 管径、壁厚 5. 桩倾斜度 6. 填充材料种类 7. 防护材料种类	1. t 2. 根	1. 以吨计量，按设计图示尺寸以质量计算 2. 以根计量，按设计图示数量计算	1. 工作平台搭拆 2. 桩就位 3. 桩机移位 4. 沉桩 5. 接桩 6. 送桩 7. 切割钢管、精割盖帽 8. 管内取土、余土弃置 9. 管内填芯、刷防护材料
040301004	泥浆护壁成孔灌注桩	1. 地层情况 2. 空桩长度、桩长 3. 桩径 4. 成孔方法 5. 混凝土种类、强度等级	1. m 2. m^3 3. 根	1. 以米计量，按设计图示尺寸以桩长(包括桩尖)计算 2. 以立方米计量，按不同截面在桩长范围内以体积计算 3. 以根计量，按设计图示数量计算	1. 工作平台搭拆 2. 桩机移位 3. 护筒埋设 4. 成孔、固壁 5. 混凝土制作、运输、灌注、养护 6. 土方、废浆外运 7. 打桩场地硬化及泥浆池、泥浆沟
040301005	沉管灌注桩	1. 地层情况 2. 空桩长度、桩长 3. 复打长度 4. 桩径 5. 沉管方法 6. 桩尖类型 7. 混凝土种类、强度等级		1. 以米计量，按设计图示尺寸以桩长(包括桩尖)计算 2. 以立方米计量，按设计图示桩长(包括桩尖)乘以桩的断面积计算 3. 以根计量，按设计图示数量计算	1. 工作平台搭拆 2. 桩机移位 3. 打(沉)拔钢管 4. 桩尖安装 5. 混凝土制作、运输、灌注、养护
040301006	干作业成孔灌注桩	1. 地层情况 2. 空桩长度、桩长 3. 桩径 4. 扩孔直径、高度 5. 成孔方法 6. 混凝土种类、强度等级			1. 工作平台搭拆 2. 桩机移位 3. 成孔、扩孔 4. 混凝土制作、运输、灌注、振捣、养护
040301007	挖孔桩土(石)方	1. 土(石)类别 2. 挖孔深度 3. 弃土(石)运距	m^3	按设计图示尺寸(含护壁)截面积乘以挖孔深度以立方米计算	1. 排地表水 2. 挖土、凿石 3. 基底钎探 4. 土(石)方外运
040301008	人工挖孔灌注桩	1. 桩芯长度 2. 桩芯直径、扩底直径、扩底高度 3. 护壁厚度、高度 4. 护壁材料种类、强度等级 5. 桩芯混凝土种类、强度等级	1. m^3 2. 根	1. 以立方米计量，按桩芯混凝土体积计算 2. 以根计量，按设计图示数量计算	1. 护壁制作、安装 2. 混凝土制作、运输、灌注、振捣、养护

续表

项目编码	项目名称	项目特征	计量单位	工程量计算规则	工程内容
040301009	钻孔压浆桩	1. 地层情况 2. 桩长 3. 钻孔直径 4. 骨料品种、规格 5. 水泥强度等级	1. m 2. 根	1. 以米计量，按设计图示尺寸以桩长计算 2. 以根计量，按设计图示数量计算	1. 钻孔、下注浆管、投放骨料 2. 浆液制作、运输、压浆
0403010010	灌注桩后注浆	1. 注浆导管材料、规格 2. 注浆导管长度 3. 单孔注浆量 4. 水泥强度等级	孔	按设计图示以注浆孔数计算	1. 注浆导管制作、安装 2. 浆液制作、运输、压浆
0403010011	截桩头	1. 桩类型 2. 桩头截面、高度 3. 混凝土强度等级 4. 有无钢筋	1. m^3 2. 根	1. 以立方米计量，按设计桩截面乘以桩头长度以体积计算 2. 以根计量，按设计图示数量计算	1. 截桩头 2. 凿平 3. 废料外运
0403010012	声测管	1. 材质 2. 规格型号	1. t 2. m	1. 按设计图示尺寸以质量计算 2. 按设计图示尺寸以长度计算	1. 检测管截断、封头 2. 套管制作、焊接 3. 定位、固定

2. 基坑和边坡支护

基坑和边坡支护工程量清单计价规则见表 2-49。

基坑与边坡支护（编码：040302） **表 2-49**

项目编码	项目名称	项目特征	计量单位	工程量计算规则	工程内容
040302001	圆木桩	1. 地层情况 2. 桩长 3. 材质 4. 尾径 5. 桩倾斜度	1. m 2. 根	1. 以米计量，按设计图示尺寸以桩长（包括桩尖）计算 2. 以根计量，按设计图示数量计算	1. 工作平台搭拆 2. 桩机移位 3. 桩制作、运输、就位 4. 桩靴安装 5. 沉桩
040302002	预制钢筋混凝土板桩	1. 地层情况 2. 送桩深度、桩长 3. 桩截面 4. 混凝土强度等级	1. m^3 2. 根	1. 以立方米计量，按设计图示桩长（包括桩尖）乘以桩的断面积计算 2. 以根计量，按设计图示数量计算	1. 工作平台搭拆 2. 桩就位 3. 桩机移位 4. 沉桩 5. 接桩 6. 送桩
040302003	地下连续墙	1. 地层情况 2. 导墙类型、截面 3. 墙体厚度 4. 成槽深度 5. 混凝土种类、强度等级 6. 接头形式	m^3	按设计图示墙中心线长乘以厚度乘以槽深，以体积计算	1. 导墙挖填、制作、安装、拆除 2. 挖土成槽、固壁、清底置换 3. 混凝土制作、运输、灌注、养护 4. 接头处理 5. 土方、废浆外运 6. 打桩场地硬化及泥浆池、泥浆沟

续表

项目编码	项目名称	项目特征	计量单位	工程量计算规则	工程内容
040302004	咬合灌注桩	1. 地层情况 2. 桩长 3. 桩径 4. 混凝土种类、强度等级 5. 部位	1. m 2. 根	1. 以米计量，按设计图示尺寸以桩长计算 2. 以根计量，按设计图示数量计算	1. 桩机移位 2. 成孔、固壁 3. 混凝土制作、运输、灌注、养护 4. 套管压拔 5. 土方、废浆外运 6. 打桩场地硬化及泥浆池、泥浆沟
040302005	型钢水泥土搅拌墙	1. 深度 2. 桩径 3. 水泥掺量 4. 型钢材质、规格 5. 是否拔出	m^3	按设计图示尺寸以体积计算	1. 钻机移位 2. 钻进 3. 浆液制作、运输、压浆 4. 搅拌、成桩 5. 型钢插拔 6. 土方、废浆外运
040302006	锚杆(索)	1. 地层情况 2. 锚杆(索)类型、部位 3. 钻孔直径、深度 4. 杆体材料品种、规格、数量 5. 是否预应力 6. 浆液种类、强度等级	1. m 2. 根	1. 以米计量，按设计图示尺寸以钻孔深度计算 2. 以根计量，按设计图示数量计算	1. 钻孔、浆液制作、运输、压浆 2. 锚杆(索)制作、安装 3. 张拉锚固 4. 锚杆(索)施工平台搭设、拆除
040302007	土钉	1. 地层情况 2. 钻孔直径、深度 3. 置入方法 4. 杆体材料品种、规格、数量 5. 浆液种类、强度等级	1. m 2. 根	1. 以米计量，按设计图示尺寸以钻孔深度计算 2. 以根计量，按设计图示数量计算	1. 钻孔、浆液制作、运输、压浆 2. 土钉制作、安装 3. 土钉施工平台搭设、拆除
040302008	喷射混凝土	1. 部位 2. 厚度 3. 材料种类 4. 混凝土类别、强度等级	m^2	按设计图示尺寸以面积计算	1. 修整边坡 2. 混凝土制作、运输、喷射、养护 3. 钻排水孔、安装排水管 4. 喷射施工平台搭设、拆除

3. 现浇混凝土构件

现浇混凝土构件工程量清单计价规则见表2-50。

现浇混凝土构件（编码：040303） 表 2-50

项目编码	项目名称	项目特征	计量单位	工程量计算规则	工程内容
040303001	混凝土垫层	混凝土强度等级	m^3	按设计图示尺寸以面积计算	1. 模板制作、安装、拆除 2. 混凝土拌和、运输、浇筑 3. 养护
040303002	混凝土基础	1. 混凝土强度等级 2. 嵌料(毛石)比例			
040303003	混凝土承台	混凝土强度等级			
040303004	混凝土墩(台)帽	1. 部位 2. 混凝土强度等级			
040303005	混凝土墩(台)身				
040303006	混凝土支撑梁及横梁				
040303007	混凝土墩(台)盖梁				
040303008	混凝土拱桥拱座	混凝土强度等级			
040303009	混凝土拱桥拱肋				
040303010	混凝土拱上构件	1. 部位 2. 混凝土强度等级			
040303011	混凝土箱梁				
040303012	混凝土连续板	1. 部位 2. 结构形式 3. 混凝土强度等级	m^3	按设计图示尺寸以面积计算	1. 模板制作、安装、拆除 2. 混凝土拌和、运输、浇筑 3. 养护
040303013	混凝土板梁				
040303014	混凝土板拱	1. 部位 2. 混凝土强度等级			
040303015	混凝土挡墙墙身	1. 混凝土强度等级 2. 泄水孔材料品种、规格 3. 滤水层要求 4. 沉降缝要求			1. 模板制作、安装、拆除 2. 混凝土拌和、运输、浇筑 3. 养护 4. 抹灰 5. 泄水孔制作、安装 6. 滤水层铺筑 7. 沉降缝
040303016	混凝土挡墙压顶	1. 混凝土强度等级 2. 沉降缝要求			
040303017	混凝土楼梯	1. 结构形式 2. 底板厚度 3. 混凝土强度等级	1. m^2 2. m^3	1. 以平方米计量,按设计图示尺寸以水平投影面积计算 2. 以立方米计量,按设计图示尺寸以体积计算	1. 模板制作、安装、拆除 2. 混凝土拌和、运输、浇筑 3. 养护
040303018	混凝土防撞护栏	1. 断面 2. 混凝土强度等级	m	按设计图示尺寸以长度计算	
040303019	桥面铺装	1. 混凝土强度等级 2. 沥青品种 3. 沥青混凝土种类 4. 厚度 5. 配合比	m^2	按设计图示尺寸以面积计算	1. 模板制作、安装、拆除 2. 混凝土拌和、运输、浇筑 3. 养护 4. 沥青混凝土铺装 5. 碾压

续表

项目编码	项目名称	项目特征	计量单位	工程量计算规则	工程内容
040303020	混凝土桥头搭板	混凝土强度等级	m^3	按设计图示尺寸以体积计算	1. 模板制作、安装、拆除 2. 混凝土拌和、运输、浇筑 3. 养护
040303021	混凝土搭板枕梁				
040303022	混凝土桥塔身	1. 形状 2. 混凝土强度等级			
040303023	混凝土连系梁				
040303024	混凝土其他构件	1. 名称、部位 2. 混凝土强度等级			
040303025	钢管拱混凝土	混凝土强度等级			混凝土拌和、运输、压注

4. 预制混凝土构件

预制混凝土构件工程量清单计价规则见表2-51。

预制混凝土构件（编码：040304） **表2-51**

项目编码	项目名称	项目特征	计量单位	工程量计算规则	工程内容
040304001	预制混凝土梁	1. 部位 2. 图集、图纸名称 3. 构件代号、名称 4. 混凝土强度等级 5. 砂浆强度等级	m^3	按设计图示尺寸以体积计算	1. 模板制作、安装、拆除 2. 混凝土拌和、运输、浇筑 3. 养护 4. 构件安装 5. 接头灌缝 6. 砂浆制作 7. 运输
040304002	预制混凝土柱				
040304003	预制混凝土板				
040304004	预制混凝土挡土墙墙身	1. 图集、图纸名称 2. 构件代号、名称 3. 结构形式 4. 混凝土强度等级 5. 泄水孔材料种类、规格 6. 滤水层要求 7. 砂浆强度等级			1. 模板制作、安装、拆除 2. 混凝土拌和、运输、浇筑 3. 养护 4. 构件安装 5. 接头灌缝 6. 泄水孔制作、安装 7. 滤水层铺设 8. 砂浆制作 9. 运输
040304005	预制混凝土其他构件	1. 部位 2. 图集、图纸名称 3. 构件代号、名称 4. 混凝土强度等级 5. 砂浆强度等级			1. 模板制作、安装、拆除 2. 混凝土拌和、运输、浇筑 3. 养护 4. 构件安装 5. 接头灌浆 6. 砂浆制作 7. 运输

5. 砌筑

砌筑工程量清单计价规则见表 2-52。

砌筑（编码：040305）　　表 2-52

项目编码	项目名称	项目特征	计量单位	工程量计算规则	工程内容
040305001	垫层	1. 材料品种、规格 2. 厚度	m^3	按设计图示尺寸以体积计算	垫层铺筑
040305002	干砌块料	1. 部位 2. 材料品种、规格 3. 泄水孔材料品种、规格 4. 滤水层要求 5. 沉降缝要求			1. 砌筑 2. 砌体勾缝 3. 砌体抹面 4. 泄水孔制作、安装 5. 滤层铺设 6. 沉降缝
040305003	浆砌块料	1. 部位 2. 材料品种、规格 3. 砂浆强度等级 4. 泄水孔材料品种、规格 5. 滤水层要求 6. 沉降缝要求			
040305004	砖砌体				
040305005	护坡	1. 材料品种 2. 结构形式 3. 厚度 4. 砂浆强度等级	m^2	按设计图示尺寸以面积计算	1. 修整边坡 2. 砌筑 3. 砌体勾缝 4. 砌体抹面

6. 立交箱涵

立交箱涵工程量清单计价规则见表 2-53。

立交箱涵（编码：040306）　　表 2-53

项目编码	项目名称	项目特征	计量单位	工程量计算规则	工程内容
040306001	透水管	1. 材料品种、规格 2. 管道基础形式	m	按设计图示尺寸以长度计算	1. 基础铺筑 2. 管道铺设、安装
040306002	滑板	1. 混凝土强度等级 2. 石蜡层要求 3. 塑料薄膜品种、规格	m^3	按设计图示尺寸以体积计算	1. 模板制作、安装、拆除 2. 混凝土拌和、运输、浇筑 3. 养护 4. 涂石蜡层 5. 铺塑料薄膜
040306003	箱涵底板	1. 混凝土强度等级 2. 混凝土抗渗要求 3. 防水层工艺要求	m^3	按设计图示尺寸以体积计算	1. 模板制作、安装、拆除 2. 混凝土拌和、运输、浇筑 3. 养护 4. 防水层铺涂
040306004	箱涵侧墙				1. 模板制作、安装、拆除 2. 混凝土拌和、运输、浇筑 3. 养护 4. 防水砂浆 5. 防水层铺涂
040306005	箱涵顶板				

续表

项目编码	项目名称	项目特征	计量单位	工程量计算规则	工程内容
040306006	箱涵顶进	1. 断面 2. 长度 3. 弃土运距	kt·m	按设计图示尺寸以被顶箱涵的质量，乘以箱涵的位移距离分节累计计算	1. 顶进设备安装、拆除 2. 气垫安装、拆除 3. 气垫使用 4. 钢刃角制作、安装、拆除 5. 挖土实顶 6. 土方场内外运输 7. 中继间安装、拆除
040306007	箱涵接缝	1. 材质 2. 工艺要求	m	按设计图示止水带长度计算	接缝

7. 钢结构

钢结构工程量清单计价规则见表 2-54。

钢结构（编码：040307） **表 2-54**

项目编码	项目名称	项目特征	计量单位	工程量计算规则	工程内容
040307001	钢箱梁	1. 材料品种、规格 2. 部位 3. 探伤要求 4. 防火要求 5. 补刷油漆品种、色彩、工艺要求	t	按设计图示尺寸以质量计算。不扣除孔眼的质量，焊条、铆钉、螺栓等不另增加质量	1. 拼装 2. 安装 3. 探伤 4. 涂刷防火涂料 5. 补刷油漆
040307002	钢板梁				
040307003	钢桁梁				
040307004	钢拱				
040307005	劲性钢结构				
040307006	钢结构叠合梁				
040307007	其他钢构件				
040307008	悬(斜拉)索	1. 材料品种、规格 2. 直径 3. 抗拉强度 4. 防护方式	t	按设计图示尺寸以质量计算	1. 拉索安装 2. 张拉、索力调整、锚固 3. 防护壳制作、安装
040307009	钢拉杆				1. 连接、紧锁件安装 2. 钢拉杆安装 3. 钢拉杆防腐 4. 钢拉杆防护壳制作、安装

8. 装饰

装饰工程量清单计价规则见表 2-55。

装饰（编码：040308） 表 2-55

项目编码	项目名称	项目特征	计量单位	工程量计算规则	工程内容
040308001	水泥砂浆抹面	1. 砂浆配合比 2. 部位 3. 厚度	m^2	按设计图示尺寸以面积计算	1. 基层清理 2. 砂浆抹面
040308002	剁斧石饰面	1. 材料 2. 部位 3. 形式 4. 厚度			1. 基层清理 2. 饰面
040308003	镶贴面层	1. 材质 2. 规格 3. 厚度 4. 部位			1. 基层清理 2. 镶贴面层 3. 勾缝
040308004	涂料	1. 材料品种 2. 部位			1. 基层清理 2. 涂料涂刷
040308005	油漆	1. 材料品种 2. 部位 3. 工艺要求			1. 除锈 2. 刷油漆

9. 其他

其他工程量清单计价规则见表 2-56。

其他（编码：040309） 表 2-56

项目编码	项目名称	项目特征	计量单位	工程量计算规则	工程内容
040309001	金属栏杆	1. 栏杆材质、规格 2. 油漆品种、工艺要求	1. t 2. m	1. 按设计图示尺寸以质量计算 2. 按设计图示尺寸以延长米计算	1. 制作、运输、安装 2. 除锈、刷油漆
040309002	石质栏杆	材料品种、规格	m	按设计图示尺寸以长度计算	制作、运输、安装
040309003	混凝土栏杆	1. 混凝土强度等级 2. 规格尺寸			
040309004	橡胶支座	1. 材质 2. 规格、型号 3. 形式	个	按设计图示数量计算	支座安装
040309005	钢支座	1. 规格、型号 2. 形式			
040309006	盆式支座	1. 材质 2. 承载力			
040309007	桥梁伸缩装置	1. 材料品种 2. 规格、型号 3. 混凝土种类 4. 混凝土强度等级	m	以米计量，按设计图示尺寸以延长米计算	1. 制作、安装 2. 混凝土拌和、运输、浇筑

续表

项目编码	项目名称	项目特征	计量单位	工程量计算规则	工程内容
040309008	隔声屏障	1. 材料品种 2. 结构形式 3. 油漆品种、工艺要求	m^2	按设计图示尺寸以面积计算	1. 制作、安装 2. 除锈、刷油漆
040309009	桥面排(泄)水管	1. 材料品种 2. 管径	m	按设计图示以长度计算	进水口、排(泄)水管制作、安装
040309010	防水层	1. 部位 2. 材料品种、规格 3. 工艺要求	m^2	按设计图示尺寸以面积计算	防水层铺涂

2.3.2 清单相关问题及说明

清单项目各类预制桩均按成品构件编制，购置费用应计入综合单价中，如采用现场预制，包括预制构件制作的所有费用。当以体积为计量单位计算混凝土工程量时，不扣除构件内钢筋、螺栓、预埋铁件、张拉孔道和单个面积≤0.3m^2 的孔洞所占体积，但应扣除型钢混凝土构件中型钢所占体积。桩基陆上工作平台搭拆工作内容包括在相应的清单项目中，若为水上工作平台搭拆，应按“措施项目”相关项目单独编码列项。

1. 桩基

（1）地层情况按表 2-4 和表 2-5 的规定，并根据岩土工程勘察报告按单位工程各地层所占比例（包括范围值）进行描述。对无法准确描述的地层情况，可注明由投标人根据岩土工程勘察报告自行决定报价。

（2）各类混凝土预制桩以成品桩考虑，应包括成品桩购置费，如果用现场预制，应包括现场预制桩的所有费用。

（3）项目特征中的桩截面、混凝土强度等级、桩类型等可直接用标准图代号或设计桩型描述。

（4）打试验桩和打斜桩应按相应项目编码单独列项，并应在项目特征中注明试验桩或斜桩（斜率）。

（5）项目特征中的桩长应包括桩尖，空桩长度＝孔深-桩长，孔深为自然地面至设计桩底深度。

（6）泥浆护壁成孔灌注桩是指在泥浆护壁条件下成孔，采用水下灌注混凝土的桩。其成孔方法包括冲击钻成孔、冲抓锥成孔、回旋钻成孔、潜水钻成孔、泥浆护壁的旋挖成孔等。

（7）沉管灌注桩的沉管方法包括捶击沉管法、振动沉管法、振动冲击沉管法、内夯沉管法等。

（8）干作业成孔灌注桩是指不用泥浆护壁和套管护壁的情况下，用钻机成孔后，下钢筋笼，灌注混凝土的桩，适用于地下水位以上的土层使用。其成孔方法包括螺旋钻成孔、螺旋钻成孔扩底、干作业的旋挖成孔等。

(9) 混凝土灌注桩的钢筋笼制作、安装，按“钢筋工程”中相关项目编码列项。

(10)“桩基”工作内容未含桩基础的承载力检测、桩身完整性检测。

2. 基坑与边坡支护

(1) 地层情况按表2-4和表2-5的规定，并根据岩土工程勘察报告按单位工程各地层所占比例（包括范围值）进行描述。对无法准确描述的地层情况，可注明由投标人根据岩土工程勘察报告自行决定报价。

(2) 地下连续墙和喷射混凝土的钢筋网制作、安装，按“钢筋工程”中相关项目编码列项。基坑与边坡支护的排桩按“桩基”中相关项目编码列项。水泥土墙、坑内加固按“道路工程”中“路基工程”中相关项目编码列项。混凝土挡土墙、桩顶冠梁、支撑体系按“隧道工程”中相关项目编码列项。

3. 现浇混凝土构件

台帽、台盖梁均应包括耳墙、背墙。

4. 预制混凝土构件

(1) 干砌块料、浆砌块料和砖砌体应根据工程部位不同，分别设置清单编码。

(2)“砌筑”清单项目中“垫层”指碎石、块石等非混凝土类垫层。

5. 立交箱涵

除箱涵顶进土方外，顶进工作坑等土方应按“土石方工程”中相关项目编码列项。

6. 装饰

如遇到本清单项目缺项时，可按现行国家标准《房屋建筑与装饰工程工程量计算规范》GB 50854—2013中相关项目编码列项。

7. 其他

支座垫石混凝土按“现浇混凝土构件”中“混凝土基础”项目编码列项。

2.3.3 工程量清单计价实例

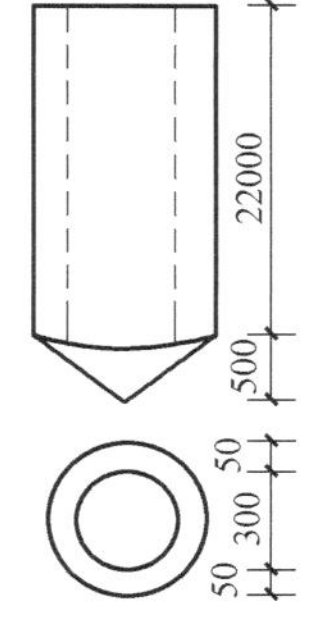

图2-38 钢管桩

【例2-37】 某桥梁工程采用混凝土空心管桩，如图2-38所示，试计算用打桩打混凝土管桩的工程量。

【解】

$$l=22+0.5=22.5\text{m}$$

清单工程量计算表见表2-57。

清单工程量计算表 **表2-57**

项目编码	项目名称	项目特征描述	计量单位	工程量
040301002001	预制钢筋混凝土管桩	混凝土空心管桩，外径400mm，内径300mm	m	22.5

【例2-38】 某工程采用柴油机打桩机打预制钢筋混凝土板桩，如图2-39所示，桩长为20m（包括桩尖），截面为500mm×250mm，试计算打桩机打预制钢筋混凝土板桩的工程量。

【解】

打桩机打钢筋混凝土板桩的工程量＝(0.25×0.5)×20＝2.5m^3

【例 2-39】 某桥梁混凝土墩帽如图 2-40 所示，试计算该桥墩混凝土墩帽的工程量。

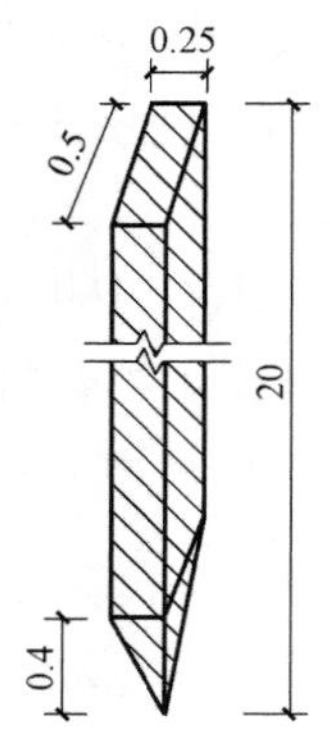

图 2-39 钢筋混凝土板桩（单位：m）

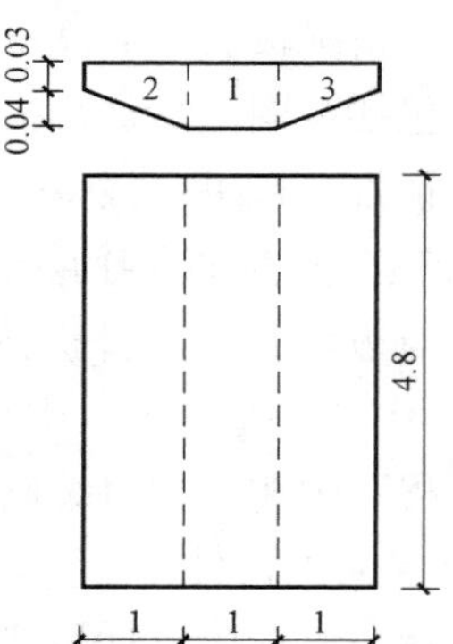

图 2-40 桥梁墩帽（单位：m）

【解】

$$V_1=1\times 4.8\times(0.03+0.04)=0.34\text{m}^3$$

$$V_2=V_3=\frac{1}{2}\times(0.03+0.07)\times 1\times 4.8=0.24\text{m}^3$$

桥梁混凝土墩帽的工程量＝$V_1+V_2+V_3$＝0.34＋0.24＋0.24＝0.82m^3

【例 2-40】 某桥涵工程，采用打桩机打预制钢筋混凝土板桩，桩长为 15500mm，如图 2-41 所示。试计算预制钢筋混凝土板桩工程量。

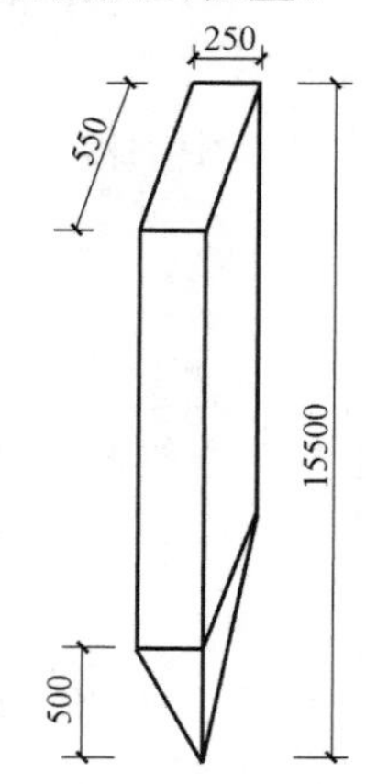

图 2-41 预制混凝土板桩

【解】

预制钢筋混凝土板桩工程量：

$V=S\times l$＝0.25×0.55×15.5＝2.13m^3

【例 2-41】 某桥墩盖梁如图 2-42 所示，现场浇筑混凝土施工，试计算该盖梁混凝土工程量。

【解】

桥墩盖梁混凝土工程量：

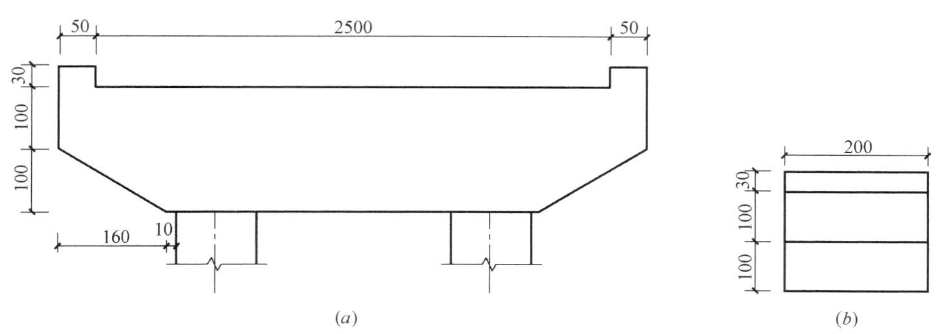

图 2-42　桥墩盖梁示意图（单位：cm）

（a）正立面图；（b）侧立面图

$$V=[(1+1)\times(25+0.5\times2)-1\times1.6+0.5\times0.3\times2]\times2=101.4\text{m}^3$$

【例 2-42】 某拱桥如图 2-43 所示，现场浇筑混凝土施工，其中拱肋轴线长度为 55m，截面形式为 60cm×60cm，该桥共设 5 道拱肋，试计算拱座混凝土工程量。

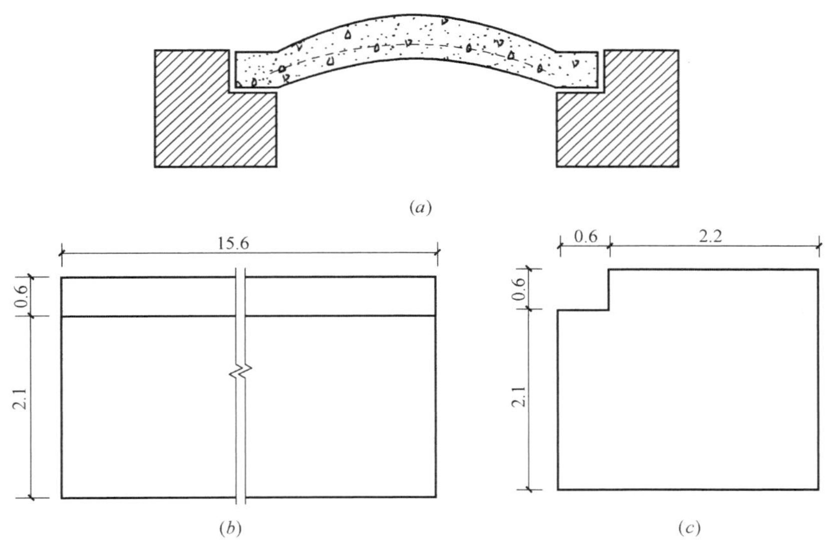

图 2-43　拱桥示意图（单位：m）

（a）拱桥正立面图；（b）拱桥侧立面图；（c）拱座正立面图

【解】

单个拱座 $V_1=[(2.1+0.6)\times(0.6+2.2)-0.6\times0.6]\times15.6=112.32\text{m}^3$

拱座混凝土的工程量 $=2V_1=2\times112.32=224.64\text{m}^3$

【例 2-43】 某混凝土空心板梁如图 2-44 所示，现浇混凝土施工，板内设一直径为 68cm 的圆孔，截面形式和相关尺寸在图中已标注，试计算该混凝土空心板梁工程量。

【解】

空心板梁横截面面积 $S=(0.80+0.90)\times0.10/2+(0.90+0.70)\times0.65/2+$

$$(0.70+1.00)\times0.0512+1.00\times0.10-\frac{\pi\times0.68}{4}=0.39\text{m}^2$$

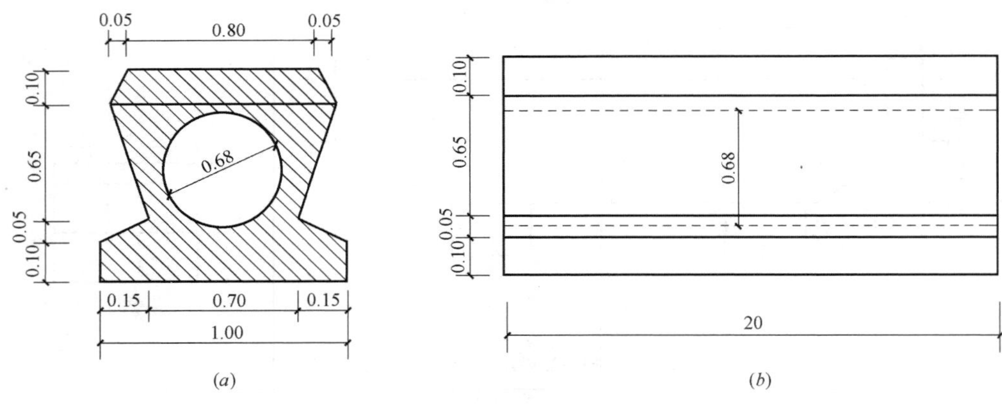

图 2-44 混凝土空心板梁示意图（单位：m）

（a）横截面图；（b）侧立面图

混凝土空心板梁的工程量＝SL＝0.39×20＝7.8m^3

【例 2-44】 某混凝土桥头搭板横截面如图 2-45 所示，采用 C20 混凝土浇筑，石子最大粒径 18mm，试计算该混凝土桥头搭板工程量（取板长为 26.5m）。

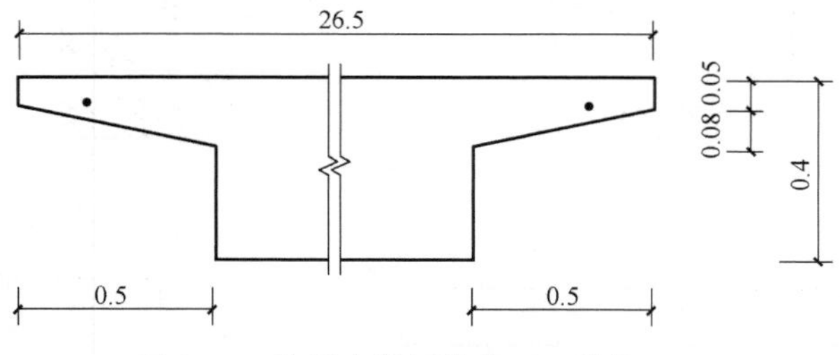

图 2-45 某桥头搭板横截面（单位：m）

【解】

$$横断面面积=\frac{1}{2}\times(0.05+0.13)\times0.5\times2+(26.5-2\times0.5)\times0.4$$

$$=0.09+10.2=10.29\text{m}^2$$

混凝土桥头搭板的工程量＝10.29×26.5＝272.69m^2

清单工程量计算表见表 2-58。

清单工程量计算表 **表 2-58**

项目编码	项目名称	项目特征描述	计量单位	工程量
040303020001	混凝土桥头搭板	采用 C20 混凝土浇筑	m^2	272.69

【例 2-45】 某桥梁工程用到的预制钢筋混凝土双 T 形板如图 2-46 所示，其尺寸在图上，试计算 23 块预制钢筋混凝土双 T 形板的工程量。

【解】

预制钢筋混凝土双 T 形板混凝土图示工程量，按图示尺寸计算实体积。

$$V=(0.055\times0.45+0.05\times0.11\times2)\times12\times23$$

$$=(0.025+0.011)\times12\times23$$

$$=9.94\text{m}^3$$

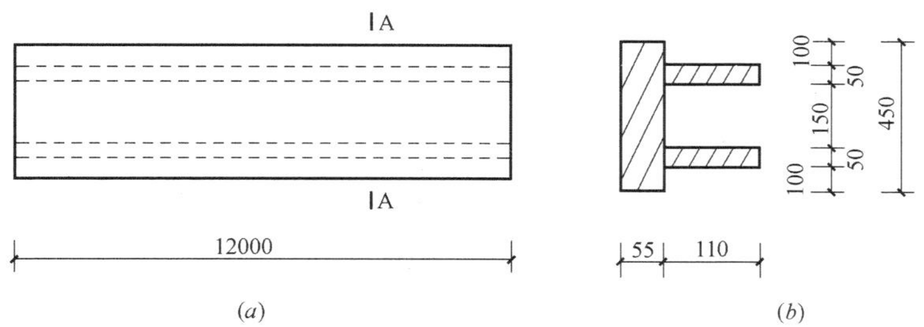

图 2-46 某工程钢筋混凝土双 T 形板示意图

清单工程量计算表见表 2-59。

清单工程量计算表 **表 2-59**

项目编码	项目名称	项目特征描述	计量单位	工程量
040304003001	预制混凝土板	双 T 形	m^3	9.94

【例 2-46】 如图 2-47 所示，某一桥梁桥墩处设了根截面尺寸为 0.5m×0.5m 方立柱，立柱设在盖梁与承台之间，立柱高 2.75m，工厂预制生产，试计算桥墩立柱的混凝土工程量。

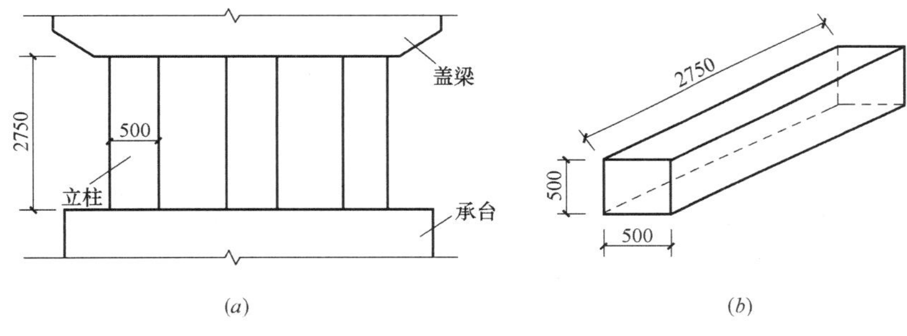

图 2-47 立柱示意图

(a) 立面图；(b) 立柱大样图

【解】

$$\text{单根立柱混凝土工程量 } V=0.5\times0.5\times2.75=0.69\text{m}^3$$

$$\text{总计}:3\times0.69=2.07\text{m}^3$$

即该桥墩处立柱的混凝土工程量为 2.07m^3。

【例 2-47】 某桥梁栏杆立柱及扶手采用混凝土工厂预制生产，其外观尺寸如图 2-48 所示，栏杆布置在桥梁两侧，长 90m，栏杆端部分别有一立柱，高 1.6m，沿栏杆长度范围内立柱间距 5m，其他相关尺寸如图中标注，试计算栏杆（包括立柱）混凝土工程量。

【解】

（1）单侧栏杆立柱个数

$$\frac{90}{5}+1=19\text{个}$$

（2）单个立柱混凝土工程量

$$V=\left[\frac{\pi}{2}\times0.2^2+(1.6-0.2)\times0.3\right]\times0.25=0.1207\text{m}^3$$

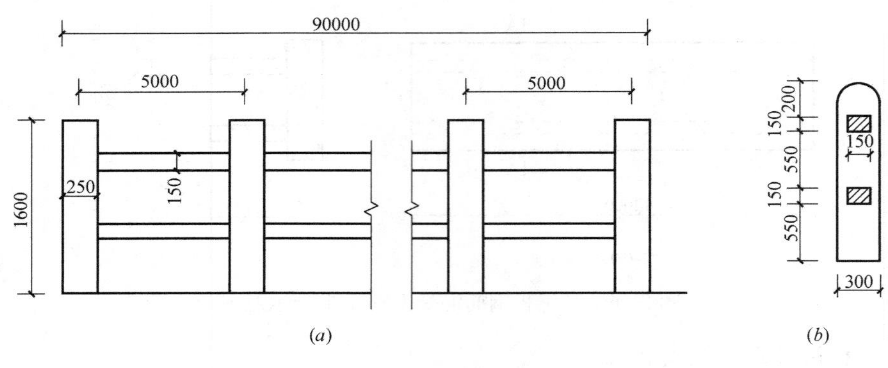

图 2-48 桥梁栏杆示意图
(a) 栏杆立面图；(b) 栏杆断面图

(3) 栏杆扶手混凝土工程量

$$V=0.15\times0.15\times(96-19\times0.25)\times2=4.11\mathrm{m}^3$$

(4) 总计

$$2\times(25\times0.1207+4.11)=14.26\mathrm{m}^3$$

【例 2-48】 某桥梁重力式桥台，如图 2-49 所示，台身采用 M10 水泥砂浆砌块石，台帽采用 M10 水泥砂浆砌料石，共 2 个台座，长度 12m。ϕ100PVC 泄水管安装间距 3m。50×50 级配碎石反滤层、泄水孔进口二层土工布包裹。试计算台帽和台身工程量。

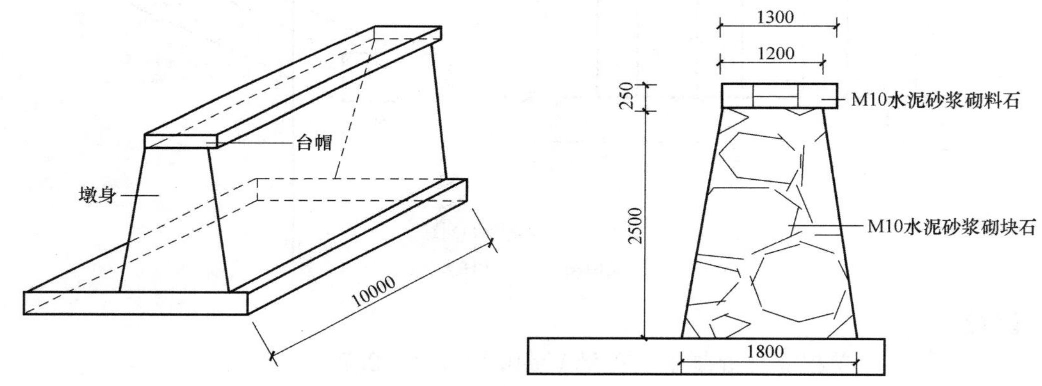

图 2-49 桥梁重力式桥台示意图

【解】

(1) 浆砌块石台帽

$$1.3\times0.25\times10\times2=6.5\mathrm{m}^3$$

(2) 浆砌料石台身

$$(1.8+1.2)\div2\times2.5\times10\times2=75\mathrm{m}^3$$

清单工程量计算表见表 2-60。

清单工程量计算表 **表 2-60**

序号	项目编码	项目名称	计量单位	工程量
1	040304004001	浆砌块石台帽	m^3	6.5
2	040304005001	浆砌料石台身	m^3	75

【例 2-49】 某预制空心桥板的横截面如图 2-50 所示，跨径为 18m，试计算单梁预制混凝土板的工程量。

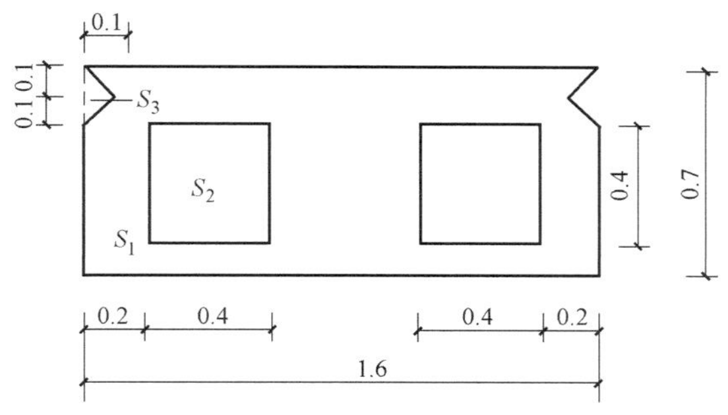

图 2-50　空心桥板横截面（单位：m）

【解】

$$S_1 = 1.6 \times 0.7 = 1.12\text{m}^2$$

$$S_2 = 0.4 \times 0.4 = 0.16\text{m}^2$$

$$S_3 = \frac{1}{2} \times 0.1 \times (0.1 + 0.1) = 0.01\text{m}^2$$

预制混凝土板的截面积 $S = S_1 - 2(S_2 + S_3)$

$= 1.12 - 2 \times (0.16 + 0.01)$

$= 1.12 - 2 \times 0.17$

$= 0.78\text{m}^2$

预制混凝土板的工程量 $= 0.78 \times 18 = 14.04\text{m}^3$

【例 2-50】 某桥梁工程采用干砌块石锥形护坡，如图 2-51 所示，其厚度为 45cm，试计算干砌块石的清单工程量。

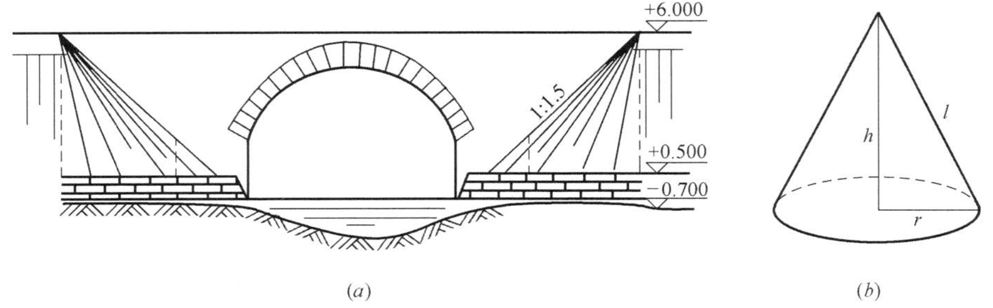

图 2-51　某桥梁工程（单位：m）

（a）桥梁；（b）锥形护坡计算

【解】

$$h = 6.00 - 0.50 = 5.50\text{m}$$

$$r = 5.50 \times 1.52 = 8.25\text{m}$$

$$l = \sqrt{8.25^2 + 5.50^2} = \sqrt{68.0625 + 30.25} = 9.92\text{m}$$

锥形护坡干砌块石的工程量 $= 2 \times \frac{1}{2} \times \pi r l \times 0.45$

$$=2\times\frac{1}{2}\times3.14\times8.25\times9.92\times0.45$$

$$=115.64\text{m}^3$$

【例 2-51】 某桥涵工程洞径 12m，壁厚 1.8m，涵洞长 160m，如图 2-52 所示为其中的一部分，按图示尺寸，试计算清单工程量（采用干砌块料 450mm×450mm×450mm 砌筑）。

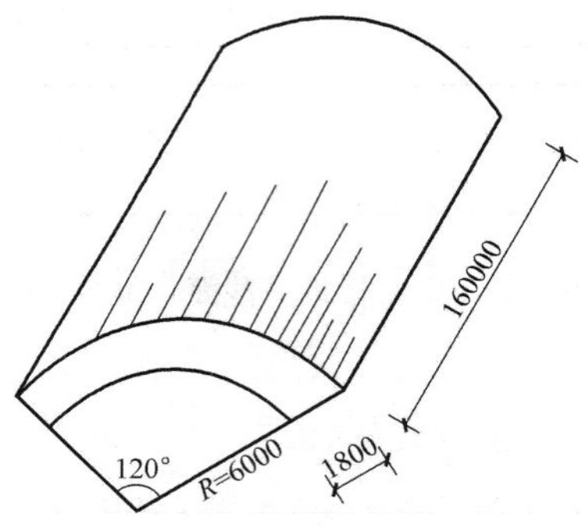

图 2-52 某桥涵工程部分示意图

【解】

$$\text{清单工程量 } V=\frac{\pi(6^2-4.2^2)}{3}\times160=3074.69\text{m}^3$$

清单工程量计算表见表 2-61。

清单工程量计算表 **表 2-61**

项目编码	项目名称	项目特征描述	计量单位	工程量
040305002001	干砌块料	450mm×450mm×450mm	m^3	3074.69

【例 2-52】 某桥涵工程，护坡采用毛石锥形护坡，如图 2-53 所示，试计算其工程量。

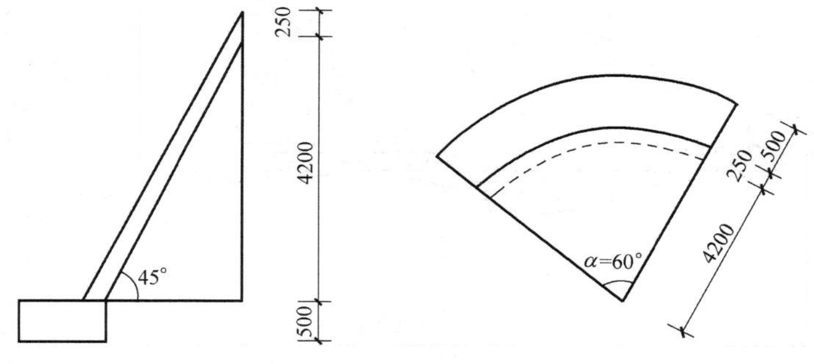

图 2-53 锥形护坡工程量计算

【解】

$$S=\text{锥形护坡外锥弧长}\times\text{高度}$$

$$=(4.2+0.25+0.6)\times3.14\times2\times\frac{1}{6}\times4.45=23.52\text{m}^2$$

护坡基础工程量：$V=(0.25+0.5)\times0.5\times\left(4.2+\frac{0.25+0.5}{2}\right)\times2\times3.14\times\frac{1}{6}=1.80\text{m}^3$

清单工程量计算表见表 2-62。

清单工程量计算表　　表 2-62

序号	项目编码	项目名称	项目特征描述	计量单位	工程量
1	040305005001	护坡	毛石，锥形护坡	m^2	23.52
2	040303002001	混凝土基础	毛石，锥形护坡基础	m^2	1.80

【例 2-53】 某涵洞采用箱涵形式，如图 2-54 所示，其箱涵底板表面为水泥混凝土板，厚度为 20cm，C20 混凝土箱涵侧墙厚 50cm，C20 混凝土顶板厚 30cm，涵洞长为 16m，试计算各部分工程量。

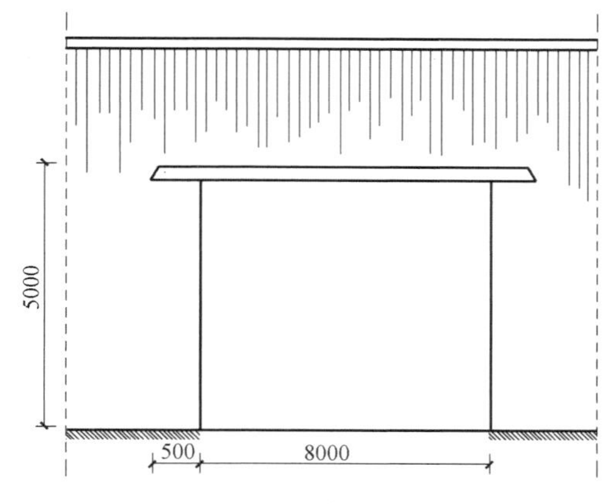

图 2-54　箱涵洞

【解】

（1）箱涵底板

$$V_1=8\times16\times0.2=25.6\text{m}^3$$

（2）箱涵侧墙

$$V_2=16\times5\times0.5=40\text{m}^3$$

$$V=2V_2=2\times40=80\text{m}^3$$

（3）箱涵顶板

$$V=(8+0.5\times2)\times0.3\times16=43.2\text{m}^3$$

清单工程量计算表见表 2-63。

清单工程量计算表　　表 2-63

序号	项目编码	项目名称	项目特征描述	计量单位	工程量
1	040306003001	箱涵底板	箱涵底板表面为水泥混凝土板，厚度为 20cm	m^3	25.6
2	040306004001	箱涵侧墙	侧墙厚 50cm，C20 混凝土	m^3	80
3	040306005001	箱涵顶板	顶板厚 30cm，C20 混凝土	m^3	43.2

【例 2-54】 某拱桥工程采用混凝土拱座，宽 12m，细部构造如图 2-55 所示，试计算混凝土拱桥拱座清单工程量。

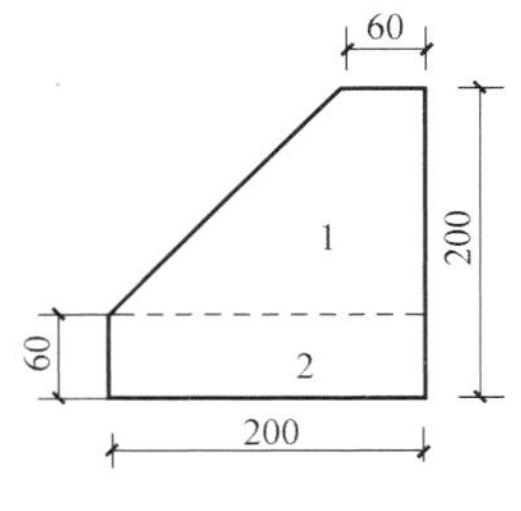

图 2-55　拱桥示意图

【解】

混凝土拱桥拱座清单清单工程量为：

$$V_1=\frac{1}{2}\times(0.06+0.2)\times(0.2-0.06)\times12=0.218\text{m}^3$$

$$V_2=0.2\times0.06\times12=0.144\text{m}^3$$

$$V=(V_1+V_2)\times2=(0.218+0.144)\times2=0.724\text{m}^3$$

【例 2-55】 某市政板梁桥的上承板梁如图 2-56 所示，全桥长为 85m，其中加劲角钢长 3.0m，试计算钢板梁工程量。

【解】

$$V_2=6.1\times0.2\times16=19.52\text{m}^3$$

$$V_2=0.1\times0.8\times16=1.28\text{m}^3$$

$$V_3=3\times0.05\times0.8-1.5\times0.1\times0.05\times2=0.11\text{m}^3$$

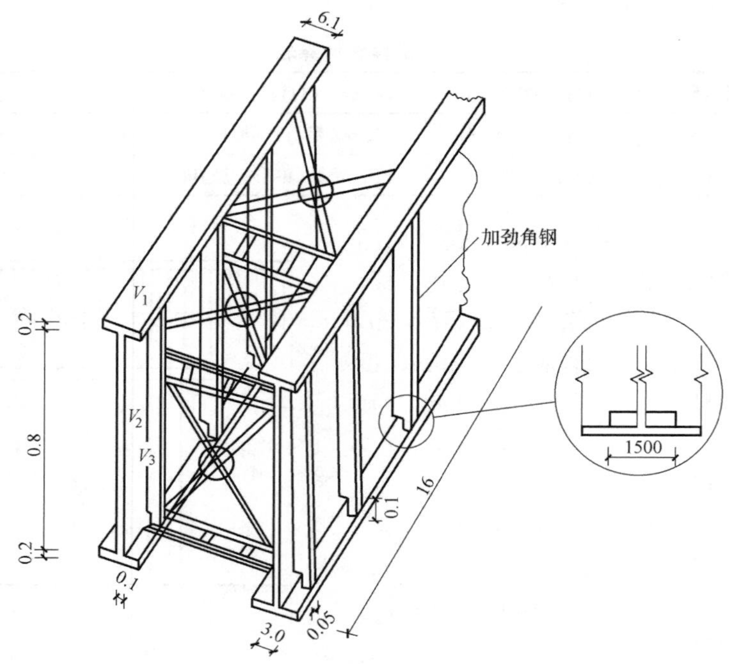

图 2-56 梁桥上承板梁（单位：m）

$$\begin{aligned}
\text{钢板梁的体积 } V &= (4V_1+2V_2+6V_3)\times(85\div16)\\
&=(4\times19.52+2\times1.28+6\times0.11)\times5.31\\
&=81.3\times5.31\\
&=431.7\text{m}^3
\end{aligned}$$

钢的密度 $\rho=7.85\times10^3\text{kg/m}^3$

钢板梁的工程量 $=7.85\times103\times431.7=3388.85\times10^3=3388.85\text{t}$

【例 2-56】 某桥梁工程欲对长 24.4m 的桥梁进行装饰，如图 2-57 所示，板厚 40mm，栏板的花纹部分和柱子采用拉毛，剩余部分用剁斧石饰面（不包括地衣伏），试计算剁斧石饰面的工程量。

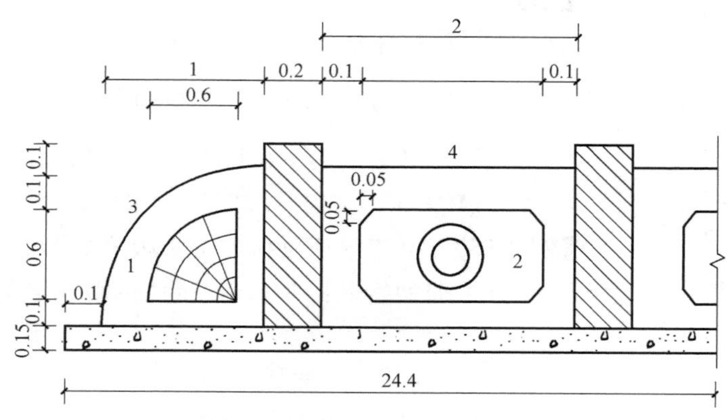

图 2-57 桥梁栏杆（单位：m）

【解】

由（24.4－0.1×2－1×2－0.2）÷（2＋0.2）＋1＝10＋1＝11 可知，一面栏杆共 11 根柱子，中间 10 块带有相同的圆形花纹，两边各有一块带半圆花纹的栏板。

$$半圆形栏板除图案外的面积\ S_1=(3.14\times1^2-3.14\times0.6^2)\times\frac{1}{4}=0.50\text{m}^2$$

$$\begin{aligned}一块矩形板除图案外的面积\ S_2&=2\times(0.1\times2+0.6)-(2-2\times0.1)\times0.6+4\times0.05\times0.05\times\frac{1}{2}\\&=1.6-1.08+0.005\\&=0.525\text{m}^2\end{aligned}$$

$$半圆上表面积\ S_3=\frac{1}{4}\times3.14\times2\times1\times0.04=0.063\text{m}^2$$

$$一块矩形板上表面积\ S_4=2\times0.04=0.08\text{m}^2$$

$$\begin{aligned}剁斧石饰面的工程量&=2\times(4S_1+10S_2\times2+2S_3+10S_4)\\&=2\times(4\times0.50+10\times0.525\times2+2\times0.063+10\times0.08)\\&=26.85\text{m}^2\end{aligned}$$

【例 2-57】 某桥梁灯柱截面如图 2-58 所示，其用涂料涂抹，灯柱高 6m，每侧有 15 根，试计算该桥梁上灯柱涂料工程量。

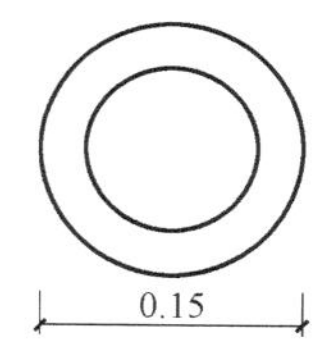

图 2-58　某桥梁灯柱截面（单位：m）

【解】

$$单根灯柱涂料的工程量=3.14\times0.15\times6=2.83\text{m}^2$$

$$涂料的总工程量=2\times15\times2.83=84.9\text{m}^2$$

【例 2-58】 某桥梁的防撞栏杆如图 2-59 所示，其中横栏采用直径为 25mm 的钢筋，竖栏为直径为 45mm 的钢筋，布设桥梁两边。为使桥梁更美观，将栏杆用油漆刷为白色，假设 1m^2 需 3kg 油漆，试计算油漆的工程量。

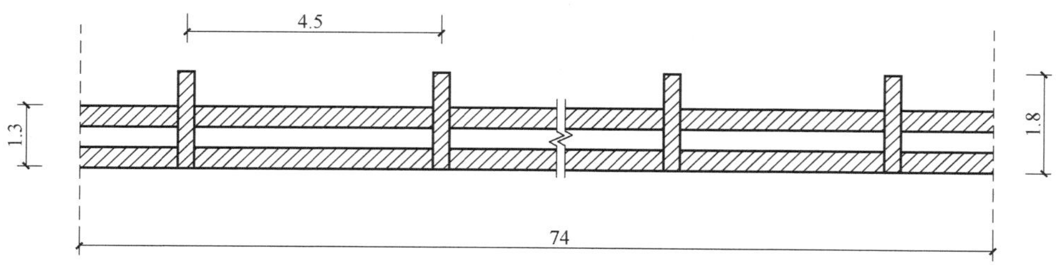

图 2-59　防撞栏杆（单位：m）

【解】

$$S_{横}=74\times3.14\times0.025\times2=11.62\text{m}^2$$

$$S_{竖}=1.8\times3.14\times0.045\times\left(\frac{74}{4.5}+1\right)=4.44\text{m}^2$$

$$油漆的工程量=(S_{横}+S_{竖})\times2=(11.62+4.44)\times2=32.12\text{m}^2$$

说明：由于横栏与竖栏相接处面积小，因此在计算中未扣除。

【例 2-59】 某城市桥梁具有双菱形花纹的栏杆图式如图 2-60 所示，试计算其清单工程量。

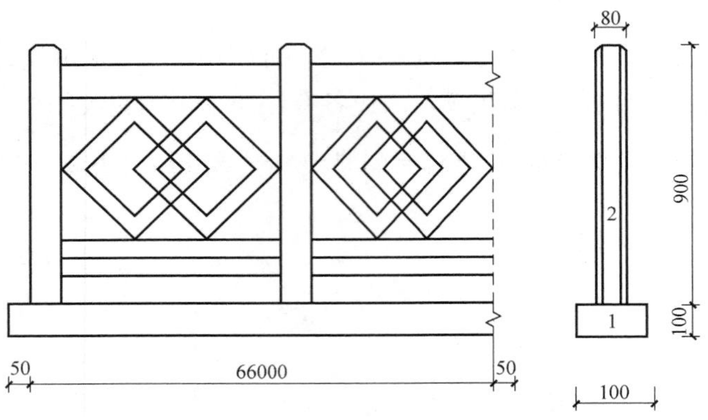

图 2-60 双菱形花纹栏杆

【解】

双菱形花纹栏杆清单工程量=66m

【例 2-60】 某桥梁钢筋栏杆如图 2-61 所示，采用 $\phi20$ 的钢筋，布设在 60m 长的桥梁两边缘，每两根栏杆间有 5 根钢筋，试计算该栏杆中钢筋的工程量（每米 $\phi20$ 钢筋质量为 2.47kg）。

【解】

金属栏杆的工程量$=2\times\frac{60}{10}\times5\times1\times2.47=148.2\text{kg}=0.148\text{t}$

【例 2-61】 某桥梁的防撞栏杆如图 2-62 所示，其中横栏采用直径为 20mm 的钢筋，竖栏直径为 40mm 的钢筋，布设桥梁两边。试计算油漆工程量。

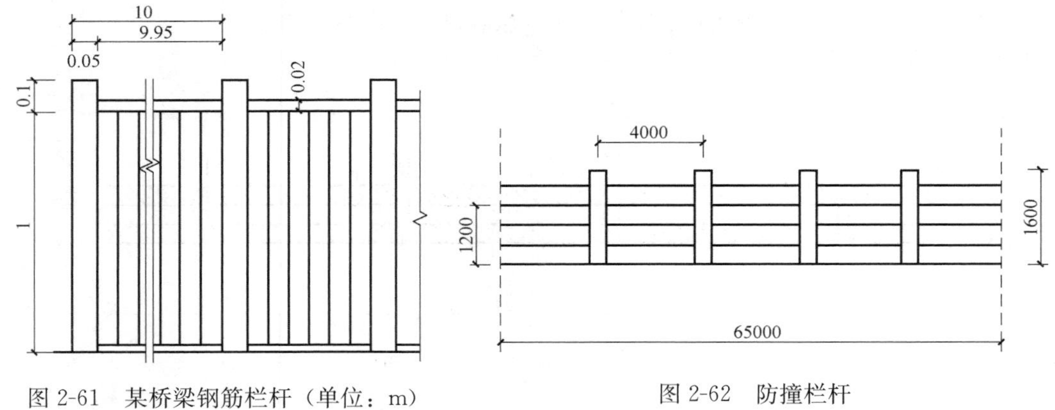

图 2-61 某桥梁钢筋栏杆（单位：m）

图 2-62 防撞栏杆

【解】

依据工程量计算规则，则

$S_{横栏}=65\times4\times\pi\times0.02=16.33\text{m}^2$

$S_{竖栏}=\left(\frac{65}{4}+1\right)\times1.6\times\pi\times0.04=3.47\text{m}^2$

$S=(S_{横栏}+S_{竖栏})\times2=19.8\times2=39.6\text{m}^2$

【例 2-62】 某桥梁上钢筋混凝土泄水管，如图 2-63 所示，试计算泄水管的工程量。

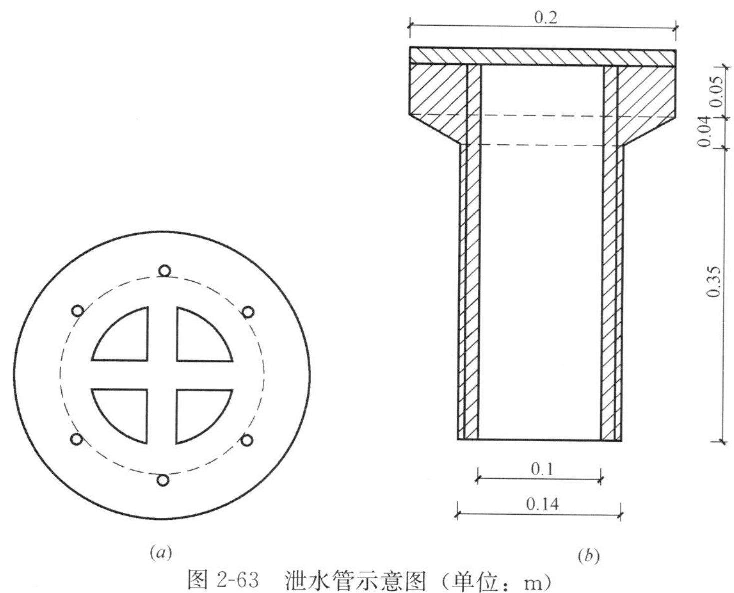

图 2-63　泄水管示意图（单位：m）

(a) 平面图；(b) 立面图

【解】

桥面泄水管的工程量＝0.35＋0.04＋0.05＝0.44m

【例 2-63】　该工程是一座非预应力板梁小型桥梁工程，如图 2-64 所示。

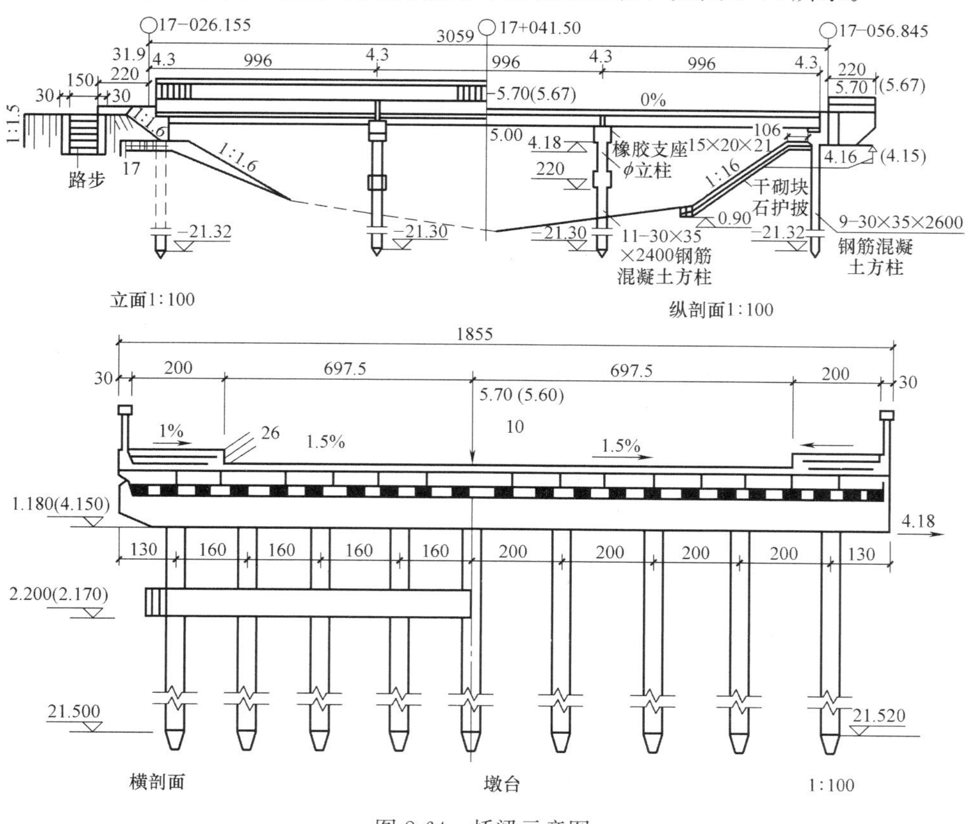

图 2-64　桥梁示意图

（1）按照《全国统一市政工程预算定额》GYD-305—1999“给水工程”混凝土每立方米组成材料到工地现场价格取定如下：

C10　　156.87 元

C15　　162.24 元

C20　　170.64 元

C25　　181.62 元

C30　　198.60 元

（2）管理费费率为 10%，利率为 5%，均以直接费为基础。

试编制分部分项工程和单价措施项目清单与计价表和工程量综合单价分析表。

【解】

（1）工程量清单编制

分部分项工程和单价措施项目清单与计价表见表 2-64。

分部分项工程和单价措施项目清单与计价表　　表 2-64

工程名称：某小型桥梁工程　　标段：　　第 1 页 共 1 页

序号	项目编号	项目名称	项目特征描述	计量单位	工程量	金额/元	
						综合单价	合价
1	040101003001	挖基坑土方	1. 土壤类别：三类土 2. 挖土深度：2m 以内	m^3	36.00		
2	040101006001	挖淤泥	人工挖淤泥	m^3	153.60		
3	040103001001	回填方	密实度：95%	m^3	1589.00		
4	040103002001	余方弃置	1. 废弃料品种：淤泥 2. 运距：100m	m^3	153.60		
5	040301003001	钢筋混凝土方桩	1. 桩截面：墩台基桩 30×50 2. 混凝土强度等级：C30	m^3	944.00		
6	040303007001	墩（台）盖梁	1. 部位：台盖梁 2. 混凝土强度等级：C30	m^3	38.00		
7	040303007002	墩（台）盖梁	1. 部位：墩盖梁 2. 混凝土强度等级：C30	m^3	25.00		
8	040303003001	混凝土承台	混凝土强度等级：C30	m^3	17.40		
9	040303005001	墩（台）身	1. 部位：墩柱 2. 混凝土强度等级：C20	m^3	8.6		
10	040302017001	桥面铺装	车行道厚 145cm，C25 混凝土	m^3	61.9		
11	040304001001	预制混凝土梁	1. 部位：桥梁 2. 混凝土强度等级：C30	m^3	166.14		
12	040304005001	预制混凝土其他构件	1. 部位：人行道板 2. 混凝土强度等级：C25	m^3	6.40		
13	040304005002	预制混凝土其他构件	1. 部位：栏杆 2. 混凝土强度等级：C30	m^3	4.60		
14	040304005003	预制混凝土其他构件	1. 部位：端墙、端柱 2. 混凝土强度等级：C30	m^3	6.81		
15	040304005004	预制混凝土其他构件	1. 部位：侧缘石 2. 混凝土强度等级：C25	m^3	10.10		
16	040305003001	浆砌块料	1. 部位：踏步 2. 材料品种、规格：料石 30×20×100 3. 砂浆强度等级：M10	m^3	12.00		
17	040305005001	浆砌护坡	1. 材料品种：石砌块护坡 2. 厚度：40cm 3. 砂浆强度等级：M10	m^2	60.00		
18	040305005002	干砌护坡	1. 材料品种：石护坡 2. 厚度：40cm	m^2	320.00		

续表

序号	项目编号	项目名称	项目特征描述	计量单位	工程量	金额/元	
						综合单价	合价
19	040308001001	水泥砂浆抹面	1. 砂浆配合比：1：2 水泥砂浆 2. 部位：人行道	m^2	120.00		
20	040309004001	橡胶支座	1. 材质:橡胶 2. 形式:板式	个	216.00		
21	040309007001	桥梁伸缩装置	橡胶伸缩缝	m	39.85		
22	040309007002	桥梁伸缩装置	沥青麻丝伸缩缝	m	28.08		
合计							

（2）工程量清单计价编制

工程量综合单价分析表见表 2-65～表 2-86，分部分项工程和单价措施项目清单与计价表见表 2-87。

综合单价分析表（一） **表 2-65**

工程名称：某小型桥梁工程 标段： 第 1 页 共 22 页

项目编码	040101003001	项目名称	挖基坑土方	计量单位	m^3	工程量	36.00				
清单综合单价组成明细											
定额编号	定额名称	定额单位	数量	单价				合价			
				人工费	材料费	机械费	管理费和利润	人工费	材料费	机械费	管理费和利润
1-20	人工挖基坑土方	$100m^3$	0.01	1429.09	—	—	214.36	14.29	—	—	2.144
1-45	人工装运土方	$100m^3$	0.01	431.65	—	—	64.748	4.32	—	—	0.65
1-46	人工装运土方，运距增 50m	$100m^3$	0.01	85.39	—	—	12.81	0.85	—	—	0.128
人工单价		小计						19.46	—	—	2.922
22.47 元/工日		未计价材料费						—			
清单项目综合单价								22.38			

综合单价分析表（二） **表 2-66**

工程名称：某小型桥梁工程 标段： 第 2 页 共 22 页

项目编码	040101006001	项目名称	挖淤泥	计量单位	m^3	工程量	153.60				
清单综合单价组成明细											
定额编号	定额名称	定额单位	数量	单价				合价			
				人工费	材料费	机械费	管理费和利润	人工费	材料费	机械费	管理费和利润
1-50	人工挖淤泥	$100m^3$	0.01	2255.76	—	—	338.36	22.56	—	—	3.38
人工单价		小计						22.56	—	—	3.38
22.47 元/工日		未计价材料费						—			
清单项目综合单价								25.94			

综合单价分析表（三） **表 2-67**

工程名称：某小型桥梁工程 标段： 第 3 页 共 23 页

项目编码	040103001001		项目名称	回填方		计量单位	m³		工程量	1589.00	
清单综合单价组成明细											
定额编号	定额名称	定额单位	数量	单价				合价			
				人工费	材料费	机械费	管理费和利润	人工费	材料费	机械费	管理费和利润
1-56	填土夯实	100m³	0.01	891.69	0.70	—	133.85	8.917	0.01	—	1.339
1-47	机动翻斗车运土	100m³	0.01	338.62	—	699.20	155.67	3.386	—	6.992	1.557
人工单价		小计						12.31	0.01	6.992	2.896
22.47 元/工日		未计价材料费						—			
清单项目综合单价								22.21			
材料费明细	主要材料名称、规格、型号				单位	数量		单价/元	合价/元	暂估单价/元	暂估合价/元
	水				m³	0.016		0.45	0.0072		
	其他材料费							—		—	
	材料费小计							—	0.0072	—	

综合单价分析表（四） **表 2-68**

工程名称：某小型桥梁工程 标段： 第 4 页 共 22 页

项目编码	040103002001		项目名称	余方弃置		计量单位	m³		工程量	153.60	
清单综合单价组成明细											
定额编号	定额名称	定额单位	数量	单价				合价			
				人工费	材料费	机械费	管理费和利润	人工费	材料费	机械费	管理费和利润
1-51	人工运淤泥，运距20m 以内	100m³	0.01	698.14	—	—	104.72	6.981	—	—	1.047
1-52	人工运淤泥，运距每增加 20m	100m³	0.01	337.50	—	—	50.625	3.375	—	—	0.506
人工单价		小计						10.356	—	—	1.553
22.47 元/工日		未计价材料费						—			
清单项目综合单价								11.91			

综合单价分析表（五） 表 2-69

工程名称：某小型桥梁工程 标段： 第 5 页 共 22 页

项目编码	040301003001	项目名称	钢筋混凝土方桩	计量单位	m^3	工程量	944.00

清单综合单价组成明细											
定额编号	定额名称	定额单位	数量	单价				合价			
				人工费	材料费	机械费	管理费和利润	人工费	材料费	机械费	管理费和利润
3-514	水上支架	$100m^2$	0.007	4029.77	4771.55	8315.54	2567.53	28.21	33.40	58.21	17.973
3-336	方桩	$10m^3$	0.012	421.31	44.85	258.01	108.626	5.06	0.54	3.10	1.30
3-23	打钢筋混凝土方桩（24m 以内）	$10m^3$	0.005	199.31	65.36	1609.13	281.07	1.00	0.33	8.05	1.405
3-26	打钢筋混凝土方桩（28m 以内）	$10m^3$	0.006	122.46	84.92	1636.23	276.542	0.73	0.51	9.82	1.659
3-60	浆锚接桩	个	0.042	12.36	90.42	134.49	35.59	0.52	3.80	5.65	1.495
3-75	送桩(8m)以内	$10m^3$	0.0004	581.75	176.39	1982.49	411.095	0.23	0.07	0.79	0.16
补 2	钢筋混凝土桩运输（150m 以内）	$10m^3$	0.012	—	—	—	—	0.76	1.80	0.90	0.519
补 1	凿预制桩桩头混凝土	个	0.042	—	—	—	—	0.29	—	—	0.044
人工单价		小计						36.8	40.45	86.52	24.555
22.47 元/工日		未计价材料费						23.83			
清单项目综合单价								212.155			
材料费明细	主要材料名称、规格、型号			单位		数量		单价/元	合价/元	暂估单价/元	暂估合价/元
	混凝土 C30			m^3		0.12		198.60	23.83		
	其他材料费							—		—	
	材料费小计							—	23.83	—	

综合单价分析表（六） 表 2-70

工程名称：某小型桥梁工程 标段： 第 6 页 共 22 页

项目编码	040303007001	项目名称	墩(台)盖梁	计量单位	m^3	工程量	38.00

清单综合单价组成明细											
定额编号	定额名称	定额单位	数量	单价				合价			
				人工费	材料费	机械费	管理费和利润	人工费	材料费	机械费	管理费和利润
3-288	混凝土台盖梁	$10m^2$	0.1	369.63	20.34	251.00	96.15	36.96	2.034	25.1	9.615
3-261	桥台混凝土垫层	$10m^3$	0.00903	297.28	2.58	214.14	77.1	2.684	0.0233	1.934	0.696

续表

项目编码	040303007001	项目名称	墩(台)盖梁	计量单位	m^3	工程量	38.00			
清单综合单价组成明细										
定额编号	定额名称	定额单位	数量	单价				合价		
				人工费	材料费	机械费	管理费和利润	人工费	材料费	机械费	管理费和利润
3-260	桥台碎石垫层	$10m^3$	0.00903	146.73	558.99	—	105.86	1.325	5.048	—	0.956
人工单价		小计						40.969	7.1053	27.034	11.267
22.47元/工日		未计价材料费						216.56			
清单项目综合单价								302.94			
材料费明细	主要材料名称、规格、型号			单位		数量		单价/元	合价/元	暂估单价/元	暂估合价/元
	混凝土C30			m^3		1.015		198.60	201.58		
	混凝土C15			m^3		0.0917		162.24	14.877		
	其他材料费							—		—	
	材料费小计							—	216.56	—	

综合单价分析表（七） **表 2-71**

工程名称：某小型桥梁工程 标段： 第7页 共22页

项目编码	040303007002	项目名称	墩(台)盖梁	计量单位	m^3	工程量	25.00				
清单综合单价组成明细											
定额编号	定额名称	定额单位	数量	单价				合价			
				人工费	材料费	机械费	管理费和利润	人工费	材料费	机械费	管理费和利润
3-286	混凝土墩盖梁	$10m^3$	0.1	375.25	20.02	259.48	98.213	37.52	2.002	25.948	9.82
人工单价		小计						37.52	2.002	25.948	9.82
22.47元/工日		未计价材料费						201.58			
清单项目综合单价								276.87			
材料费明细	主要材料名称、规格、型号			单位		数量		单价/元	合价/元	暂估单价/元	暂估合价/元
	混凝土C30			m^3		1.015		198.60	201.58		
	其他材料费							—		—	
	材料费小计							—	201.58	—	

综合单价分析表（八）　　　　**表 2-72**

工程名称：某小型桥梁工程　　　　标段：　　　　第 8 页　共 22 页

项目编码	040303003001	项目名称	混凝土承台	计量单位	m^3	工程量	17.40

清单综合单价组成明细

定额编号	定额名称	定额单位	数量	单价				合价			
				人工费	材料费	机械费	管理费和利润	人工费	材料费	机械费	管理费和利润
3-265	混凝土承台	$10m^3$	0.1	320.20	22.87	222.99	84.909	32.02	2.287	22.299	8.491
人工单价		小计						32.02	2.287	22.299	8.491
22.47 元/工日		未计价材料费						201.58			
清单项目综合单价								266.68			

材料费明细	主要材料名称、规格、型号	单位	数量	单价/元	合价/元	暂估单价/元	暂估合价/元
	混凝土 C30	m^3	1.015	198.60	201.58		
	其他材料费			—		—	
	材料费小计			—	201.58	—	

综合单价分析表（九）　　　　**表 2-73**

工程名称：某小型桥梁工程　　　　标段：　　　　第 9 页　共 22 页

项目编码	040303005001	项目名称	墩(台)身	计量单位	m^3	工程量	8.6

清单综合单价组成明细

定额编号	定额名称	定额单位	数量	单价				合价			
				人工费	材料费	机械费	管理费和利润	人工费	材料费	机械费	管理费和利润
3-280	混凝土柱式墩台身	$10m^3$	0.1	399.74	7.65	281.96	103.4	39.974	0.765	28.196	10.34
人工单价		小计						39.974	0.765	28.196	10.34
22.47 元/工日		未计价材料费						173.20			
清单项目综合单价								252.48			

材料费明细	主要材料名称、规格、型号	单位	数量	单价/元	合价/元	暂估单价/元	暂估合价/元
	混凝土 C20	m^3	1.015	170.64	173.20		
	其他材料费			—		—	
	材料费小计			—	173.20	—	

综合单价分析表（十） 表 2-74

工程名称：某小型桥梁工程 标段： 第 10 页 共 22 页

项目编码	040302017001	项目名称	桥面铺装	计量单位	m^3	工程量	61.9

清单综合单价组成明细											
定额编号	定额名称	定额单位	数量	单价				合价			
				人工费	材料费	机械费	管理费和利润	人工费	材料费	机械费	管理费和利润
3-331	车行道桥面混凝土铺装	$10m^3$	0.1	455.47	347.88	145.96	949.31	45.547	34.788	14.596	94.931
人工单价		小计						45.547	34.788	14.596	94.931
22.47 元/工日		未计价材料费						184.34			
清单项目综合单价								374.21			

材料费明细	主要材料名称、规格、型号	单位	数量	单价/元	合价/元	暂估单价/元	暂估合价/元
	混凝土 C25	m^3	1.015	181.62	184.34		
	其他材料费			—		—	
	材料费小计			—	184.34	—	

综合单价分析表（十一） 表 2-75

工程名称：某小型桥梁工程 标段： 第 11 页 共 22 页

项目编码	040304001001	项目名称	预制混凝土梁	计量单位	m^3	工程量	166.14

清单综合单价组成明细											
定额编号	定额名称	定额单位	数量	单价				合价			
				人工费	材料费	机械费	管理费和利润	人工费	材料费	机械费	管理费和利润
3-356	非预应力混凝土空心板梁	$10m^3$	0.1	414.80	58.50	255.06	109.25	41.48	5.85	25.51	10.93
3-431	安装板梁($L \leqslant 10m$)	$10m^3$	0.1	45.39	—	272.94	74.75	4.54	—	27.29	7.48
3-323	板梁底砂浆及勾缝	$10m^3$	0.0307	51.68	1.86	—	8.03	1.59	0.057	—	0.247
—	非预应力空心板梁运输	$10m^3$	0.1	62.98	150.23	74.99	43.23	6.30	15.02	7.50	4.32
人工单价		小计						53.91	20.93	60.3	22.977
22.47 元/工日		未计价材料费						202.72			
清单项目综合单价								360.84			

材料费明细	主要材料名称、规格、型号	单位	数量	单价/元	合价/元	暂估单价/元	暂估合价/元
	混凝土 C30	m^3	1.015	198.60	201.58		
	混凝土 C20	m^3	0.0067	170.64	1.14		
	其他材料费			—		—	
	材料费小计			—	202.72	—	

综合单价分析表（十二） 表 2-76

工程名称：某小型桥梁工程 标段： 第 12 页 共 22 页

项目编码	040304005001	项目名称	预制混凝土其他构件	计量单位	m^3	工程量	6.40

定额编号	定额名称	定额单位	数量	单价				合价			
				人工费	材料费	机械费	管理费和利润	人工费	材料费	机械费	管理费和利润
3-372	预制 C25 混凝土人行道板	$10m^3$	0.1	570.51	12.97	145.96	21.89	57.05	1.30	14.60	2.19
3-475	安装混凝土人行道板	$10m^3$	0.1	358.62	—	—	53.79	35.86	—	—	5.38
1-634	预制人行道板运输，运距 50m	$10m^3$	0.1	107.18	—	—	16.08	10.72	—	—	1.61
1-635	预制人行道板运输，运距 100m	$10m^3$	0.1	10.34	—	—	1.55	1.03	—	—	0.16
人工单价		小计						104.66	1.30	14.6	9.34
22.47 元/工日		未计价材料费						185.25			
清单项目综合单价								315.15			

材料费明细	主要材料名称、规格、型号	单位	数量	单价/元	合价/元	暂估单价/元	暂估合价/元
	混凝土 C25	m^3	1.02	181.62	185.25		
	其他材料费			—		—	
	材料费小计			—	185.25	—	

综合单价分析表（十三） 表 2-77

工程名称：某小型桥梁工程 标段： 第 13 页 共 22 页

项目编码	040304005002	项目名称	预制混凝土其他构件	计量单位	m^3	工程量	4.60

定额编号	定额名称	定额单位	数量	单价				合价			
				人工费	材料费	机械费	管理费和利润	人工费	材料费	机械费	管理费和利润
3-374	预制 C30 混凝土栏杆	$10m^3$	0.1	871.39	97.54	145.96	167.23	87.14	9.75	14.60	16.72
3-478	安装混凝土栏杆	$10m^3$	0.1	492.09	291.65	293.24	161.55	49.21	29.17	29.32	16.16
1-634	预制人行道板运输，运距 50m	$10m^3$	0.1	107.18	—	—	16.08	10.72	—	—	1.61
1-635	预制人行道板运输，运距 100m	$10m^3$	0.1	10.34	—	—	1.55	1.03	—	—	0.16
人工单价		小计						148.1	38.92	43.92	34.65
22.47 元/工日		未计价材料费						202.57			
清单项目综合单价								468.16			

材料费明细	主要材料名称、规格、型号	单位	数量	单价/元	合价/元	暂估单价/元	暂估合价/元
	混凝土 C30	m^3	1.02	198.60	202.57		
	其他材料费			—		—	
	材料费小计			—	202.57	—	

综合单价分析表（十四） 表 2-78

工程名称：某小型桥梁工程 标段： 第 14 页 共 22 页

项目编码	040304005003	项目名称	预制混凝土其他构件	计量单位	m^3	工程量	6.81				
清单综合单价组成明细											
定额编号	定额名称	定额单位	数量	单价				合价			
				人工费	材料费	机械费	管理费和利润	人工费	材料费	机械费	管理费和利润
3-374	预制 C30 混凝土栏杆	$10m^3$	0.1	871.39	97.54	145.96	167.23	87.14	9.75	14.60	16.72
3-474	安装混凝土端柱	$10m^3$	0.1	447.83	455.75	408.05	196.75	44.78	45.58	40.81	19.68
1-634	预制人行道板运输，运距 50m	$10m^3$	0.1	107.18	—	—	16.08	10.72	—	—	1.61
1-635	预制人行道板运输，运距 100m	$10m^3$	0.1	10.34	—	—	1.55	1.03	—	—	0.16
人工单价		小计						143.67	55.33	54.78	38.17
22.47 元/工日		未计价材料费						202.57			
清单项目综合单价								494.52			
材料费明细	主要材料名称、规格、型号			单位		数量		单价/元	合价/元	暂估单价/元	暂估合价/元
	混凝土 C30			m^3		1.02		198.60	202.57		
	其他材料费							—		—	
	材料费小计							—	202.57	—	

综合单价分析表（十五） 表 2-79

工程名称：某小型桥梁工程 标段： 第 15 页 共 22 页

项目编码	040304005004	项目名称	预制混凝土其他构件	计量单位	m^3	工程量	10.10				
清单综合单价组成明细											
定额编号	定额名称	定额单位	数量	单价				合价			
				人工费	材料费	机械费	管理费和利润	人工费	材料费	机械费	管理费和利润
3-372	预制 C25 混凝土侧缘石	$10m^3$	0.1	570.51	127.97	145.96	126.67	57.05	12.80	14.60	12.67
3-476	安装混凝土侧缘石	$10m^3$	0.1	387.61	—	—	58.14	38.76	—	—	5.81
1-634	预制人行道板运输，运距 50m	$10m^3$	0.1	107.18	—	—	16.08	10.72	—	—	1.61
1-635	预制人行道板运输，运距 100m	$10m^3$	0.1	10.34	—	—	1.55	1.03	—	—	0.16
人工单价		小计						107.56	12.8	14.6	20.25
22.47 元/工日		未计价材料费						184.34			
清单项目综合单价								339.55			
材料费明细	主要材料名称、规格、型号			单位		数量		单价/元	合价/元	暂估单价/元	暂估合价/元
	混凝土 C25			m^3		1.015		181.62	184.34		
	其他材料费							—		—	
	材料费小计							—	184.34	—	

综合单价分析表（十六） 表 2-80

工程名称：某小型桥梁工程 标段： 第 16 页 共 22 页

项目编码	040305003001	项目名称	浆砌块料	计量单位	m^3	工程量	12.00

清单综合单价组成明细											
定额编号	定额名称	定额单位	数量	单价				合价			
				人工费	材料费	机械费	管理费和利润	人工费	材料费	机械费	管理费和利润
1-703	浆砌料石台阶	$10m^3$	0.1	625.56	770.67	—	209.44	62.56	77.07	—	20.94
1-705	浆砌料石面勾平缝	$100m^2$	0.05	141.11	156.71	—	44.67	14.11	15.67	—	4.47
人工单价		小计						76.67	92.74	—	25.43
22.47 元/工日		未计价材料费									
清单项目综合单价								194.84			

	主要材料名称、规格、型号	单位	数量	单价/元	合价/元	暂估单价/元	暂估合价/元
材料费明细	料石	m^3	0.91	65.10	59.24		
	水泥砂浆 M10	m^3	0.19	102.65	19.5		
	水	m^3	0.42	0.45	0.19		
	草袋	个	2.46	2.32	5.71		
	其他材料费			—		—	
	材料费小计			—	84.64	—	

综合单价分析表（十七） 表 2-81

工程名称：某小型桥梁工程 标段： 第 17 页 共 22 页

项目编码	040305005001	项目名称	浆砌护坡	计量单位	m^2	工程量	60.00

清单综合单价组成明细											
定额编号	定额名称	定额单位	数量	单价				合价			
				人工费	材料费	机械费	管理费和利润	人工费	材料费	机械费	管理费和利润
1-697	浆砌块石护坡（厚 40cm）	$10m^3$	0.04	260.20	855.47	26.60	171.34	10.41	34.22	1.06	6.85
1-714	浆砌块石面勾平缝	$100m^2$	0.01	142.01	170.06	—	46.8	1.42	1.70	—	0.47
人工单价		小计						11.83	35.92	1.06	7.32
22.47 元/工日		未计价材料费									
清单项目综合单价								56.13			

	主要材料名称、规格、型号	单位	数量	单价/元	合价/元	暂估单价/元	暂估合价/元
材料费明细	块石	m^3	0.47	41.00	19.27		
	水泥砂浆 M10	m^3	0.15	102.65	15.40		
	水	m^3	0.12	0.45	0.05		
	草袋	个	0.49	2.32	1.14		
	其他材料费			—		—	
	材料费小计			—	35.86	—	

综合单价分析表（十八）

表 2-82

工程名称：某小型桥梁工程　　标段：　　第 18 页　共 22 页

项目编码	040305005002	项目名称	干砌护坡	计量单位	m^2	工程量	320.00

定额编号	定额名称	定额单位	数量	单价				合价			
				人工费	材料费	机械费	管理费和利润	人工费	材料费	机械费	管理费和利润
1-691	干砌块石护坡(厚 40cm)	$10m^3$	0.04	230.54	478.06	—	106.29	9.22	19.12	—	4.25
1-713	干砌块石面勾平缝	$100m^2$	0.01	154.14	170.06	—	48.63	1.54	1.7	—	0.49
人工单价		小计						10.76	20.82	—	4.74
22.47 元/工日		未计价材料费									
清单项目综合单价								36.32			

材料费明细	主要材料名称、规格、型号	单位	数量	单价/元	合价/元	暂估单价/元	暂估合价/元
	块石	m^3	0.47	41.00	19.27		
	水泥砂浆 M10	m^3	0.005	102.65	0.51		
	水	m^3	0.059	0.45	0.023		
	草袋	个	0.49	2.32	1.14		
	其他材料费			—		—	
	材料费小计			—	20.94	—	

综合单价分析表（十九）

表 2-83

工程名称：某小型桥梁工程　　标段：　　第 19 页　共 22 页

项目编码	040308001001	项目名称	水泥砂浆抹面	计量单位	m^2	工程量	120.00

定额编号	定额名称	定额单位	数量	单价				合价			
				人工费	材料费	机械费	管理费和利润	人工费	材料费	机械费	管理费和利润
3-546	水泥砂浆抹面，分格	$100m^2$	0.01	219.08	437.25	30.67	103.05	2.19	4.37	0.31	1.03
人工单价		小计						2.19	4.37	0.31	1.03
22.47 元/工日		未计价材料费									
清单项目综合单价								7.90			

材料费明细	主要材料名称、规格、型号	单位	数量	单价/元	合价/元	暂估单价/元	暂估合价/元
	素水泥浆	m^3	0.001	467.02	0.47		
	水泥砂浆 1：2	m^3	0.02	189.17	3.78		
	水	m^3	0.03	0.45	0.01		
	其他材料费			—		—	
	材料费小计			—	4.25	—	

综合单价分析表（二十） 表 2-84

工程名称：某小型桥梁工程 标段： 第 20 页 共 22 页

项目编码	040309004001	项目名称	橡胶支座	计量单位	个	工程量	216

定额编号	定额名称	定额单位	数量	单价				合价			
				人工费	材料费	机械费	管理费和利润	人工费	材料费	机械费	管理费和利润
3-484	安装板式橡胶支座	$10cm^2$	0.3	0.45	121.00	—	18.22	2.84	762.30	—	114.77
人工单价		小计						2.84	762.30	—	114.77
22.47 元/工日		未计价材料费						—			
清单项目综合单价								879.91			

材料费明细	主要材料名称、规格、型号	单位	数量	单价/元	合价/元	暂估单价/元	暂估合价/元
	板式橡胶支座	$100cm^2$	6.3	121.00	762.30		
	其他材料费			—		—	
	材料费小计			—	762.30	—	

综合单价分析表（二十一） 表 2-85

工程名称：某小型桥梁工程 标段： 第 21 页 共 22 页

项目编码	040309007001	项目名称	桥梁伸缩装置	计量单位	m	工程量	39.85

定额编号	定额名称	定额单位	数量	单价				合价			
				人工费	材料费	机械费	管理费和利润	人工费	材料费	机械费	管理费和利润
3-498	安装橡胶伸缩缝	10m	0.1	215.49	75.68	98.34	58.43	21.55	7.57	9.83	5.84
人工单价		小计						21.55	7.57	9.83	5.84
22.47 元/工日		未计价材料费						10.50			
清单项目综合单价								55.29			

材料费明细	主要材料名称、规格、型号	单位	数量	单价/元	合价/元	暂估单价/元	暂估合价/元
	橡胶板伸缩缝	m	1.00	10.50	10.50		
	其他材料费			—		—	
	材料费小计			—	10.50	—	

综合单价分析表（二十二） 表 2-86

工程名称：某小型桥梁工程　　标段：　　第 22 页　共 22 页

项目编码	040309007002	项目名称	桥梁伸缩装置	计量单位	m	工程量	28.08

清单综合单价组成明细											
定额编号	定额名称	定额单位	数量	单价				合价			
				人工费	材料费	机械费	管理费和利润	人工费	材料费	机械费	管理费和利润
3-500	安装沥青麻丝伸缩缝	10m	0.1	43.14	17.84	—	9.15	4.31	1.78	—	0.92
人工单价		小计						4.31	1.78	—	0.92
22.47 元/工日		未计价材料费									
清单项目综合单价								7.01			

材料费明细	主要材料名称、规格、型号	单位	数量	单价/元	合价/元	暂估单价/元	暂估合价/元
	石油沥青 30 号	kg	0.16	1.40	0.22		
	油浸麻丝	kg	0.15	10.40	1.56		
	其他材料费			—		—	
	材料费小计			—	1.78	—	

分部分项工程和单价措施项目清单与计价表 表 2-87

工程名称：某小型桥梁工程　　标段：　　第 1 页　共 1 页

序号	项目编号	项目名称	项目特征描述	计量单位	工程量	金额/元	
						综合单价	合价
1	040101003001	挖基坑土方	1. 土壤类别：三类土 2. 挖土深度：2m 以内	m^3	36.00	22.38	949.68
2	040101006001	挖淤泥	人工挖淤泥	m^3	153.60	25.94	3984.38
3	040103001001	回填方	密实度：95%	m^3	1589.00	22.21	35291.69
4	040103002001	余方弃置	1. 废弃料品种：淤泥 2. 运距：100m	m^3	153.60	11.91	1829.38
5	040301003001	钢筋混凝土方桩	1. 桩截面：墩台基桩 30×50 2. 混凝土强度等级：C30	m^3	944.00	212.155	200274.32
6	040303007001	墩（台）盖梁	1. 部位：台盖梁 2. 混凝土强度等级：C30	m^3	38.00	302.94	11511.72
7	040303007002	墩（台）盖梁	1. 部位：墩盖梁 2. 混凝土强度等级：C30	m^3	25.00	276.87	6921.75

续表

序号	项目编号	项目名称	项目特征描述	计量单位	工程量	金额/元	
						综合单价	合价
8	040303003001	混凝土承台	混凝土强度等级:C30	m^3	17.40	266.68	4640.23
9	040303005001	墩(台)身	1. 部位:墩柱 2. 混凝土强度等级:C20	m^3	8.6	252.48	2171.33
10	040302017001	桥面铺装	车行道厚 145cm ,C25 混凝土	m^3	61.9	374.21	23163.60
11	040304001001	预制混凝土梁	1. 部位:桥梁 2. 混凝土强度等级:C30	m^3	166.14	360.84	59949.96
12	040304005001	预制混凝土其他构件	1. 部位:人行道板 2. 混凝土强度等级:C25	m^3	6.40	315.15	2016.96
13	040304005002	预制混凝土其他构件	1. 部位:栏杆 2. 混凝土强度等级:C30	m^3	4.60	468.16	2153.54
14	040304005003	预制混凝土其他构件	1. 部位:端墙、端柱 2. 混凝土强度等级:C30	m^3	6.81	494.52	3367.68
15	040304005004	预制混凝土其他构件	1. 部位:侧缘石 2. 混凝土强度等级:C25	m^3	10.10	339.55	3429.46
16	040305003001	浆砌块料	1. 部位:踏步 2. 材料品种、规格:料石 30×20×100 3. 砂浆强度等级:M10	m^3	12.00	194.84	2338.08
17	040305005001	浆砌护坡	1. 材料品种:石砌块护坡 2. 厚度:40cm 3. 砂浆强度等级:M10	m^2	60.00	56.13	3367.8
18	040305005002	干砌护坡	1. 材料品种:石护坡 2. 厚度:40cm	m^2	320.00	36.32	11622.4
19	040308001001	水泥砂浆抹面	1. 砂浆配合比:1∶2 水泥砂浆 2. 部位:人行道	m^2	120.00	7.9	948
20	040309004001	橡胶支座	1. 材质:橡胶 2. 形式:板式	个	216.00	41.78	9024.48
21	040309007001	桥梁伸缩装置	橡胶伸缩缝	m	39.85	55.29	2203.31
22	040309007002	桥梁伸缩装置	沥青麻丝伸缩缝	m	28.08	7.01	196.84
合计							391356.60

2.4 隧道工程清单工程量计算及实例

2.4.1 工程量清单计价规则

1. 隧道岩石开挖

隧道岩石开挖工程量清单计价规则见表 2-88。

隧道岩石开挖（编码：040401） 表 2-88

项目编码	项目名称	项目特征	计量单位	工程量计算规则	工程内容
040401001	平洞开挖	1. 岩石类别 2. 开挖断面 3. 爆破要求 4. 弃碴运距	m^3	按设计图示结构断面尺寸乘以长度以体积计算	1. 爆破或机械开挖 2. 施工面排水 3. 出碴 4. 弃碴场内堆放、运输 5. 弃碴外运
040401002	斜井开挖				
040401003	竖井开挖				
040401004	地沟开挖	1. 断面尺寸 2. 岩石类别 3. 爆破要求 4. 弃碴运距	m^3	按设计图示结构断面尺寸乘以长度以体积计算	1. 爆破或机械开挖 2. 施工面排水 3. 出碴 4. 弃碴场内堆放、运输 5. 弃碴外运
040401005	小导管	1. 类型 2. 材料品种 3. 管径、长度	m	按设计图示尺寸以长度计算	1. 制作 2. 布眼 3. 钻孔 4. 安装
040401006	管棚				
040401007	注浆	1. 浆液种类 2. 配合比	m^3	按设计注浆量以体积计算	1. 浆液制作 2. 钻孔注浆 3. 堵孔

2. 岩石隧道衬砌

岩石隧道衬砌工程量清单计价规则见表 2-89。

岩石隧道衬砌（编码：040402） 表 2-89

项目编码	项目名称	项目特征	计量单位	工程量计算规则	工程内容
040402001	混凝土仰拱衬砌	1. 拱跨径 2. 部位 3. 厚度 4. 混凝土强度等级	m^3	按设计图示尺寸以体积计算	1. 模板制作、安装、拆除 2. 混凝土拌和、运输、浇筑 3. 养护
040402002	混凝土顶拱衬砌				
040402003	混凝土边墙衬砌	1. 部位 2. 厚度 3. 混凝土强度等级			
040402004	混凝土竖井衬砌	1. 厚度 2. 混凝土强度等级			
040402005	混凝土沟道	1. 断面尺寸 2. 混凝土强度等级			
040402006	拱部喷射混凝土	1. 结构形式 2. 厚度 3. 混凝土强度等级 4. 掺加材料品种、用量	m^2	按设计图示尺寸以面积计算	1. 清洗基层 2. 混凝土拌和、运输、浇筑、喷射 3. 收回弹料 4. 喷射施工平台搭设、拆除
040402007	边墙喷射混凝土				
040402008	拱圈砌筑	1. 断面尺寸 2. 材料品种、规格 3. 砂浆强度等级	m^3	按设计图示尺寸以体积计算	1. 砌筑 2. 勾缝 3. 抹灰

续表

项目编码	项目名称	项目特征	计量单位	工程量计算规则	工程内容
040402009	边墙砌筑	1. 厚度 2. 材料品种、规格 3. 砂浆强度等级	m^3	按设计图示尺寸以体积计算	1. 砌筑 2. 勾缝 3. 抹灰
040402010	砌筑沟道	1. 断面尺寸 2. 材料品种、规格 3. 砂浆强度等级	m^3	按设计图示尺寸以体积计算	1. 砌筑 2. 勾缝 3. 抹灰
040402011	洞门砌筑	1. 形状 2. 材料品种、规格 3. 砂浆强度等级			
040402012	锚杆	1. 直径 2. 长度 3. 锚杆类型 4. 砂浆强度等级	t	按设计图示尺寸以质量计算	1. 钻孔 2. 锚杆制作、安装 3. 压浆
040402013	充填压浆	1. 部位 2. 浆液成分强度	m^3	按设计图示尺寸以体积计算	1. 打孔、安装 2. 压浆
040402014	仰拱填充	1. 填充材料 2. 规格 3. 强度等级		按设计图示回填尺寸以体积计算	1. 配料 2. 填充
040402015	透水管	1. 材质 2. 规格	m	按设计图示尺寸以长度计算	安装
040402016	沟道盖板	1. 材质 2. 规格尺寸 3. 强度等级			制作、安装
040402017	变形缝	1. 类别 2. 材料品种、规格 3. 工艺要求			
040402018	施工缝				
040402019	柔性防水层	材料品种、规格	m^2	按设计图示尺寸以面积计算	铺设

3. 盾构掘进

盾构掘进工程量清单计价规则见表 2-90。

盾构掘进（编号：040403） **表 2-90**

项目编码	项目名称	项目特征	计量单位	工程量计算规则	工程内容
040403001	盾构吊装及吊拆	1. 直径 2. 规格型号 3. 始发方式	台・次	按设计图示数量计算	1. 盾构机安装、拆除 2. 车架安装、拆除 3. 管线连接、调试、拆除

续表

项目编码	项目名称	项目特征	计量单位	工程量计算规则	工程内容
040403002	盾构掘进	1. 直径 2. 规格 3. 形式 4. 掘进施工段类别 5. 密封舱材料品种 6. 弃土（浆）运距	m	按设计图示掘进长度计算	1. 掘进 2. 管片拼装 3. 密封舱添加材料 4. 负环管片拆除 5. 隧道内管线路铺设、拆除 6. 泥浆制作 7. 泥浆处理 8. 土方、废浆外运
040403003	衬砌壁后压浆	1. 浆液品种 2. 配合比	m^3	按管片外径和盾构壳体外径所形成的充填体积计算	1. 制浆 2. 送浆 3. 压浆 4. 封堵 5. 清洗 6. 运输
040403004	预制钢筋混凝土管片	1. 直径 2. 厚度 3. 宽度 4. 混凝土强度等级	m^3	按设计图示尺寸以体积计算	1. 运输 2. 试拼装 3. 安装
040403005	管片设置密封条	1. 管片直径、宽度、厚度 2. 密封条材料 3. 密封条规格	环	按设计图示数量计算	密封条安装
040403006	隧道洞口柔性接缝环	1. 材料 2. 规格 3. 部位 4. 混凝土强度等级	m	按设计图示以隧道管片外径周长计算	1. 制作、安装临时防水环板 2. 制作、安装、拆除临时止水缝 3. 拆除临时钢环板 4. 拆除洞口环管片 5. 安装钢环板 6. 柔性接缝环 7. 洞口钢筋混凝土环圈
040403007	管片嵌缝	1. 直径 2. 材料 3. 规格	环	按设计图示数量计算	1. 管片嵌缝槽表面处理、配料嵌缝 2. 管片手孔封堵
040403008	盾构机调头	1. 直径 2. 规格型号 3. 始发方式	台·次	按设计图示数量计算	1. 钢板、基座铺设 2. 盾构拆卸 3. 盾构调头、平行移运定位 4. 盾构拼装 5. 连接管线、调试

续表

项目编码	项目名称	项目特征	计量单位	工程量计算规则	工程内容
040403009	盾构机转场运输	1. 直径 2. 规格型号 3. 始发方式	台·次	按设计图示数量计算	1. 盾构机安装、拆除 2. 车架安装、拆除 3. 盾构机、车架转场运输
0404030010	盾构基座	1. 材质 2. 规格 3. 部位	t	按设计图示尺寸以质量计算	1. 制作 2. 安装 3. 拆除

4. 管节顶升、旁通道

管节顶升、旁通道工程量清单计价规则见表 2-91。

管节顶升、旁通道（编码：040404） **表 2-91**

项目编码	项目名称	项目特征	计量单位	工程量计算规则	工程内容
040404001	钢筋混凝土顶升管节	1. 材质 2. 混凝土强度等级	m^3	按设计图示尺寸以体积计算	1. 钢模板制作 2. 混凝土拌和、运输、浇筑 3. 养护 4. 管节试拼装 5. 管节场内外运输
040404002	垂直顶升设备安装、拆除	规格、型号	套	按设计图示数量计算	1. 基座制作和拆除 2. 车架、设备吊装就位 3. 拆除、堆放
040404003	管节垂直顶升	1. 断面 2. 强度 3. 材质	m	按设计图示以顶升长度计算	1. 管节吊运 2. 首节顶升 3. 中间节顶升 4. 尾节顶升
040404004	安装止水框、连系梁	材质	t	按设计图示尺寸以质量计算	制作、安装
040404005	阴极保护装置	1. 型号 2. 规格	组	按设计图示数量计算	1. 恒电位仪安装 2. 阳极安装 3. 阴极安装 4. 参变电极安装 5. 电缆敷设 6. 接线盒安装
040404006	安装取、排水头	1. 部位 2. 尺寸	个		1. 顶升口揭顶盖 2. 取排水头部安装
040404007	隧道内旁通道开挖	1. 土壤类别 2. 土体加固方式	m^3	按设计图示尺寸以体积计算	1. 土体加固 2. 支护 3. 土方暗挖 4. 土方运输
040404008	旁通道结构混凝土	1. 断面 2. 混凝土强度等级	m^3	按设计图示尺寸以体积计算	1. 模板制作、安装 2. 混凝土拌和、运输、浇筑 3. 洞门接口防水

续表

项目编码	项目名称	项目特征	计量单位	工程量计算规则	工程内容
040404009	隧道内集水井	1. 部位 2. 材料 3. 形式	座	按设计图示数量计算	1. 拆除管片建集水井 2. 不拆管片建集水井
040404010	防爆门	1. 形式 2. 断面	扇		1. 防爆门制作 2. 防爆门安装
040404011	钢筋混凝土复合管片	1. 图集、图纸名称 2. 构件代号、名称 3. 材质 4. 混凝土强度等级	m^3	按设计图示尺寸以体积计算	1. 构件制作 2. 试拼装 3. 运输、安装
040404012	钢管片	1. 材质 2. 探伤要求	t	按设计图示以质量计算	1. 钢管片制作 2. 试拼装 3. 探伤 4. 运输、安装

5. 隧道沉井

隧道沉井工程量清单计价规则见表 2-92。

隧道沉井（编码：040405） **表 2-92**

项目编码	项目名称	项目特征	计量单位	工程量计算规则	工程内容
040405001	沉井井壁混凝土	1. 形状 2. 规格 3. 混凝土强度等级	m^3	按设计尺寸以外围井筒混凝土体积计算	1. 模板制作、安装、拆除 2. 刃脚、框架、井壁混凝土浇筑 3. 养护
040405002	沉井下沉	1. 下沉深度 2. 弃土运距		按设计图示井壁外围面积乘以下沉深度以体积计算	1. 垫层凿除 2. 排水挖土下沉 3. 不排水下沉 4. 触变泥浆制作、输送 5. 弃土外运
040405003	沉井混凝土封底	混凝土强度等级		按设计图示尺寸以体积计算	1. 混凝土干封底 2. 混凝土水下封底
040405004	沉井混凝土底板	混凝土强度等级			1. 模板制作、安装、拆除 2. 混凝土拌和、运输、浇筑 3. 养护
040405005	沉井填心	材料品种	m^3	按设计图示尺寸以体积计算	1. 排水沉井填心 2. 不排水沉井填心
040405006	沉井混凝土隔墙	混凝土强度等级			1. 模板制作、安装、拆除 2. 混凝土拌和、运输、浇筑 3. 养护
040405007	钢封门	1. 材质 2. 尺寸	t	按设计图示尺寸以质量计算	1. 钢封门安装 2. 钢封门拆除

6. 混凝土结构

混凝土结构工程量清单计价规则见表 2-93。

混凝土结构（编码：040406） 表 2-93

<table>
<tr><th>项目编码</th><th>项目名称</th><th>项目特征</th><th>计量单位</th><th>工程量计算规则</th><th>工程内容</th></tr>
<tr><td>040406001</td><td>混凝土地梁</td><td rowspan="6">1. 类别、部位
2. 混凝土强度等级</td><td rowspan="8">m^3</td><td rowspan="8">按设计图示尺寸以体积计算</td><td rowspan="8">1. 模板制作、安装、拆除
2. 混凝土拌和、运输、浇筑
3. 养护</td></tr>
<tr><td>040406002</td><td>混凝土底板</td></tr>
<tr><td>040406003</td><td>混凝土柱</td></tr>
<tr><td>040406004</td><td>混凝土墙</td></tr>
<tr><td>040406005</td><td>混凝土梁</td></tr>
<tr><td>040406006</td><td>混凝土平台、顶板</td></tr>
<tr><td>040406007</td><td>圆隧道内架空路面</td><td>1. 厚度
2. 混凝土强度等级</td></tr>
<tr><td>040406008</td><td>隧道内其他结构混凝土</td><td>1. 部位、名称
2. 混凝土强度等级</td></tr>
</table>

7. 沉管隧道

沉管隧道工程量清单计价规则见表 2-94。

沉管隧道（编码：040407） 表 2-94

<table>
<tr><th>项目编码</th><th>项目名称</th><th>项目特征</th><th>计量单位</th><th>工程量计算规则</th><th>工程内容</th></tr>
<tr><td>040407001</td><td>预制沉管底垫层</td><td>1. 材料品种、规格
2. 厚度</td><td>m^3</td><td>按设计图示沉管底面积乘以厚度以体积计算</td><td>1. 场地平整
2. 垫层铺设</td></tr>
<tr><td>040407002</td><td>预制沉管钢底板</td><td>1. 材质
2. 厚度</td><td>t</td><td>按设计图示尺寸以质量计算</td><td>钢底板制作、铺设</td></tr>
<tr><td>040407003</td><td>预制沉管混凝土板底</td><td rowspan="3">混凝土强度等级</td><td>m^3</td><td>按设计图示尺寸以体积计算</td><td>1. 模板制作、安装、拆除
2. 混凝土拌和、运输、浇筑
3. 养护
4. 底板预埋注浆管</td></tr>
<tr><td>040407004</td><td>预制沉管混凝土侧墙</td><td rowspan="2">m^3</td><td rowspan="2">按设计图示尺寸以体积计算</td><td rowspan="2">1. 模板制作、安装、拆除
2. 混凝土拌和、运输、浇筑
3. 养护</td></tr>
<tr><td>040407005</td><td>预制沉管混凝土顶板</td></tr>
<tr><td>040407006</td><td>沉管外壁防锚层</td><td>1. 材质品种
2. 规格</td><td>m^2</td><td>按设计图示尺寸以面积计算</td><td>铺设沉管外壁防锚层</td></tr>
</table>

续表

项目编码	项目名称	项目特征	计量单位	工程量计算规则	工程内容
040407007	鼻托垂直剪力键	材质	t	按设计图示尺寸以质量计算	1. 钢剪力键制作 2. 剪力键安装
040407008	端头钢壳	1. 材质、规格 2. 强度			1. 端头钢壳制作 2. 端头钢壳安装 3. 混凝土浇筑
040407009	端头钢封门	1. 材质 2. 尺寸			1. 端头钢封门制作 2. 端头钢封门安装 3. 端头钢封门拆除
040407010	沉管管段浮运临时供电系统	规格	套	按设计图示管段数量计算	1. 发电机安装、拆除 2. 配电箱安装、拆除 3. 电缆安装、拆除 4. 灯具安装、拆除
040407011	沉管管段浮运临时供排水系统				1. 泵阀安装、拆除 2. 管路安装、拆除
040407012	沉管管段浮运临时通风系统				1. 进排风机安装、拆除 2. 风管路安装、拆除
040407013	航道疏浚	1. 河床土质 2. 工况等级 3. 疏浚深度	m^3	按河床原断面与管段浮运时设计断面之差以体积计算	1. 挖泥船开收工 2. 航道疏浚挖泥 3. 土方驳运、卸泥
040407014	沉管河床基槽开挖	1. 河床土质 2. 工况等级 3. 挖土深度		按河床原断面与槽设计断面之差以体积计算	1. 挖泥船开收工 2. 沉管基槽挖泥 3. 沉管基槽清淤 4. 土方驳运、卸泥
040407015	钢筋混凝土块沉石	1. 工况等级 2. 沉石深度	m^3	按设计图示尺寸以体积计算	1. 预制钢筋混凝土块 2. 装船、驳运、定位沉石 3. 水下铺平石块
040407016	基槽抛铺碎石	1. 工况等级 2. 石料厚度 3. 沉石深度			1. 石料装运 2. 定位抛石、水下铺平石块
040407017	沉管管节浮运	1. 单节管段质量 2. 管段浮运距离	kt·m	按设计图示尺寸和要求以沉管管节质量和浮运距离的复合单位计算	1. 干坞放水、 2. 管段起浮定位 3. 管段浮运 4. 加载水箱制作、安装、拆除 5. 系缆柱制作、安装、拆除
040407018	管段沉放连接	1. 单节管段重量 2. 管段下沉深度	节	按设计图示数量计算	1. 管段定位 2. 管段压水下沉 3. 管段端面对接 4. 管节拉合

续表

项目编码	项目名称	项目特征	计量单位	工程量计算规则	工程内容
040407019	砂肋软体排覆盖	1. 材料品种 2. 规格	m^2	按设计图示尺寸以沉管顶面积加侧面外表面积计算	水下覆盖软体排
040407020	沉管水下压石		m^3	按设计图示尺寸以顶、侧压石的体积计算	1. 装石船开收工 2. 定位抛石、卸石 3. 水下铺石
040407021	沉管接缝处理	1. 接缝连接形式 2. 接缝长度	条	按设计图示数量计算	1. 按缝拉合 2. 安装止水带 3. 安装止水钢板 4. 混凝土拌和、运输、浇筑
040407022	沉管底部压浆固封充填	1. 压浆材料 2. 压浆要求	m^3	按设计图示尺寸以体积计算	1. 制浆 2. 管底压浆 3. 封孔

2.4.2 清单相关问题及说明

1. 隧道岩石开挖

弃碴运距可以不描述，但应注明由投标人根据施工现场实际情况自行考虑决定报价。

2. 岩石隧道衬砌

遇清单项目未列的砌筑构筑物时，应按“桥涵工程”中相关项目编码列项。

3. 盾构掘进

（1）衬砌壁后压浆清单项目在编制工程量清单时，其工程数量可为暂估量，结算时按现场签证数量计算。

（2）盾构基座系指常用的钢结构，如果是钢筋混凝土结构，应按“沉管隧道”中相关项目进行列项。

（3）钢筋混凝土管片按成品编制，购置费用应计入综合单价中。

4. 隧道沉井

沉井垫层按“桥涵工程”中相关项目编码列项。

5. 混凝土结构

（1）隧道洞内道路路面铺装应按“道路工程”相关清单项目编码列项。

（2）隧道洞内顶部和边墙内衬的装饰应按“桥涵工程”相关清单项目编码列项。

（3）隧道内其他结构混凝土包括楼梯、电缆沟、车道侧石等。

（4）垫层、基础应按“桥涵工程”相关清单项目编码列项。

（5）隧道内衬弓形底板、侧墙、支承墙应按“混凝土结构”中的“混凝土底板”、“混凝土墙”的相关清单项目编码列项，并在项目特征中描述其类别、部位。

2.4.3 工程量清单计价实例

【例 2-64】 某隧道工程在 K2＋160～K2＋350 段设有竖井开挖，如图 2-65 所示，此段无地下水，采用一般爆破开挖，岩石类别为普坚石，出渣运输用挖掘机装渣，自卸汽车运输，将废渣运至距洞口300m处的废弃场。试计算该竖井开挖的工程量。

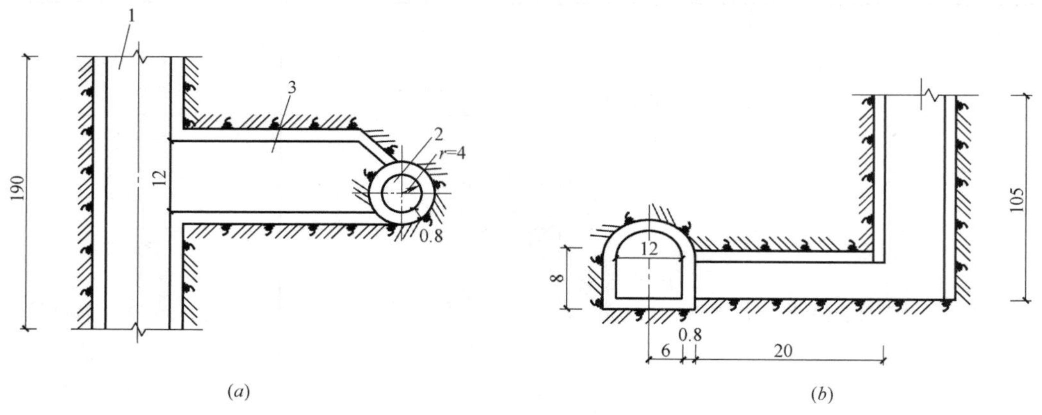

图 2-65 竖井平面及立面图（单位：m）

（a）平面图；（b）立面图

1—隧道；2—竖井；3—通道

【解】

（1）隧道的工程量

$$工程量=\left[(6+0.8)\times 2\times 8+(6+0.8)^2\times 3.14\times \frac{1}{2}\right]\times 190$$

$=(108.8+72.6)\times 190$

$=34466m^3$

（2）通道的工程量

工程量$=12\times 4\times [20-(4.0+0.8)]=729.6m^3$

（3）竖井的工程量

工程量$=3.14\times (4+0.8)^2\times 105=7596.29m^3$

【例 2-65】 某隧道地沟如图 2-66 所示，长为 400m，土壤类别为三类土，底宽 1.4m，挖深 3.2m，采用光面爆破，试计算地沟开挖工程量。

【解】

隧道地沟截面面积$=(1.4+1.4+2\times 3.2\times 0.33)\times \frac{1}{2}\times 3=7.37m^2$

隧道地沟开挖的工程量$=7.47\times 400=2988m^3$

【例 2-66】 某隧道工程长为 1000m，洞门形状如图 2-67 所示，端墙采用 M10 级水泥砂浆砌片石，翼墙采用 M7.5 级水泥砂浆砌片石，外露面用片石镶面并勾平缝，衬砌水泥砂浆砌片石厚 9cm，试计算洞门砌筑工程量。

【解】

（1）端墙工程量

$5.6\times (28.4+22.8)\times 0.5\times 0.09=12.90m^3$

（2）翼墙工程量

$$\left[(12+4+0.4)\times \frac{1}{2}\times (10.8+22.8)-12\times 10.8-4.4^2\pi/2\right]\times 0.09=10.40m^3$$

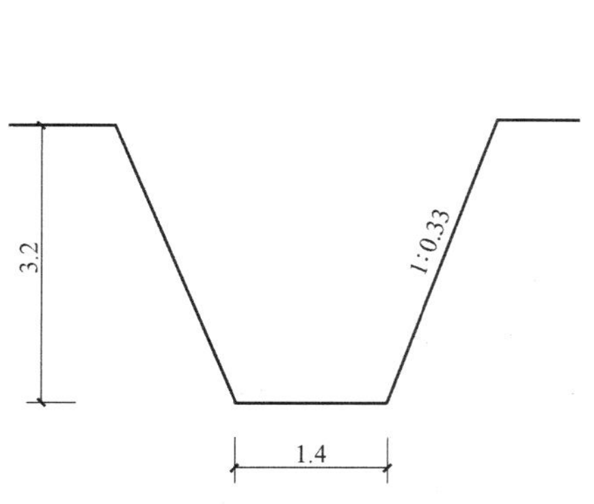

图 2-66 地沟断面示意图（单位：m）

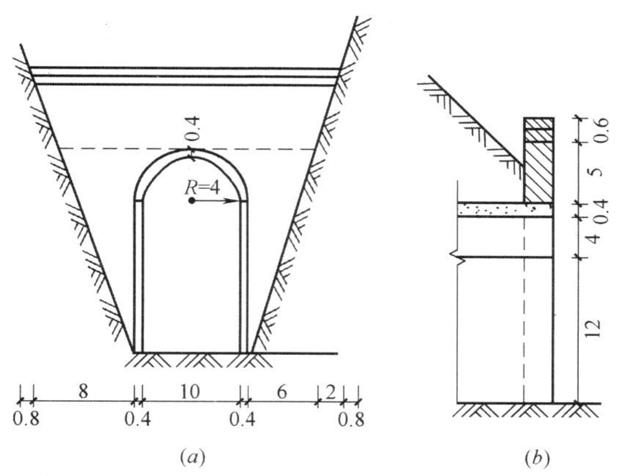

图 2-67 端墙式洞门示意图（单位：m）
（a）立面图；（b）局部剖面图

（3）洞门砌筑工程量

12.90＋10.40＝23.3m^3

清单工程量计算表见表 2-95。

清单工程量计算表 **表 2-95**

项目编码	项目名称	项目特征描述	计量单位	工程量
040402011001	洞门砌筑	端墙采用 M10 级水泥砂浆砌片石，翼墙采用 M7.5 级水泥砂浆砌片石，外露面用片石镶面并勾平缝	m^3	23.3

【例 2-67】 某隧道工程施工，全长为 300m，岩层为次坚石，无地下水，采用平洞开挖，光面爆破，并进行拱圈砌筑和边墙砌筑，砌筑材料为粗石料砂浆，其设计尺寸如图 2-68 所示，试计算该段隧道开挖和砌筑的清单工程量。

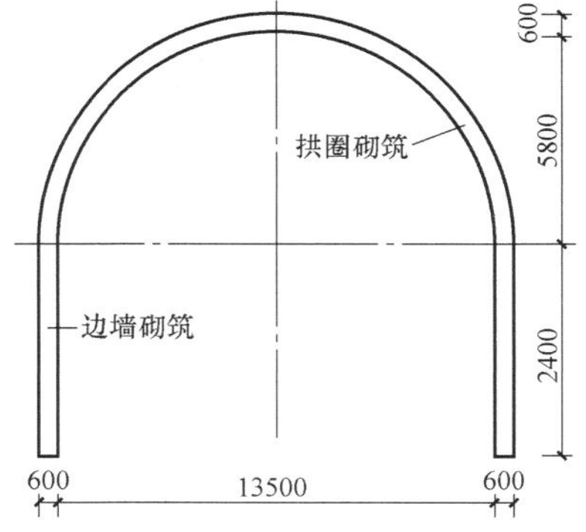

图 2-68 拱圈和边墙砌筑示意图

【解】

（1）平洞开挖

$$\left[\frac{1}{2}\times3.14\times(5.8+0.6)^2+2.4\times(13.5+0.6\times2)\right]\times300=29876.16\text{m}^3$$

（2）拱圈砌筑

$$\left(\frac{1}{2}\times3.14\times6.4^2-\frac{1}{2}\times3.14\times5.8^2\right)\times300=3447.72\text{m}^3$$

（3）边墙砌筑

2.4×0.6×300×2＝864m^3

【例 2-68】 某段隧道工程其断面设计图如图 2-69 所示，根据当地地质勘察知道，施工段无地下水，岩石类别为特坚石隧道全长 1000m，且均采取光面爆破，要求挖出的石渣运至洞口外 800m 处，现拟浇筑钢筋混凝土 C50 衬砌以加强隧道拱部和边墙受压力，已知混凝土为粒式细石料厚度 20cm，试计算混凝土衬砌工程量。

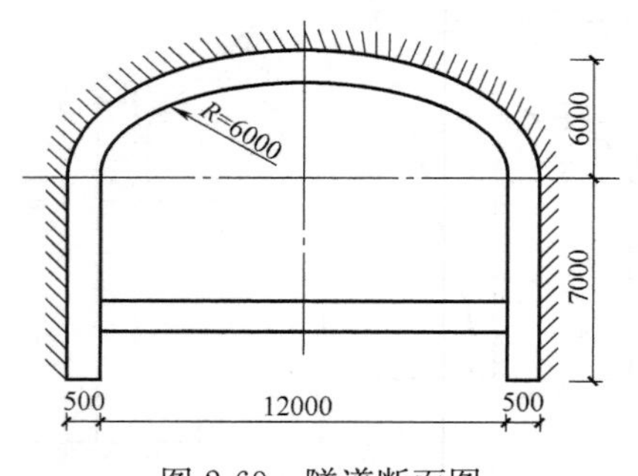

图 2-69　隧道断面图

【解】

（1）混凝土顶拱衬砌

$$V_{顶拱}=\frac{1}{2}\pi\times(6.5^2-6^2)\times1000=9812.5\text{m}^3$$

（2）混凝土边墙衬砌

$$V_{边墙}=2\times0.5\times7\times1000=7000\text{m}^3$$

（3）混凝土衬砌工程量

$$V=V_{顶拱}+V_{边墙}=9812.5+7000=16812.5\text{m}^3$$

【例 2-69】　某山区道路需修建一竖井隧道，南当地地质资料知，该段隧道地下有地下水，采用顺坡排水，岩石类别为特坚石，采用光面爆破，已知隧道长 44m 要求衬砌和边墙采用 C20 混凝土砌筑废渣，用吊斗运输至井口 500m 处，此竖井断嘶设计尺寸图如图 2-70 所示，试计算该竖井清单工程量。

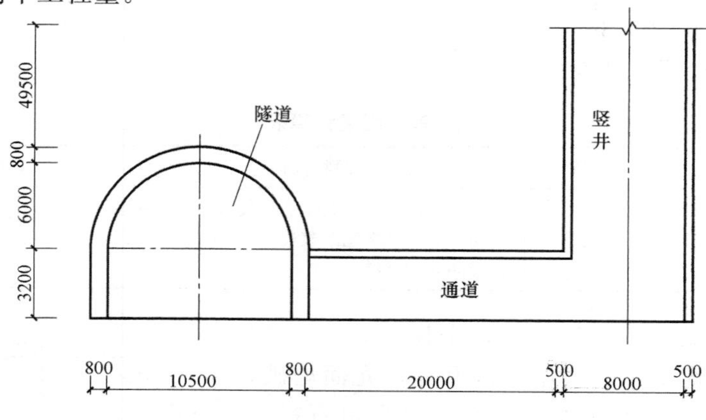

(a)

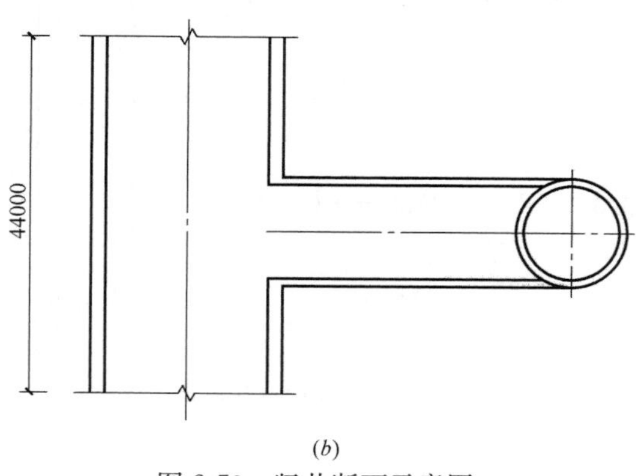

(b)

图 2-70　竖井断面示意图

【解】

（1）隧道工程量

$$\left[\frac{1}{2}\times3.14\times(6+0.8)^2+(10.5+0.8\times2)\times3.2\right]\times44=4898.08\text{m}^3$$

（2）通道工程量

$20\times3.2\times(8+0.5\times2)=576m^3$

（3）竖井工程量

$3.14\times(4+0.5)^2\times59.5=3783.31m^3$

（4）衬砌工程量

1）拱部工程量

$\left(\frac{1}{2}\times3.14\times6.8^2-\frac{1}{2}\times3.14\times6^2\right)\times44=707.38m^3$

2）边墙工程量

$3\times0.8\times44\times2=225.28m^3$

3）竖井工程量

$(3.14\times4.5^2-3.14\times4^2)\times59.5=794.03m^3$

清单工程量计算表见表 2-96。

清单工程量计算表 **表 2-96**

序号	项目编码	项目名称	项目特征描述	计量单位	工程量
1	040401001001	平洞开挖	特坚石，光面爆破	m^3	4898.08
2	040401002001	斜井开挖	特坚石，光面爆破	m^3	576
3	040401003001	竖井开挖	特坚石，光面爆破	m^3	3783.31
4	040402001001	混凝土仰拱衬砌	C20 混凝土	m^3	707.38
5	040402003001	混凝土边墙衬砌	C20 混凝土	m^3	225.28
6	040402004001	混凝土竖井衬砌	C20 混凝土	m^3	794.03

【例 2-70】 某市隧道工程，用混凝土 C25，石粒最大粒径 15mm，沉井立面图及平面图如图 2-71 所示，沉井下沉深度为 12m，沉井封底及底板混凝土强度为 C20，石料最大粒径为 10mm，沉井填心采用碎石（20mm）及块石（200mm）。不排水下沉，试计算其工程量。

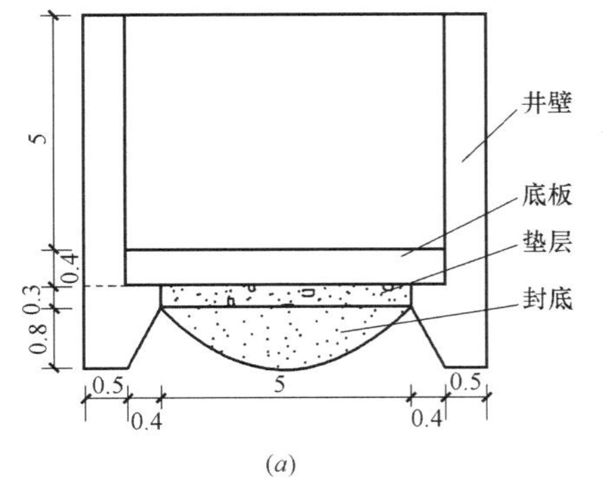

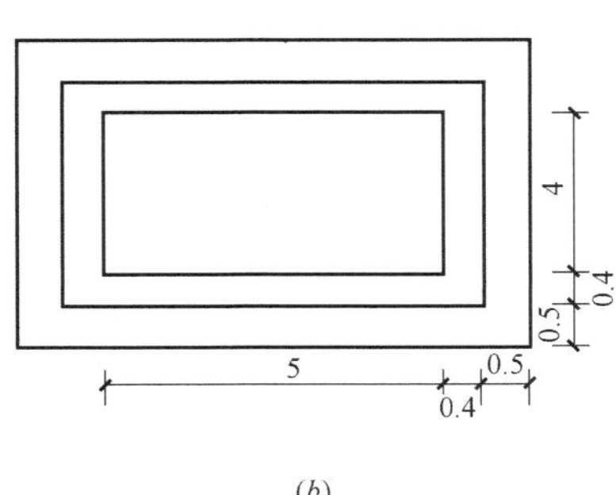

图 2-71 深井示意图（单位：m）

（a）深井立面图；（b）深井平面图

【解】

（1）沉井井壁混凝土

$$V_1=5.4\times(4+0.4\times2+0.5\times2)\times(5+0.5\times2+0.4\times2)+0.3\times0.8\times2\times(0.8+5+0.5\times2+4)-(4+0.4\times2)\times(5+0.4\times2)\times5.4=67.82\text{m}^3$$

(2) 沉井下沉

$$V_2=(5.8+6.8)\times2\times(5+0.4+0.3+0.8)\times12=1965.6\text{m}^3$$

(3) 沉井混凝土封底

$$V_3=0.8\times5\times4=16\text{m}^3$$

(4) 沉井混凝土底板

$$V_4=0.4\times5.8\times(4+0.4\times2)=11.14\text{m}^3$$

(5) 沉井填心

$$V_5=5\times(5+0.4\times2)\times(4+0.4\times2)=139.2\text{m}^3$$

【例 2-71】 某市政隧道工程，隧道全长为 50m，竖井深度为 100m，竖井布置如图 2-72所示，采用全断面开挖，一般爆破，岩石类别为次坚石，开挖后废渣采用轻轨斗，运至洞口 100m 处。用 C30 混凝土砂浆砌筑隧道拱圈和边墙 28cm，用 C25 混凝土对竖井进行衬砌 20cm，并在距洞口 3m 处，每隔 8m 安装一个集水井，试计算竖井开挖、混凝土竖井衬砌、拱圈衬砌、边墙衬砌、隧道内集水井、隧道内旁信道开挖清单工程量。

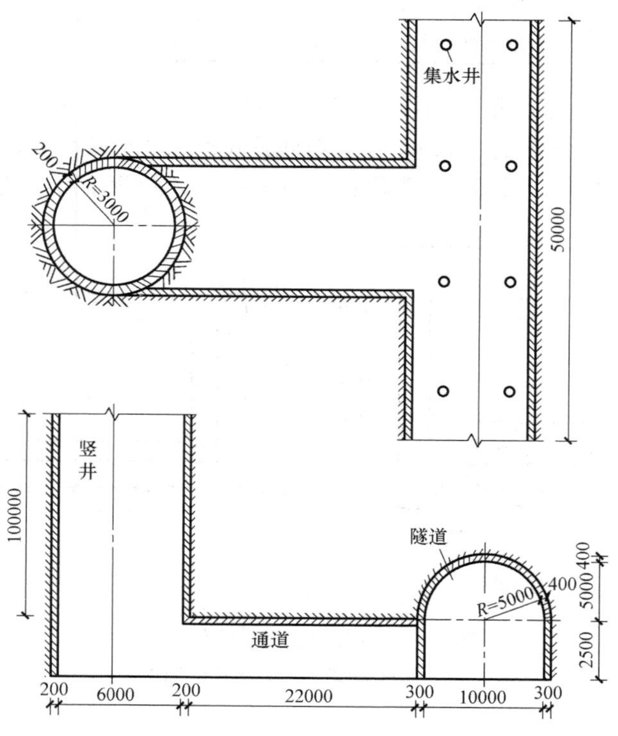

图 2-72 竖井内部布置示意图

【解】

(1) 竖井开挖工程量

$V_1=\frac{1}{2}\times3.14\times(3+0.2)^2\times100=1607.68\text{m}^3$

(2) 混凝土竖井衬砌工程量

$V_2=\left(\frac{1}{2}\times3.14\times3.2^2-\frac{1}{2}\times3.14\times3^2\right)\times100=194.68\text{m}^3$

(3) 拱圈砌筑工程量

$V_3=\left(\frac{1}{2}\times3.14\times5.4^2-\frac{1}{2}\times3.14\times5^2\right)\times50=326.56\text{m}^3$

(4) 边墙砌筑工程量

$V_4=0.4\times2.5\times50\times2=100\text{m}^3$

(5) 隧道内信道开挖工程量

$V_5=6.4\times2.5\times22=352\text{m}^3$

(6) 隧道内集水井工程量

$n=2\times\left[2\times\frac{50+3\times2}{8}+1\right]=30$ 座

【例 2-72】 如图 2-73 所示为有梁板混凝土柱示意图，试计算其清单工程量。

【解】

有梁板混凝土柱工程量：$V=0.7\times0.7\times(5+5)=4.9\text{m}^3$

【例 2-73】 某市政隧道工程，在 K0＋250～K0＋350 施工段设置隧道弓形底板，如图 2-74 所示，混凝土强度等级为 C30，石料最大粒径为 20mm，试计算其清单工程量。

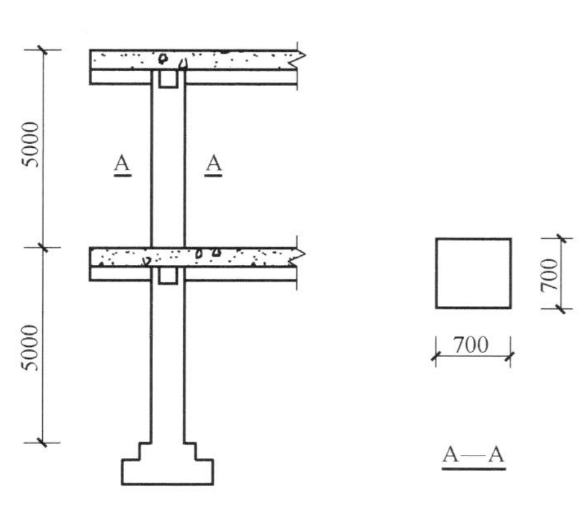

图 2-73 钉梁板混凝土柱示意图

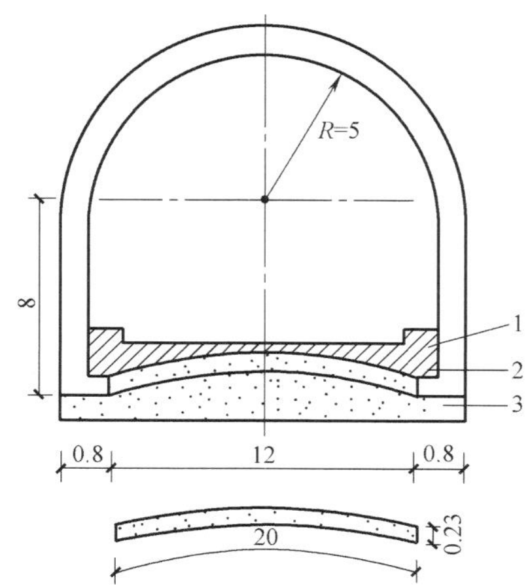

图 2-74 隧道内衬弓形底板刀示意图（单位：m）

1—面层；2—弓形底板；3—垫层

【解】

隧道内衬弓形底板工程量：

$V=20\times0.23\times100=460\text{m}^3$

【例 2-74】 某垂直岩石的锚杆布置示意图如图 2-75 所示，采用 $\phi20$ 钢筋，每根钢筋

长 2.4m，试计算锚杆工程量。（已知 $\phi20$ 的单根钢筋理论质量为 2.47kg/m）

【解】

锚杆的工程量＝10×2.4×2.47＝59.28kg＝0.059t

【例 2-75】 某隧道工程在施工过程中进行钻孔预压浆，如图 2-76 所示，试计算充填压浆工程量。

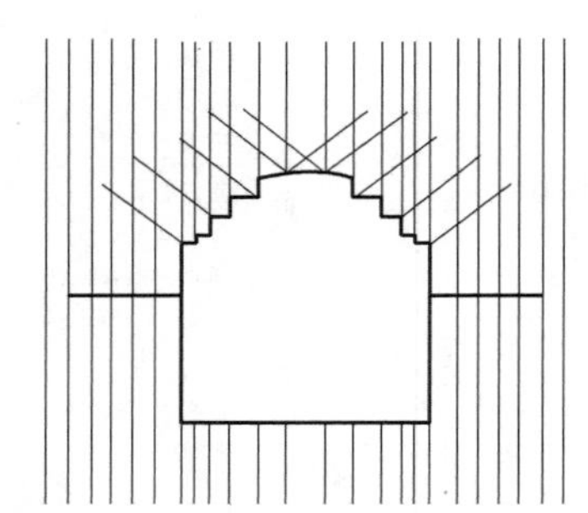

图 2-75 某垂直岩层的锚杆布置示意图

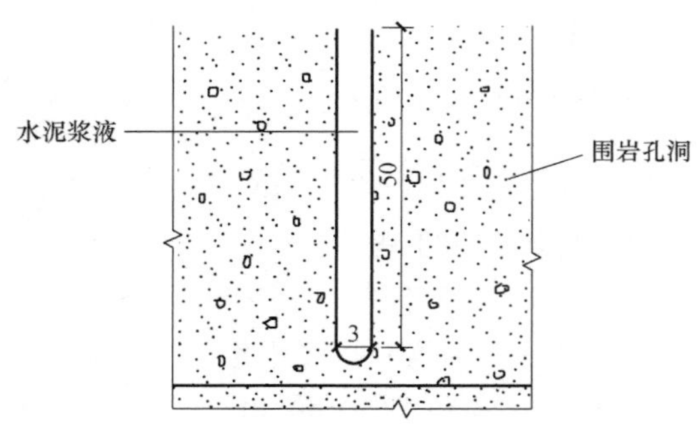

图 2-76 钻孔预压浆图（单位：m）

【解】

充填压浆的工程量＝$3.14\times\left(\frac{3}{2}\right)^2\times50=353.25\text{m}^3$

【例 2-76】 某山间隧道全长 165m，采用横洞开挖，光面爆破施工，经地质检测该段岩石层为普坚石，无地下水，根据施工设计用 C20 混凝土对隧道拱部和边墙喷射 300mm 厚的混凝土，斜洞开挖废渣用轻轨斗车运至洞底 300m 处，隧道喷射混凝土量如图 2-77 所示，试根据斜洞开挖设计计算规则计算其工程量。

【解】

（1）隧道工程量

1）正洞工程量

$\left(\frac{1}{2}\times3.14\times3.9^2+7.8\times3.8\right)\times165=$ 8830.8m^3

2）横洞工程量

2.5×2×16＝80m^2

（2）喷射混凝土工程量

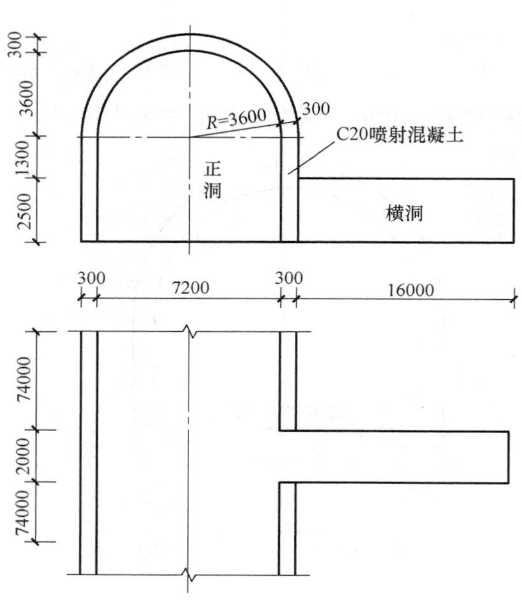

图 2-77 隧道拱部和边墙喷射混凝土示意图

1）拱部喷射混凝土工程量

3.14×3.6×165＝1865.16m^2

2）边墙喷射混凝土工程量

3.8×165×2＝1254m^2

清单工程量计算表见表 2-97。

清单工程量计算表　　表 2-97

序号	项目编码	项目名称	项目特征描述	计量单位	工程量
1	040401001001	平洞开挖	普坚石，光面爆破，横洞开挖	m^3	8830.8
2	040401002001	斜井开挖	普坚石，光面爆破，横洞开挖	m^3	80
3	040402006001	拱部喷射混凝土	厚 300mm，C20 混凝土	m^3	1865.16
4	040402007001	边墙喷射混凝土	厚 300mm，C20 混凝土	m^3	1254

【例 2-77】 某隧道工程在 K0+000～K0+280 施工段，进行砌筑工程，洞门为端墙式洞门，具体示意图如图 2-78 所示。洞门砌筑采用的是料石（砌筑厚度 0.6m），砂浆强度等级 M7.5；拱圈为半圆形，半径为 4.9m，采用料石砌筑，砂浆强度等级 M7.5；边墙砌筑厚度为 0.6m，采用料石砌筑，砂浆强度等级为 M7.5；沟道砌筑材料为料石，沟道砌筑厚度为 50mm，沟道宽 0.3m，深 0.3m，砂浆强度为 M5.0。试计算拱圈砌筑、边墙砌筑、砌筑沟道及洞门砌筑工程量。

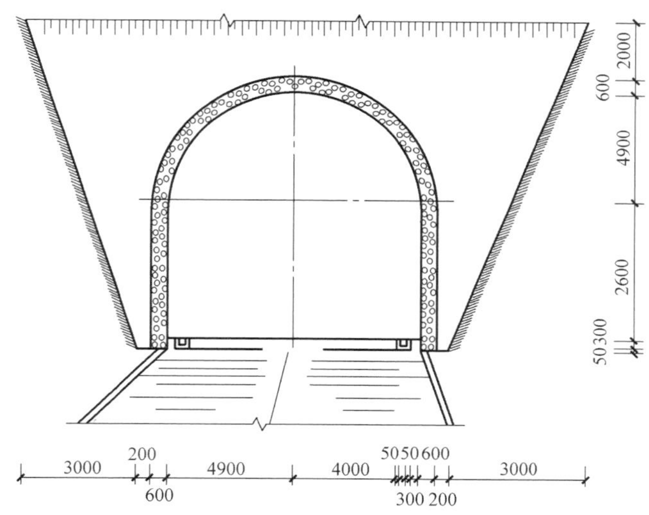

图 2-78　隧道砌筑工程示意图

【解】

（1）拱圈砌筑工程量

$$V_1=280\times\frac{1}{2}\times\pi\times[(4.9+0.6)^2-4.9^2]=2743.10\text{m}^3$$

（2）边墙砌筑工程量

$$V_2=2\times280\times(2.6+0.3+0.05)\times0.6=991.2\text{m}^3$$

（3）沟道砌筑工程量

$$V_3=2\times280\times[(0.3+0.05\times2)\times(0.3+0.05)-0.3\times0.3]=28\text{m}^3$$

（4）洞门砌筑工程量

$$V_4=0.6\times[(0.2\times2+0.6\times2+4.9\times2+3\times2+0.2\times2+0.6\times2+4.9\times2)$$
$$\times(0.05+0.3+2.6+4.9+0.6+2)/2-\frac{1}{2}\pi\times(4.9+0.6)^2-(2.6+0.3+0.05)$$

$\times(4.9\times2+0.6\times2)]$

$=42.32m^3$

清单工程量计算表见表 2-98。

清单工程量计算表 **表 2-98**

序号	项目编码	项目名称	项目特征描述	计量单位	工程量
1	040402008001	拱圈砌筑	半径为 1.9m. 采用料石砌筑，M7.5 砂浆	m^3	2743.10
2	040402009001	边墙砌筑	厚度为 0.6m，采用料石砌筑，M7.5 砂浆	m^3	991.2
3	040402009001	砌筑沟道	料石，厚度为 50mm，M5.0 砂浆	m^3	28
4	040402011001	洞门砌筑	厚度为 0.6m，M7.5 砂浆	m^3	42.32

【例 2-78】 某隧道在 K1＋020～K1＋120 段采用盾构施工，设置预制钢筋混凝土管片，如图 2-79 所示，外直径为 18m，内直径为 15m，外弧长为 14m，内弧长为 12m，宽度为 10m，混凝土强度为 C40，石料最大粒径为 15mm，试计算预制钢筋混凝土管片清单工程量。

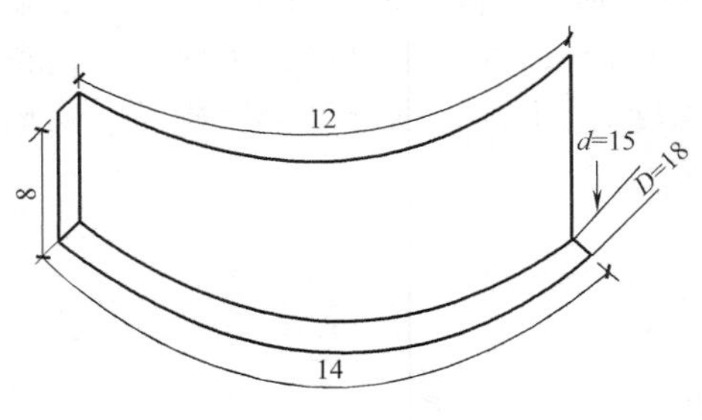

图 2-79 预制钢筋混凝土管片示意图（单位：m）

【解】

预制钢筋混凝土管片清单工程量为：

$$V=\frac{1}{2}\times\left(14\times\frac{18}{2}-12\times\frac{15}{2}\right)\times10=180m^3$$

清单工程量计算表见表 2-99。

清单工程量计算表 **表 2-99**

项目编码	项目名称	项目特征描述	计量单位	工程量
040403004001	预制钢筋混凝土管片	外直径为 18m，内直径为 15m，外弧长为 14m，内弧长为 12m，宽度为 10m，混凝土强度为 C40	m^3	180

【例 2-79】 某隧道工程在盾构推进中由盾尾的同号压浆泵压浆，如图 2-80 所示，浆液为水泥砂浆，砂浆强度等级为 M7.5，石料最大粒径为 10mm，配合比为水泥：砂子＝1：3，水胶比为 0.5，试计算衬砌壁后压浆的工程量。

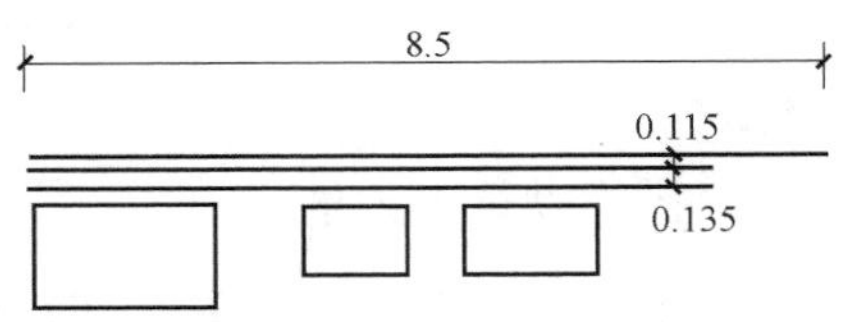

图 2-80 盾构尺寸图（单位：m）

【解】

衬砌压浆的工程量$=3.14\times(0.115+0.135)^2\times8.5=1.67m^3$

清单工程量计算表见表 2-100。

清单工程量计算表 **表 2-100**

项目编码	项目名称	项目特征描述	计量单位	工程量
040403003001	衬砌壁后压浆	浆液为水泥砂浆，配合比为水泥：砂子＝1：3	m^3	1.67

【例 2-80】 某隧道工程在 K1＋050～K1＋200 施工段，利用管节垂直顶升进行隧道推进，顶力可达 4×10^3kN，管节采用钢筋混凝土制成，管节长度为 4m，管节垂直顶升长度为 50m，试计算管节垂直顶升清单工程量。

【解】

首节顶升长度＝50m

清单工程量计算表见表 2-101。

清单工程量计算表 表 2-101

项目编码	项目名称	项目特征描述	计量单位	工程量
040404001001	管节垂直顶升	顶力可达 4×10^3kN，管节采用钢筋混凝土制成	m	50

【例 2-81】 某隧道设置止水框和连系梁，如图 2-81 所示，其满足排水需要以及确保隧道顶部的稳定性，两者均选用密度为 7.87×10^3kg/m^3 的优质钢材，试计算止水框和连系梁的工程量（止水框板厚 15cm）。

【解】

止水框的工程量＝(1×0.25×4＋1×1)×0.15×7.87×10^3＝2361kg＝2.361t

连系梁的工程量＝0.3×0.5×1.3×7.87×10^3＝1534.7kg＝1.535t

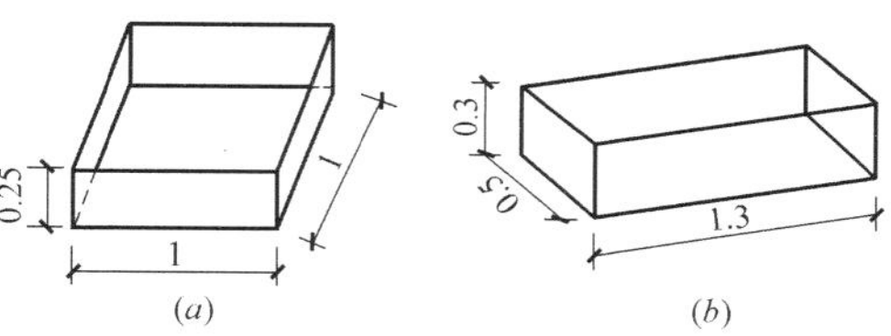

图 2-81 止水框、连系梁示意图（单位：m）
(a) 止水框；(b) 连系梁

【例 2-82】 某隧道工程旁通道混凝土断面如图 2-82 所示，混凝土强度为 C25，石料最大粒径为 15mm，试计算旁通道结构混凝土的工程量。

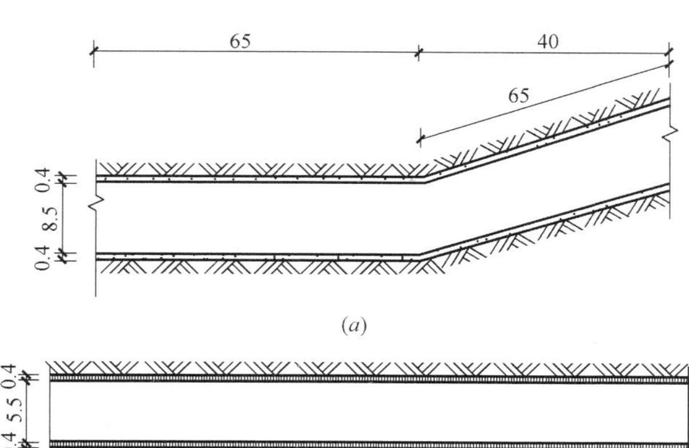

图 2-82 隧道旁通道混凝土断面示意图（单位：m）
(a) 立面图；(b) 平面图

【解】

旁通道结构混凝土的工程量＝[(5.5＋0.4×2)×(8.5＋0.4×2)－5.5×8.5]×(65＋65)
＝1539.2m^3

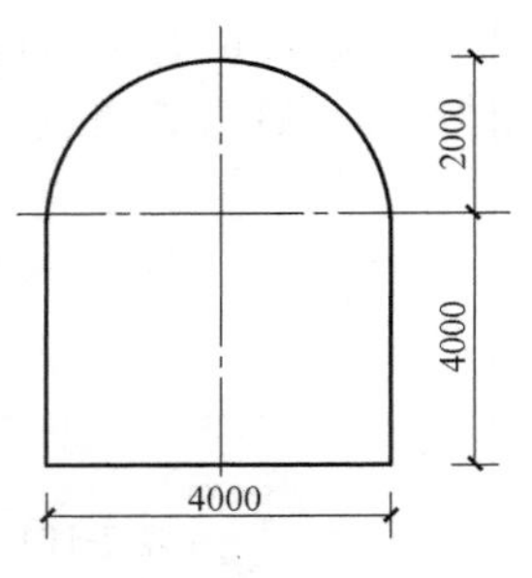

图 2-83 钢封门尺寸布置图

【例 2-83】 某沉井利用钢铁制作钢封门，其尺寸构造如图 2-83 所示，安装的钢封门厚 0.2m，试计算此钢封门工程量（$\rho_{钢}=7.78t/m^3$）。

【解】

钢封门清单工程量为：

$$\left(\frac{1}{2}\times\pi\times2^2+4\times4\right)\times0.2\times7.78=34.67t$$

清单工程量计算表见表 2-102。

清单工程量计算表 **表 2-102**

项目编码	项目名称	项目特征描述	计量单位	工程量
040405007001	钢封门	采用钢铁制作	t	34.67

【例 2-84】 某混凝土梁布置图如图 2-84 所示，梁尺寸为 700mm×700mm，混凝土强度等级为 C30，试计算其清单工程量。

【解】

混凝土梁清单工程量为：

$0.7\times0.7\times6.6=3.23m^3$

清单工程量计算表见表 2-103。

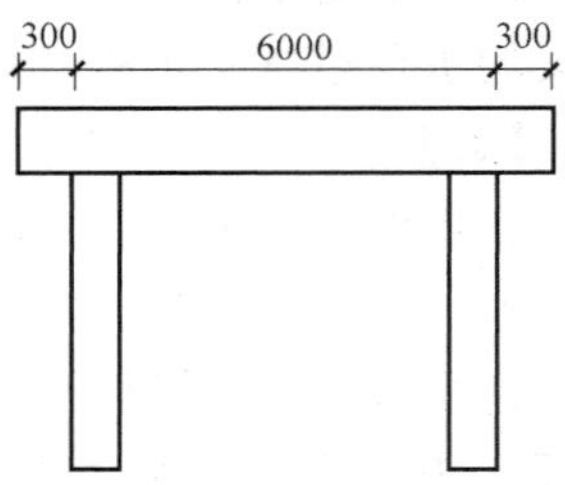

图 2-84 混凝土梁布置图

清单工程量计算表 **表 2-103**

项目编码	项目名称	项目特征描述	计量单位	工程量
040406005001	混凝土梁	混凝土强度等级为 C30	m^3	3.23

【例 2-85】 某市政工程沉井如图 2-85 所示，混凝土强度等级为 C30，石粒最大粒径 20mm，沉井下沉深度为 12m，沉井封底及底板混凝土强度等级为 C20，石料最大粒径为 10mm，沉井填心采用碎石（20mm）和块石（200mm），不排水下沉，计算沉井井壁混凝土的工程量、沉井下沉的工程量及沉井混凝土底板的工程量。

【解】

（1）沉井井壁混凝土的工程量

工程量$=6.4\times(8.8\times6.8-7.8\times5.8)+0.3\times(0.5+0.4)\times(8.8+5.0)\times2=100.89m^3$

（2）沉井下沉的工程量

工程量$=(8.8+6.8)\times2\times(7+0.4+0.3+1)\times12=3257.28m^3$

（3）沉井混凝土底板的工程量

工程量$=0.4\times7.8\times5.8=18.10m^3$

【例 2-86】 某隧道断面图如图 2-86 所示，该工程设置混凝土底板，混凝土强度等级为 C35，石料最大粒径为 20mm，垫层位于底板下面且厚度为 0.6m，混凝土强度等级为

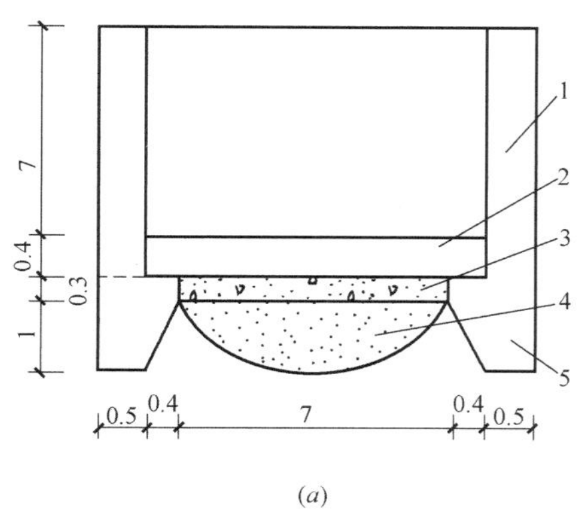

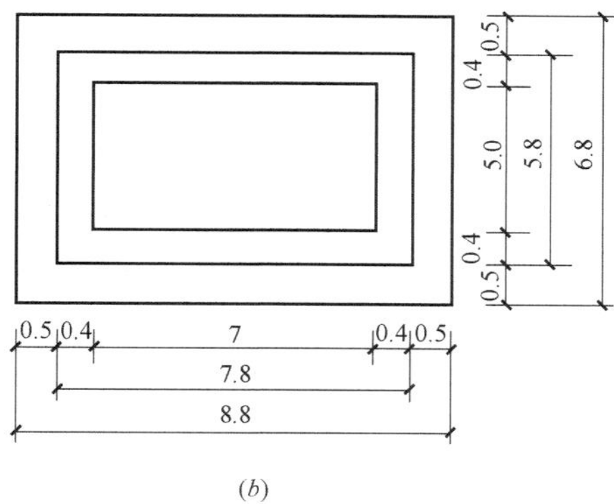

图 2-85 沉井示意图（单位：m）

（a）沉井立面图；（b）沉井平面图

1—井壁；2—底板；3—垫层；4—封底；5—刃脚

C30，试计算混凝土底板的工程量（隧道长度为 150m）。

【解】

混凝土底板的工程量＝150×0.5×15＝1125m^3

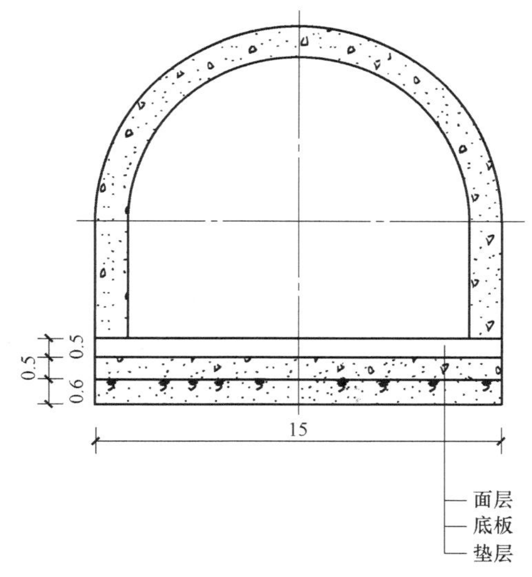

图 2-86 某隧道断面图（单位：m）

【例 2-87】 某沉管隧道用石料最大粒径为 4cm，混凝土强度为 C25 的预制沉管混凝土板底、侧墙和顶板，所有工序都是通过混凝土浇筑完成的，为加强预制沉管的防水性能，需预制沉管钢底板作外侧防水层，在沉放沉管时，采用压浆法预制沉管底垫层，完成隧道基槽的场地平整和垫层铺设，已知预制的混凝土沉管隧道平面为矩形，管节长 42m，其各垫层、压浆层、底板、侧墙、顶板设计尺寸如图 2-87 所示布置，采用 M5 砂浆固封充填，试计算沉管隧道工程量。

【解】

（1）预制沉管底垫层工程量

工程量＝(18.14＋0.23×2)×0.5×42＝390.6m^3

（2）预制沉管钢底板工程量

钢材的密度 ρ＝7.78t/m^3

工程量＝(4×2＋1.2×2＋1.5)×0.12×42×7.78＝446.61t

（3）预制沉管混凝土板底工程量

$$\text{工程量}=\left[\frac{1}{2}\times(11.9+17.9)\times3-\frac{1}{2}\times(4+4.6)\times1.2\times2-\frac{1}{2}\times(1.5+3.9)\times1.2\right]\times42-3.14\times0.04^2\times1.8\times4$$

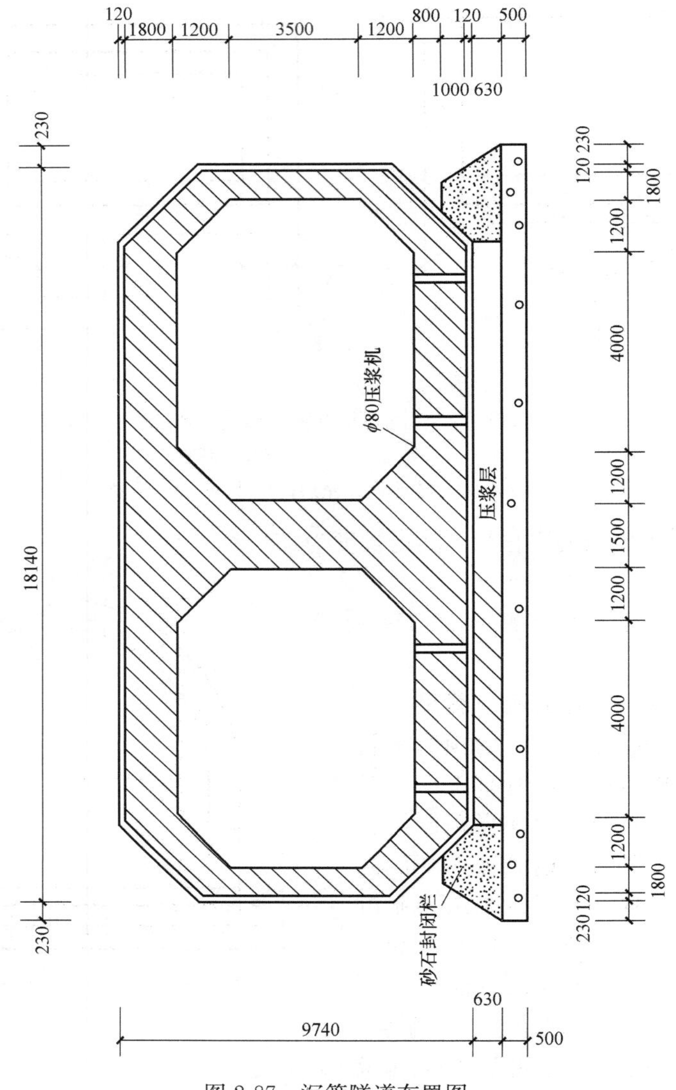

图 2-87　沉管隧道布置图

$=1307.84\text{m}^3$

（4）预制沉管混凝土侧墙工程量

工程量$=3.5\times1.8\times42\times2=529.2\text{m}^3$

（5）预制沉管混凝土顶板工程量

$$\text{工程量}=\left[\frac{1}{2}\times(11.9+17.9)\times3-\frac{1}{2}\times(4+6.4)\times1.2\times2-\frac{1}{2}\times(1.5+3.9)\times1.2\right]\times42$$

$=1217.16\text{m}^3$

（6）沉管底部压浆固封充填工程量

工程量$=11.9\times0.63\times42=314.87\text{m}^3$

（7）清单工程量计算表见表 2-104。

清单工程量计算表 表 2-104

序号	项目编码	项目名称	项目特征描述	计量单位	工程量
1	040407001001	预制沉管底垫层	C25 混凝土，最大粒径为 4cm，厚度 0.5m	m^3	390.6
2	040407002001	预制沉管钢底板	钢材厚度 0.12m	t	446.61
3	040407003001	预制沉管混凝土底板	C25 混凝土，最大粒径为 4cm	m^3	1307.84
4	040407004001	预制沉管混凝土侧墙	C25 混凝土，最大粒径为 4cm	m^3	529.2
5	040407005001	预制沉管混凝土顶板	C25 混凝土，最大粒径为 4cm	m^3	1217.16
6	040407022001	沉管底部压浆固封充填	M5 砂浆	m^3	314.87

【例 2-88】 某水底隧道采用沉管法浇筑两节沉管，如图 2-88 所示，在 K3＋110～K3＋220 施工段，其中沉管的预制混凝土顶板强度等级为 C40，石料最大粒径 15mm，试计算该预制沉管混凝土顶板工程量。

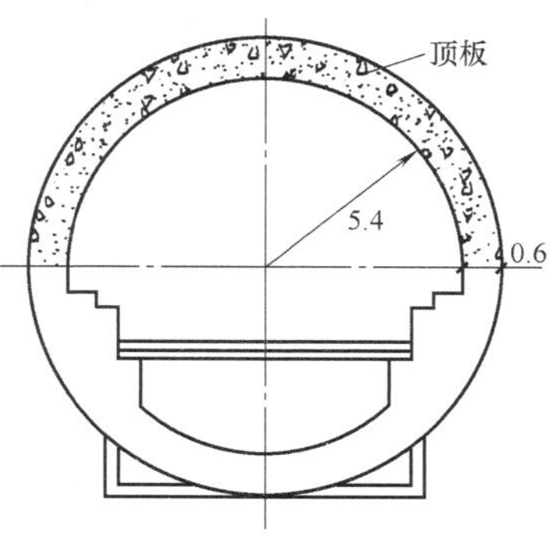

图 2-88 预制沉管混凝土顶板（单位：m）

【解】

$$预制沉管混凝土顶板的工程量=(3220-3110)\times\frac{1}{2}\times3.14\times(6^2-5.4^2)$$
$$=110\times\frac{1}{2}\times3.14\times6.84$$
$$=1181.27m^3$$

清单工程量计算表见表 2-105。

清单工程量计算表 表 2-105

项目编码	项目名称	项目特征描述	计量单位	工程量
040407005001	预制沉管混凝土顶板	混凝土强度等级为 C40	m^3	1181.27

【例 2-89】 某隧道工程采用钢壳作为永久性防水层，如图 2-89 所示，管段为圆形，钢壳厚 15mm，沉管长 160，试计算钢壳的工程量（钢材密度为 $7.78\times103kg/m^3$）。

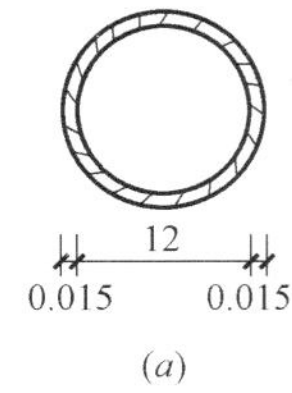

(a)

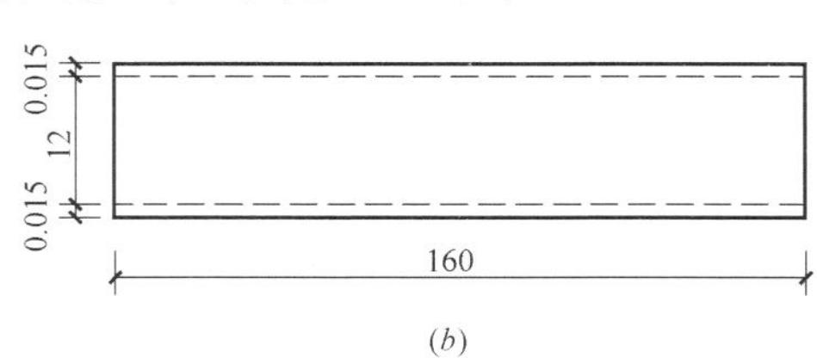

(b)

图 2-89 隧道钢壳示意图（单位：m）
（a）立面图；（b）平面图

【解】

$$端头钢壳的工程量=7.78\times103\times(6.0152-62)\times3.14\times160$$
$$=704.44\times10^3kg$$
$$=704.44t$$

清单工程量计算表见表 2-106。

清单工程量计算表 表 2-106

项目编码	项目名称	项目特征描述	计量单位	工程量
040407008001	端头钢壳	钢壳厚 15mm	t	704.44

【例 2-90】 某隧道工程在 K0＋050～K0＋300 施工段向基槽抛铺碎石，如图 2-90 所示，碎石平均粒径为 5mm 左右，碎石层厚度为 2m，含砂量为 11％，试计算该基槽抛铺碎石工程量。

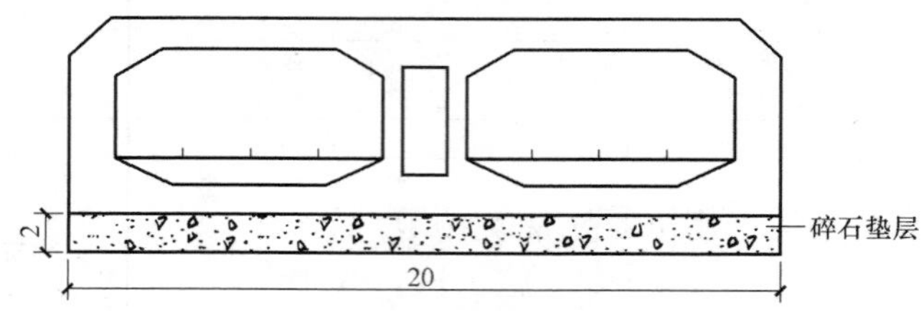

图 2-90 基槽抛铺碎石断面图（单位：m）

【解】

基槽抛铺碎石的工程量＝(300－50)×2×20＝10000m^3

【例 2-91】 某水底隧道工程采用砂肋软体排覆盖，如图 2-91 所示，长度为 250m，砂肋软体硬度为 35％，试计算该砂肋软体排覆盖工程量。

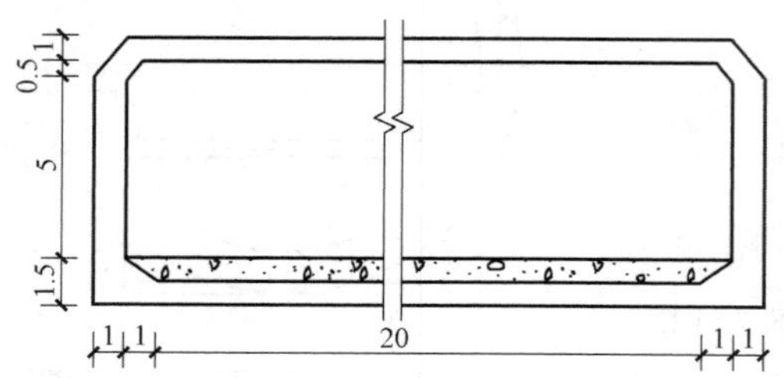

图 2-91 砂肋软体排覆盖示意网（单位：m）

【解】

砂肋软体排覆盖的工程量$=20\times250+2\times(5+1.5)\times250+2\times250\times\sqrt{(1+0.5)^2+1^2}$

$=5000+1625+901.39$

$=7526.39m^2$

【例 2-92】 某城市隧道的设计断面如图 2-92 所示，隧道总长 150m，洞口桩号为 K3＋300 和 K3＋450，其中 K3＋320～K3＋370 段岩石为普坚石，此段设计开挖断面积为 66.67m^2，拱部衬砌断面积为 10.17m^2，边墙厚为 600mm，混凝土强度等级为 C20，边墙断面积为 3.638m^2，采用光面爆破，全断面开挖。设计要求主洞超挖部分必须用与衬砌同强度等级混凝土充填，招标文件要求开挖出的废渣运至距洞口 900m 处弃场弃置（两洞口外 900m 处均有弃置场地）。

现根据招标文件及设计图和工程量清单表作综合单价分析：

（1）从工程地质图和以前进洞 20m 已开挖的主洞看石岩比较好，拟用光面爆破，全断面开挖。

（2）衬砌采用先拱后墙法施工，对已开挖的主洞及时衬砌，减少岩面暴露时间，以利安全。

（3）出渣运输用挖掘机装渣，自卸汽车运输。模板采用钢模板、钢模架。

现根据上述条件编制隧道 K3＋320～K3＋370 段的隧道开挖和衬砌工程分部分项工程和单价措施项目清单与计价表和综合单价分析表。

【解】

（1）工程量清单编制

1）清单工程量：

① 平洞开挖清单工程量

66.67×50＝3333.5m^3

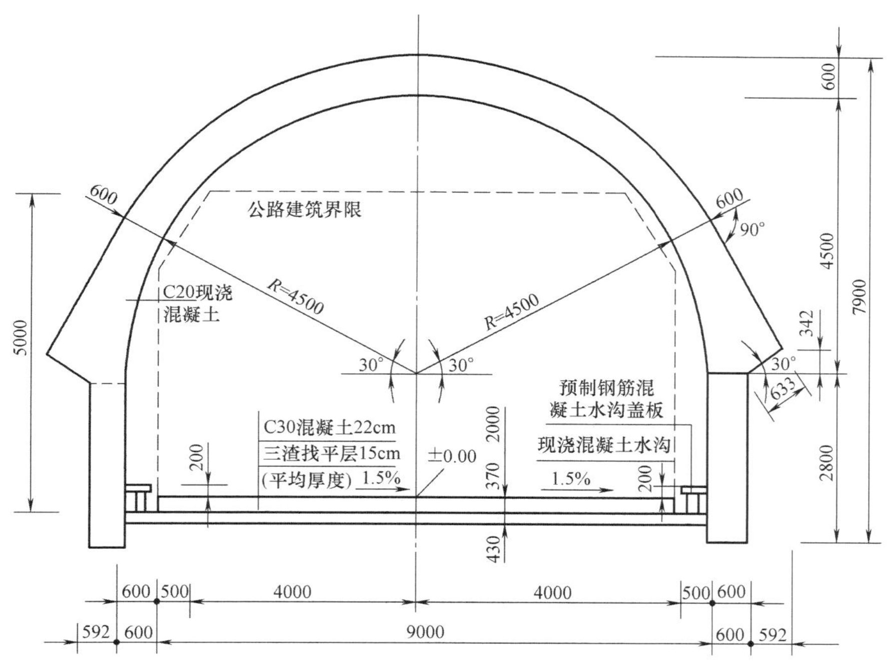

图 2-92 隧道洞口断面示意图

② 衬砌清单工程量

拱部：10.17×50＝508.50m^3

边墙：3.36×50＝168.00m^3

2）分部分项工程和单价措施项目清单与计价表见表 2-107。

分部分项工程和单价措施项目清单与计价表 **表 2-107**

工程名称：某城市隧道工程　　标段：K3＋320～3＋370　　第 1 页　共 1 页

序号	项目编号	项目名称	项目特征描述	计量单位	工程数量	金额/元	
						综合单价	合价
1	040401001001	平洞开挖	1. 岩石类别:普坚石 2. 开挖断面:66.67m^2 3. 爆破要求:光面爆破	m^3	3333.50		
2	040402002001	混凝土顶拱衬砌	1. 部位:衬砌拱顶 2. 厚度:60cm 3. 混凝土强度等级:C20	m^3	508.5		
3	040402003001	混凝土边墙衬砌	1. 部位:衬砌边墙 2. 厚度:60cm 3. 混凝土强度等级:C20	m^3	168.00		
合计							

（2）工程量清单计价编制

1）施工工程量计算：

① 主洞开挖量计算。设计开挖断面积为 66.67m²，超挖断面积为 3.26m²，施工开挖量为：

$$(66.67+3.26)\times50=3496.5m^3$$

② 拱部混凝土量计算。拱部设计衬砌断面为 10.17m²，超挖充填混凝土断面积为 2.58m²，拱部施工衬砌量为：

$$(10.17+2.58)\times50=637.50m^3$$

③ 边墙衬砌量计算。边墙设计断面积为 3.36m²，超挖充填断面积为 0.68m²，边墙施工衬砌量为：

$$(3.36+0.68)\times50=202.0m^3$$

2）管理费按直接费的 15%考虑，利润按直接费的 8%考虑。

根据上述考虑作如下综合单价分析（表 2-108～表 2-110），分部分项工程和单价措施项目清单与计价表见表 2-111。

综合单价分析表（一） **表 2-108**

工程名称：某城市隧道工程 标段：K3+320～3+370 第 1 页 共 3 页

项目编码	040401001001			项目名称	平洞开挖	计量单位	m³	工程量	3333.50		
清单综合单价组成明细											
定额编号	定额项目名称	定额单位	数量	单价				合价			
				人工费	材料费	机械费	管理费和利润	人工费	材料费	机械费	管理费和利润
4—20	平洞全断面开挖，光面爆破	100m³	0.01	999.69	669.96	1974.31	838.11	10.0	6.70	19.74	8.38
4—54	平洞出渣，运距 1000m 以内	100m³	0.01	25.17	—	1804.55	420.84	0.25	—	18.05	4.21
人工单价		小计						10.25	6.70	37.79	12.59
22.47 元/工日		未计价材料费									
清单项目综合单价								67.33			
材料费明细	主要材料名称、规格、型号					单位	数量	单价（元）	合价（元）	暂估单价（元）	暂估合价（元）
	电雷管（迟发）带脚线 2.5m					个	1.73	0.25	0.43		
	硝铵炸药					kg	1.15	3.55	4.08		
	胶质导线 BV-2.5mm					m	0.67	0.27	0.18		
	胶质导线 BV-4.0mm					m	0.18	0.37	0.07		
	合金钻头（一字形）					个	0.07	5.40	0.38		
	六角空心钢 22～25					kg	0.11	3.15	0.35		
	高压胶皮风管 ϕ25-69-20m					m	0.03	12.48	0.37		
	高压胶皮风管 ϕ19-69-20m					m	0.03	19.61	0.59		
	水					m³	0.25	0.45	0.11		
	电					kW·h	0.11	0.35	0.04		
	其他材料费							—	0.13	—	
	材料费小计							—	6.70	—	

综合单价分析表（二） **表 2-109**

工程名称：某城市隧道工程　　标段：K3＋320～3＋370　　第 2 页　共 3 页

<table>
<tr><td>项目编码</td><td colspan="3">040402002001</td><td colspan="2">项目名称</td><td colspan="2">平洞开挖</td><td>计量单位</td><td>m^3</td><td>工程量</td><td>508.5</td></tr>
<tr><td colspan="12">清单综合单价组成明细</td></tr>
<tr><td rowspan="2">定额编号</td><td rowspan="2">定额项目名称</td><td rowspan="2">定额单位</td><td rowspan="2">数量</td><td colspan="4">单价</td><td colspan="4">合价</td></tr>
<tr><td>人工费</td><td>材料费</td><td>机械费</td><td>管理费和利润</td><td>人工费</td><td>材料费</td><td>机械费</td><td>管理费和利润</td></tr>
<tr><td>4－91</td><td>平洞拱部混凝土衬砌</td><td>10m^3</td><td>0.125</td><td>709.15</td><td>10.39</td><td>137.06</td><td>197.02</td><td>88.64</td><td>1.30</td><td>17.13</td><td>24.63</td></tr>
<tr><td></td><td></td><td></td><td></td><td></td><td></td><td></td><td></td><td></td><td></td><td></td><td></td></tr>
<tr><td colspan="2">人工单价</td><td colspan="6">小计</td><td>88.64</td><td>1.30</td><td>17.13</td><td>24.63</td></tr>
<tr><td colspan="2">22.47 元/工日</td><td colspan="6">未计价材料费</td><td colspan="4">306.07</td></tr>
<tr><td colspan="8">清单项目综合单价</td><td colspan="4">437.77</td></tr>
<tr><td rowspan="6">材料费明细</td><td colspan="5">主要材料名称、规格、型号</td><td>单位</td><td>数量</td><td>单价（元）</td><td>合价（元）</td><td>暂估单价（元）</td><td>暂估合价（元）</td></tr>
<tr><td colspan="5">C20 混凝土</td><td>m^3</td><td>1.27</td><td>241</td><td>306.07</td><td></td><td></td></tr>
<tr><td colspan="5"></td><td></td><td></td><td></td><td></td><td></td><td></td></tr>
<tr><td colspan="5"></td><td></td><td></td><td></td><td></td><td></td><td></td></tr>
<tr><td colspan="7">其他材料费</td><td>—</td><td></td><td>—</td><td></td></tr>
<tr><td colspan="7">材料费小计</td><td>—</td><td>306.07</td><td>—</td><td></td></tr>
</table>

综合单价分析表（三） **表 2-110**

工程名称：某城市隧道工程　　标段：K3＋320～3＋370　　第 3 页　共 3 页

<table>
<tr><td>项目编码</td><td colspan="3">040402003001</td><td colspan="2">项目名称</td><td colspan="2">混凝土边墙衬砌</td><td>计量单位</td><td>m^3</td><td>工程量</td><td>168</td></tr>
<tr><td colspan="12">清单综合单价组成明细</td></tr>
<tr><td rowspan="2">定额编号</td><td rowspan="2">定额项目名称</td><td rowspan="2">定额单位</td><td rowspan="2">数量</td><td colspan="4">单价</td><td colspan="4">合价</td></tr>
<tr><td>人工费</td><td>材料费</td><td>机械费</td><td>管理费和利润</td><td>人工费</td><td>材料费</td><td>机械费</td><td>管理费和利润</td></tr>
<tr><td>4－109</td><td>混凝土边墙衬砌</td><td>10m^3</td><td>0.12</td><td>535.91</td><td>9.18</td><td>106.14</td><td>155.45</td><td>64.31</td><td>1.10</td><td>12.74</td><td>18.65</td></tr>
<tr><td></td><td></td><td></td><td></td><td></td><td></td><td></td><td></td><td></td><td></td><td></td><td></td></tr>
<tr><td></td><td></td><td></td><td></td><td></td><td></td><td></td><td></td><td></td><td></td><td></td><td></td></tr>
<tr><td></td><td></td><td></td><td></td><td></td><td></td><td></td><td></td><td></td><td></td><td></td><td></td></tr>
<tr><td colspan="2">人工单价</td><td colspan="6">小计</td><td>64.31</td><td>1.10</td><td>12.74</td><td>18.65</td></tr>
<tr><td colspan="2">22.47 元/工日</td><td colspan="6">未计价材料费</td><td colspan="4">294.02</td></tr>
<tr><td colspan="8">清单项目综合单价</td><td colspan="4">390.82</td></tr>
<tr><td rowspan="7">材料费明细</td><td colspan="5">主要材料名称、规格、型号</td><td>单位</td><td>数量</td><td>单价（元）</td><td>合价（元）</td><td>暂估单价（元）</td><td>暂估合价（元）</td></tr>
<tr><td colspan="5">C20 混凝土</td><td>m^3</td><td>1.22</td><td>241</td><td>294.02</td><td></td><td></td></tr>
<tr><td colspan="5"></td><td></td><td></td><td></td><td></td><td></td><td></td></tr>
<tr><td colspan="5"></td><td></td><td></td><td></td><td></td><td></td><td></td></tr>
<tr><td colspan="5"></td><td></td><td></td><td></td><td></td><td></td><td></td></tr>
<tr><td colspan="7">其他材料费</td><td>—</td><td></td><td>—</td><td></td></tr>
<tr><td colspan="7">材料费小计</td><td>—</td><td>294.02</td><td>—</td><td></td></tr>
</table>

分部分项工程和单价措施项目清单与计价表 **表 2-111**

工程名称：某城市隧道工程 标段：K3＋320～3＋370 第1页 共1页

<table>
<tr><th rowspan="2">序号</th><th rowspan="2">项目编号</th><th rowspan="2">项目名称</th><th rowspan="2">项目特征描述</th><th rowspan="2">计量单位</th><th rowspan="2">工程数量</th><th colspan="2">金额/元</th></tr>
<tr><th>综合单价</th><th>合价</th></tr>
<tr><td>1</td><td>040401001001</td><td>平洞开挖</td><td>1. 岩石类别：普坚石
2. 开挖断面：66.67m^2
3. 爆破要求：光面爆破</td><td>m^3</td><td>3333.50</td><td>67.33</td><td>224444.56</td></tr>
<tr><td>2</td><td>040402002001</td><td>混凝土拱部衬砌</td><td>1. 部位：衬砌拱顶
2. 厚度：60cm
3. 混凝土强度等级：C20</td><td>m^3</td><td>508.50</td><td>437.77</td><td>222606.05</td></tr>
<tr><td>3</td><td>040402003001</td><td>混凝土边墙衬砌</td><td>1. 部位：衬砌边墙
2. 厚度：60cm
3. 混凝土强度等级：C20</td><td>m^3</td><td>168.00</td><td>390.82</td><td>65657.76</td></tr>
<tr><td></td><td></td><td></td><td></td><td></td><td></td><td></td><td></td></tr>
<tr><td></td><td></td><td></td><td></td><td></td><td></td><td></td><td></td></tr>
<tr><td colspan="7">合计</td><td>512708.40</td></tr>
</table>

2.5 管网工程清单工程量计算及实例

2.5.1 工程量清单计价规则

1. 管道铺设

管道铺设工程量清单计价规则见表 2-112。

管道铺设（编码：040501） **表 2-112**

<table>
<tr><th>项目编码</th><th>项目名称</th><th>项目特征</th><th>计量单位</th><th>工程量计算规则</th><th>工程内容</th></tr>
<tr><td>040501001</td><td>混凝土管</td><td>1. 垫层、基础材质及厚度
2. 管座材质
3. 规格
4. 接口方式
5. 铺设深度
6. 混凝土强度等级
7. 管道检验及试验要求</td><td rowspan="4">m</td><td rowspan="4">按设计图示中心线长度以延长米计算。不扣除附属构筑物、管件及阀门等所占长度</td><td>1. 垫层、基础铺筑及养护
2. 模板制作、安装、拆除
3. 混凝土拌和、运输、浇筑、养护
4. 预制管枕安装
5. 管道铺设
6. 管道接口
7. 管道检验及试验</td></tr>
<tr><td>040501002</td><td>钢管</td><td rowspan="2">1. 垫层、基础材质及厚度
2. 材质及规格
3. 接口方式
4. 铺设深度
5. 管道检验及试验要求
6. 集中防腐运距</td><td rowspan="2">1. 垫层、基础铺筑及养护
2. 模板制作、安装、拆除
3. 混凝土拌和、运输、浇筑、养护
4. 管道铺设
5. 管道检验及试验
6. 集中防腐运输</td></tr>
<tr><td>040501003</td><td>铸铁管</td></tr>
<tr><td>040501004</td><td>塑料管</td><td>1. 垫层、基础材质及厚度
2. 材质及规格
3. 连接形式
4. 铺设深度
5. 管道检验及试验要求</td><td>1. 垫层、基础铺筑及养护
2. 模板制作、安装、拆除
3. 混凝土拌和、运输、浇筑、养护
4. 管道铺设
5. 管道检验及试验</td></tr>
</table>

续表

项目编码	项目名称	项目特征	计量单位	工程量计算规则	工程内容
040501005	直埋式预制保温管	1. 垫层材质及厚度 2. 材质及规格 3. 接口方式 4. 铺设深度 5. 管道检验及试验的要求	m	按设计图示中心线长度以延长米计算。不扣除附属构筑物、管件及阀门等所占长度	1. 垫层铺筑及养护 2. 管道铺设 3. 接口处保温 4. 管道检验及试验
040501006	管道架空跨越	1. 管道架设高度 2. 管道材质及规格 3. 接口方式 4. 管道检验及试验要求 5. 集中防腐运距	m	按设计图示中心线长度以延长米计算。不扣除管件及阀门等所占长度	1. 管道架设 2. 管道检验及试验 3. 集中防腐运输
040501007	隧道(沟、管)内管道	1. 基础材质及厚度 2. 混凝土强度等级 3. 材质及规格 4. 接口方式 5. 管道检验及试验要求 6. 集中防腐运距	m	按设计图示中心线长度以延长米计算。不扣除附属构筑物、管件及阀门等所占长度	1. 基础铺筑、养护 2. 模板制作、安装、拆除 3. 混凝土拌和、运输、浇筑、养护 4. 管道铺设 5. 管道检测及试验 6. 集中防腐运输
040501008	水平导向钻进	1. 土壤类别 2. 材质及规格 3. 一次成孔长度 4. 接口方式 5. 泥浆要求 6. 管道检验及试验要求 7. 集中防腐运距	m	按设计图示长度以延长米计算。扣除附属构筑物(检查井)所占的长度	1. 设备安装、拆除 2. 定位、成孔 3. 管道接口 4. 拉管 5. 纠偏、监测 6. 泥浆制作、注浆 7. 管道检测及试验 8. 集中防腐运输 9. 泥浆、土方外运
040501009	夯管	1. 土壤类别 2. 材质及规格 3. 一次夯管长度 4. 接口方式 5. 管道检验及试验要求 6. 集中防腐运距	m	按设计图示长度以延长米计算。扣除附属构筑物(检查井)所占的长度	1. 设备安装、拆除 2. 定位、夯管 3. 管道接口 4. 纠偏、监测 5. 管道检测及试验 6. 集中防腐运输 7. 土方外运
040501010	顶(夯)管工作坑	1. 土壤类别 2. 工作坑平面尺寸及深度 3. 支撑、围护方式 4. 垫层、基础材质及厚度 5. 混凝土强度等级 6. 设备、工作台主要技术要求	座	按设计图示数量计算	1. 支撑、围护 2. 模板制作、安装、拆除 3. 混凝土拌和、运输、浇筑、养护 4. 工作坑内设备、工作台安装及拆除
040501011	预制混凝土工作坑	1. 土壤类别 2. 工作坑平面尺寸及深度 3. 垫层、基础材质及厚度 4. 混凝土强度等级 5. 设备、工作台主要技术要求 6. 混凝土构件运距	座	按设计图示数量计算	1. 混凝土工作坑制作 2. 下沉、定位 3. 模板制作、安装、拆除 4. 混凝土拌和、运输、浇筑、养护 5. 工作坑内设备、工作台安装及拆除 6. 混凝土构件运输

续表

项目编码	项目名称	项目特征	计量单位	工程量计算规则	工程内容
040501012	顶管	1. 土壤类别 2. 顶管工作方式 3. 管道材质及规格 4. 中继间规格 5. 工具管材质及规格 6. 触变泥浆要求 7. 管道检验及试验要求 8. 集中防腐运距	m	按设计图示长度以延长米计算。扣除附属构筑物(检查井)所占的长度	1. 管道顶进 2. 管道接口 3. 中继间、工具管及附属设备安装拆除 4. 管内挖、运土及土方提升 5. 机械顶管设备调向 6. 纠偏、监测 7. 触变泥浆制作、注浆 8. 洞口止水 9. 管道检测及试验 10. 集中防腐运输 11. 泥浆、土方外运
040501013	土壤加固	1. 土壤类别 2. 加固填充材料 3. 加固方式	1. m 2. m^3	1. 按设计图示加固段长度以延长米计算 2. 按设计图示加固段体积以立方米计算	打孔、调浆、灌注
040501014	新旧管连接	1. 材质及规格 2. 连接方式 3. 带(不带)介质连接	处	按设计图示数量计算	1. 切管 2. 钻孔 3. 连接
040501015	临时放水管线	1. 材质及规格 2. 铺设方式 3. 接口形式	m	按放水管线长度以延长米计算,不扣除管件、阀门所占长度	管线铺设、拆除
040501016	砌筑方沟	1. 断面规格 2. 垫层、基础材质及厚度 3. 砌筑材料品种、规格、强度等级 4. 混凝土强度等级 5. 砂浆强度等级、配合比 6. 勾缝、抹面要求 7. 盖板材质及规格 8. 伸缩缝(沉降缝)要求 9. 防渗、防水要求 10. 混凝土构件运距	m	按设计图示尺寸以延长米计算	1. 模板制作、安装、拆除 2. 混凝土拌和、运输、浇筑、养护 3. 砌筑 4. 勾缝、抹面 5. 盖板安装 6. 防水、止水 7. 混凝土构件运输
040501017	混凝土方沟	1. 断面规格 2. 垫层、基础材质及厚度 3. 混凝土强度等级 4. 伸缩缝(沉降缝)要求 5. 盖板材质、规格 6. 防渗、防水要求 7. 混凝土构件运距	m	按设计图示尺寸以延长米计算	1. 模板制作、安装、拆除 2. 混凝土拌和、运输、浇筑、养护 3. 盖板安装 4. 防水、止水 5. 混凝土构件运输

续表

项目编码	项目名称	项目特征	计量单位	工程量计算规则	工程内容
040501018	砌筑渠道	1. 断面规格 2. 垫层、基础材质及厚度 3. 砌筑材料品种、规格、强度等级 4. 混凝土强度等级 5. 砂浆强度等级、配合比 6. 勾缝、抹面要求 7. 伸缩缝（沉降缝）要求 8. 防渗、防水要求	m	按设计图示尺寸以延长米计算	1. 模板制作、安装、拆除 2. 混凝土拌和、运输、浇筑、养护 3. 渠道砌筑 4. 勾缝、抹面 5. 防水、止水
040501019	混凝土渠道	1. 断面规格 2. 垫层、基础材质及厚度 3. 混凝土强度等级 4. 伸缩缝（沉降缝）要求 5. 防渗、防水要求 6. 混凝土构件运距			1. 模板制作、安装、拆除 2. 混凝土拌和、运输、浇筑、养护 3. 防水、止水 4. 混凝土构件运输
040501020	警示（示踪）带铺设	规格		按铺设长度以延长米计算	铺设

2. 管件、阀门及附件安装

管件、阀门及附件安装工程量清单计价规则见表 2-113。

管件、阀门及附件安装（编码：040502） 表 2-113

项目编码	项目名称	项目特征	计量单位	工程量计算规则	工程内容
040502001	铸铁管管件	1. 种类 2. 材质及规格 3. 接口形式	个	按设计图示数量计算	安装
040502002	钢管管件制作、安装				制作、安装
040502003	塑料管管件	1. 种类 2. 材质及规格 3. 连接方式			安装
040502004	转换件	1. 材质及规格 2. 接口形式			
040502005	阀门	1. 种类 2. 材质及规格 3. 连接方式 4. 试验要求			
040502006	法兰	1. 材质、规格、结构形式 2. 连接方式 3. 焊接方式 4. 垫片材质			安装
040502007	盲堵板制作、安装	1. 材质及规格 2. 连接方式			制作、安装
040502008	套管制作、安装	1. 形式、材质及规格 2. 管内填料材质			
040502009	水表	1. 规格 2. 安装方式			安装
040502010	消火栓	1. 规格 2. 安装部位、方式			
040502011	补偿器（波纹管）	1. 规格 2. 安装方式			
040502012	除污器组成、安装		套		组成、安装
040502013	凝水缸	1. 材料品种 2. 型号及规格 3. 连接方式	组		1. 制作 2. 安装
040502014	调压器	1. 规格 2. 型号 3. 连接方式			安装
040502015	过滤器				
040502016	分离器				
040502017	安全水封	规格			
040502018	检漏（水）管				

3. 支架制作安装

支架制作安装工程量清单计价规则见表 2-114。

支架制作及安装（编码：040503） **表 2-114**

项目编码	项目名称	项目特征	计量单位	工程量计算规则	工程内容
040503001	砌筑支墩	1. 垫层材质、厚度 2. 混凝土强度等级 3. 砌筑材料、规格、强度等级 4. 砂浆强度等级、配合比	m^3	按设计图示尺寸以体积计算	1. 模板制作、安装、拆除 2. 混凝土拌和、运输、浇筑、养护 3. 砌筑 4. 勾缝、抹面
040503002	混凝土支墩	1. 垫层材质、厚度 2. 混凝土强度等级 3. 预制混凝土构件运距			1. 模板制作、安装、拆除 2. 混凝土拌和、运输、浇筑、养护 3. 预制混凝土支墩安装 4. 混凝土构件运输
040503003	金属支架制作、安装	1. 垫层、基础材质及厚度 2. 混凝土强度等级 3. 支架材质 4. 支架形式 5. 预埋件材质及规格	t	按设计图示质量计算	1. 模板制作、安装、拆除 2. 混凝土拌和、运输、浇筑、养护 3. 支架制作、安装
040503004	金属吊架制作、安装	1. 吊架形式 2. 吊架材质 3. 预埋件材质及规格			制作、安装

4. 管道附属构筑物

管道附属构筑物工程量清单计价规则见表 2-115。

管道附属构筑物（编码：040504） **表 2-115**

项目编码	项目名称	项目特征	计量单位	工程量计算规则	工程内容
040504001	砌筑井	1. 垫层、基础材质及厚度 2. 砌筑材料品种、规格、强度等级 3. 勾缝、抹面要求 4. 砂浆强度等级、配合比 5. 混凝土强度等级 6. 盖板材质、规格 7. 井盖、井圈材质及规格 8. 踏步材质、规格 9. 防渗、防水要求	座	按设计图示数量计算	1. 垫层铺筑 2. 模板制作、安装、拆除 3. 混凝土拌和、运输、浇筑、养护 4. 砌筑、勾缝、抹面 5. 井圈、井盖安装 6. 盖板安装 7. 踏步安装 8. 防水、止水
040504002	混凝土井	1. 垫层、基础材质及厚度 2. 混凝土强度等级 3. 盖板材质、规格 4. 井盖、井圈材质及规格 5. 踏步材质、规格 6. 防渗、防水要求			1. 垫层铺筑 2. 模板制作、安装、拆除 3. 混凝土拌和、运输、浇筑、养护 4. 井圈、井盖安装 5. 盖板安装 6. 踏步安装 7. 防水、止水
040504003	塑料检查井	1. 垫层、基础材质及厚度 2. 检查井材质、规格 3. 井筒、井盖、井圈材质及规格			1. 垫层铺筑 2. 模板制作、安装、拆除 3. 混凝土拌和、运输、浇筑、养护 4. 检查井安装 5. 井筒、井圈、井盖安装

续表

项目编码	项目名称	项目特征	计量单位	工程量计算规则	工程内容
040504004	砖砌井筒	1. 井筒规格 2. 砌筑材料品种、规格 3. 砌筑、勾缝、抹面要求 4. 砂浆强度等级、配合比 5. 踏步材质、规格 6. 防渗、防水要求	m	按设计图示尺寸以延长米计算	1. 砌筑、勾缝、抹面 2. 踏步安装
040504005	预制混凝土井筒	1. 井筒规格 2. 踏步规格			1. 运输 2. 安装
040504006	砌体出水口	1. 垫层、基础材质及厚度 2. 砌筑材料品种、规格 3. 砌筑、勾缝、抹面要求 4. 砂浆强度等级及配合比	座	按设计图示数量计算	1. 垫层铺筑 2. 模板制作、安装、拆除 3. 混凝土拌和、运输、浇筑、养护 4. 砌筑、勾缝、抹面
040504007	混凝土出水口	1. 垫层、基础材质及厚度 2. 混凝土强度等级			1. 垫层铺筑 2. 模板制作、安装、拆除 3. 混凝土拌和、运输、浇筑、养护
040504008	整体化粪池	1. 材质 2. 型号、规格			安装
040504009	雨水口	1. 雨水箅子及圈口材质、型号、规格 2. 垫层、基础材质及厚度 3. 混凝土强度等级 4. 砌筑材料品种、规格 5. 砂浆强度等级及配合比			1. 垫层铺筑 2. 模板制作、安装、拆除 3. 混凝土拌和、运输、浇筑、养护 4. 砌筑、勾缝、抹面 5. 雨水箅子安装

2.5.2 清单相关问题及说明

清单项目所涉及土方工程的内容应按“土石方工程”中相关项目编码列项。

刷油、防腐、保温工程、阴极保护及牺牲阳极应按现行国家标准《通用安装工程工程量计算规范》GB 50856—2013 中附录 M“刷油、防腐蚀、绝热工程”中相关项目编码列项。

高压管道及管件、阀门安装，不锈钢管及管件、阀门安装，管道焊缝无损探伤应按现行国家标准《通用安装工程工程量计算规范》GB 50856—2013 附录 H“工业管道”中相关项目编码列项。

管道检验及试验要求应按各专业的施工验收规范及设计要求，对已完管道工程进行的管道吹扫、冲洗消毒、强度试验、严密性试验、闭水试验等内容进行描述。

阀门电动机需单独安装，应按现行国家标准《通用安装工程工程量计算规范》GB 50856—2013 附录 K“给排水、采暖、燃气工程”中相关项目编码列项。

雨水口连接管应按“管道铺设”中相关项目编码列项。

1. 管道铺设

（1）管道架空跨越铺设的支架制作、安装及支架基础、垫层应按“支架制作及安装”相关清单项目编码列项。

（2）管道铺设项目中的做法如为标准设计，也可在项目特征中标注标准图集号。

2. 管件、阀门及附件安装

040502013 项目的“凝水井”应按“管道附属构筑物”相关清单项目编码列项。

3. 管道附属构筑物

管道附属构筑物为标准定型附属构筑物时，在项目特征中应标注标准图集编号及页码。

2.5.3 工程量清单计价实例

【例 2-93】 在某街道新建排水工程管基断面，如图 2-93 所示，污水管采用混凝土管，使用 120°混凝土基础，试计算混凝土管的工程量（管道防腐按 120m 计算，水泥砂浆接口每段长 2m）。

【解】

混凝土管道工程量＝120m

【例 2-94】 某工程采用钢管铺设，如图 2-94 所示，主干管直径 500mm，支管直径 200mm，试计算钢管的工程量。

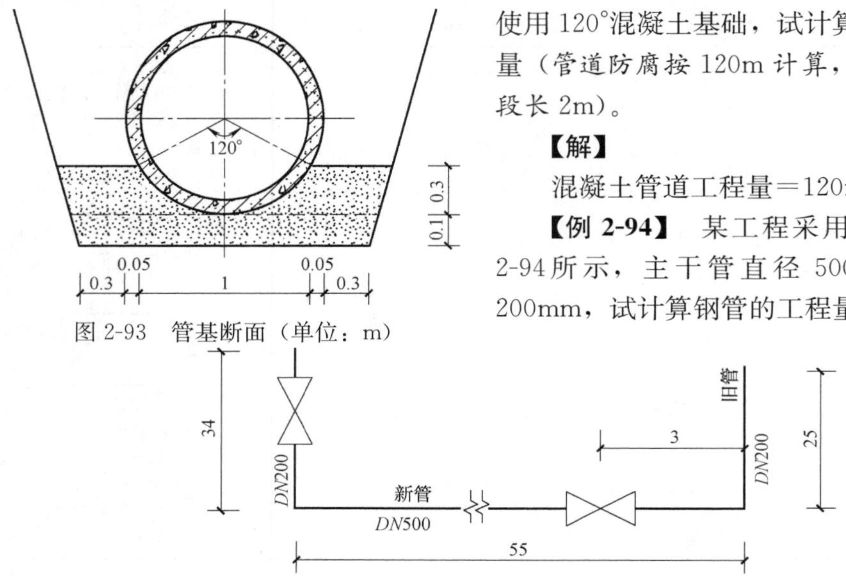

图 2-93 管基断面（单位：m）

图 2-94 钢管管线布置图（单位：m）

【解】

$DN$500 钢管铺设的工程量＝55m

$DN$200 钢管铺设的工程量＝34＋25＝59m

【例 2-95】 某城市排水工程管道示意图如图 2-95 所示，主干管长度为 600m，采用 ϕ600 混凝土管，135°混凝土基础，在主干管上设置雨水检查井 8 座，规格为 ϕ1500，单室雨水井 20 座，雨水口接人管为 ϕ225UPVC 塑料管，共 8 道，每道 10m，试计算该塑料管的工程量。

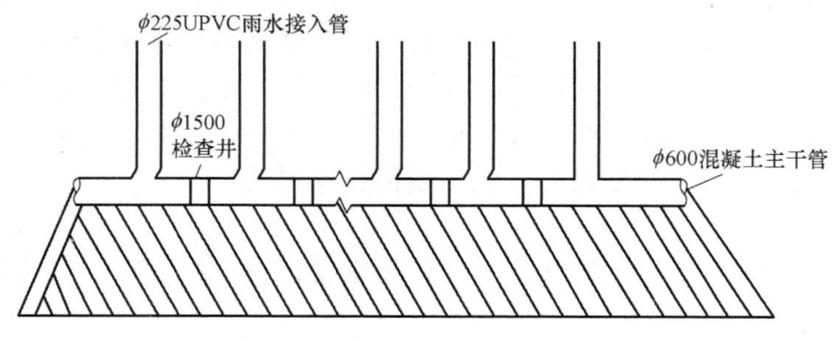

图 2-95 某城市排水工程干管示意图

【解】

塑料管的工程量＝8×10＝80m

【例 2-96】 某市政排水管渠在修建过程中采用斜拉索架空管，如图 2-96 所示，试计算其工程量。

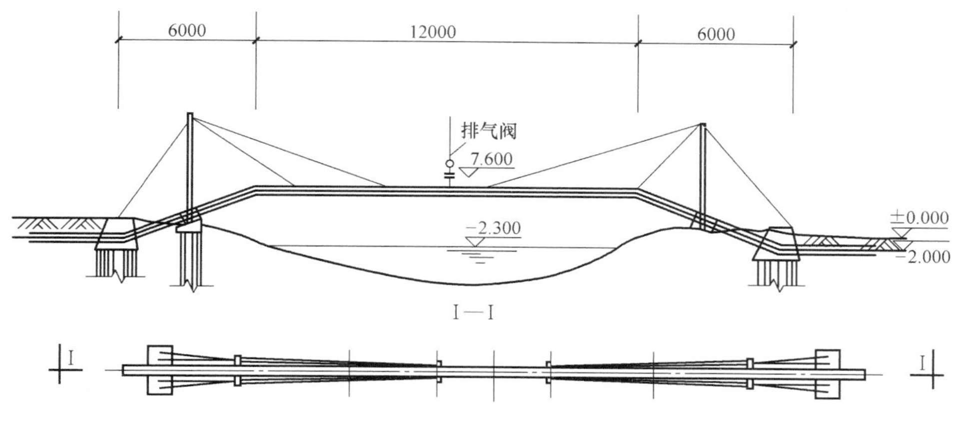

图 2-96 斜拉索架空管示意图（单位：m）

【解】

根据工程量计算规则，管道架空跨越工程量按设计图示中心线长度以延长米计算，不扣除管件及阀门等所占的长度。

管道架空跨越工程量＝$\sqrt{(7.6+2)^2+6^2}\times2+12=34.64$m

清单工程量计算表见表 2-116。

清单工程量计算表 **表 2-116**

项目编码	项目名称	项目特征描述	计量单位	工程量
040501006001	管道架空跨越	斜拉索架空管	m	34.64

【例 2-97】 图 2-97 所示为顶管法施工示意图，已知工作坑为边长 2m 的正方形，三类土，开挖深度为 4m，顶进距离为 15m，试计算顶管工程量。

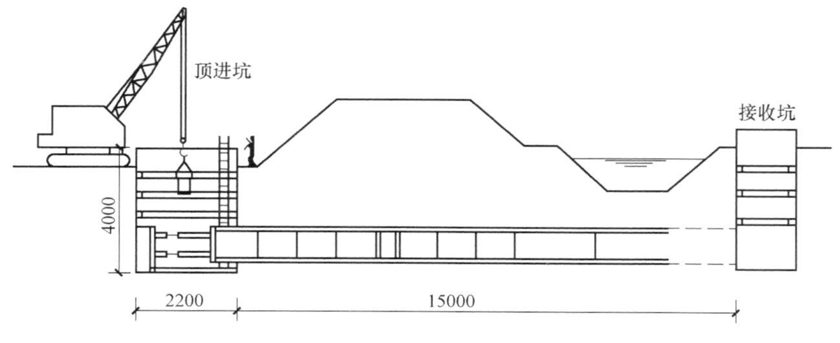

图 2-97 顶管法施工示意图

【解】

顶管工程量＝15m

清单工程量计算表见表 2-117。

清单工程量计算表　　　　**表 2-117**

项目编码	项目名称	项目特征描述	计量单位	工程量
040501012001	顶管	钢管，三类土	m	15

【例 2-98】 图 2-98 所示为某砖砌筑管道方沟示意图，管道方沟总长为 160m，试计算其工程量。

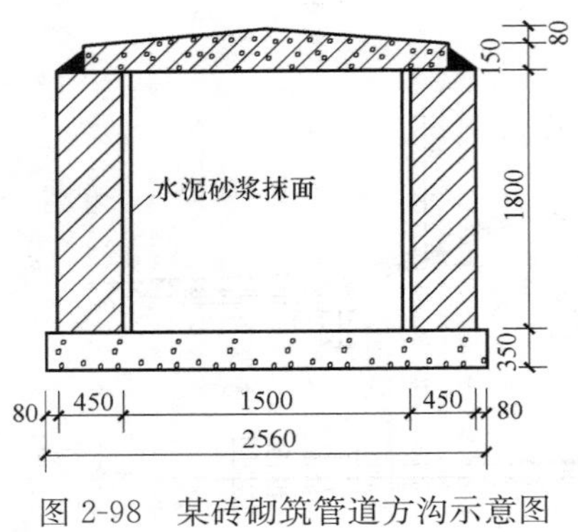

图 2-98　某砖砌筑管道方沟示意图

【解】

根据工程量计算规则，砌筑方沟工程量按设计图示尺寸以延长米计算。

砌筑方沟工程量＝160m

清单工程量计算表见表 2-118。

【例 2-99】 某大型砌筑渠道断面图如图 2-99 所示，渠道总长度为 260m，其他尺寸如图所示，试计算渠道清单工程量。

清单工程量计算表　　　　**表 2-118**

项目编码	项目名称	项目特征描述	计量单位	工程量
040501016001	砌筑方沟	砖砌筑管道方沟，水泥砂浆抹面	m	160

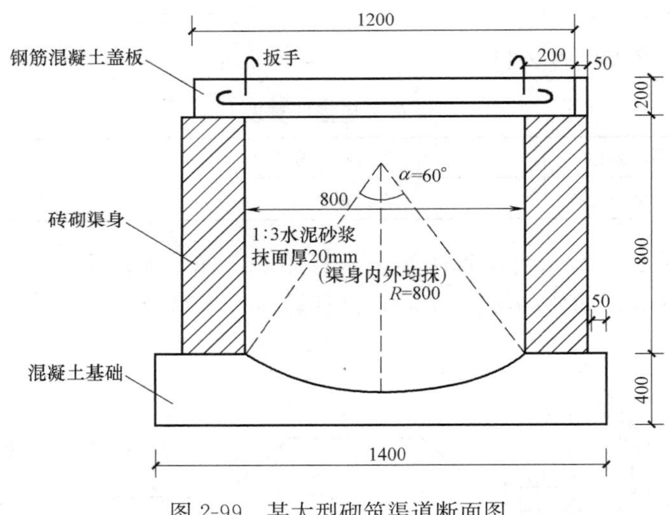

图 2-99　某大型砌筑渠道断面图

【解】

渠道清单工程量按设计图示尺寸以延长米计算，故：

渠道工程量＝260m

清单工程量计算表见表 2-119。

【例 2-100】 某市政工程，在总长为 260m 的铸铁管上需要隔 20m 安装一个铸铁管管件，试计算铸铁管管件的工程量。

清单工程量计算表 **表 2-119**

项目编码	项目名称	项目特征描述	计量单位	工程量
040501018001	砌筑渠道	砖砌,混凝土渠道	m	260

【解】

铸铁管管件的工程量=260/20=13 个

【例 2-101】 某市政给水工程采用镀锌钢管铺设，主干管直径为 600mm，支管直径为 300mm，试计算阀门安装工程量。

【解】

根据工程量计算规则，阀门安装工程量按设计图示数量计算。

*DN*500 管道阀门工程量=1 个

*DN*200 管道阀门工程量=1 个

清单工程量计算表见表 2-120。

清单工程量计算表 **表 2-120**

项目编码	项目名称	项目特征描述	计量单位	工程量
040502005001	阀门	*DN*500,阀门安装	个	1
040502005002	阀门	*DN*200,阀门安装	个	1

【例 2-102】 某市政工程，需要设置图 2-100 所示 SX 系列地下式消火栓 16 个，型号为 SX65-16，试计算其工程量。

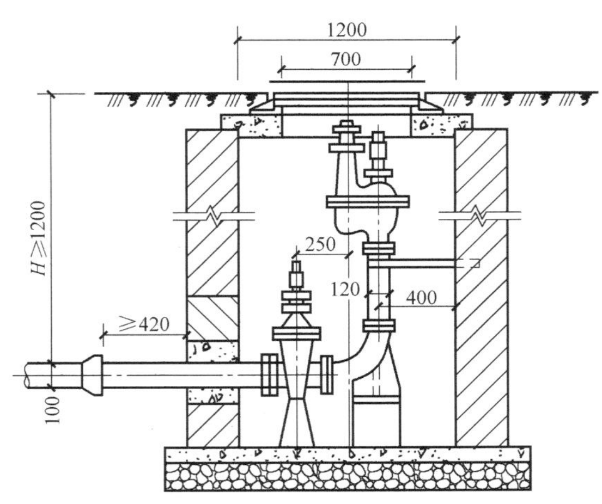

图 2-100 消火栓示意图

【解】

根据工程量计算规则，消火栓工程量按设计图示数量计算。

消火栓工程量=16 个

清单工程量计算表见表 2-121。

【例 2-103】 某市政工程，在总长为 320m 的塑料管上需要隔 13m 安装一个套管，试计算套管的工程量。

清单工程量计算表 表 2-121

项目编码	项目名称	项目特征描述	计量单位	工程量
040502010001	消火栓	SX65-16，地下式消火栓	个	16

【解】

防水套管的工程量＝320/13＝24.62≈25 个

【例 2-104】 某市政工程，在总长为 400m 的塑料管上需要隔 20m 安装一套除污器，试计算除污器组成、安装的工程量。

【解】

除污器组成、安装的工程量＝400/20＝20 套

【例 2-105】 某排水工程砌筑井分布示意图如图 2-101 所示，该工程有 *DN*400 和 *DN*600 两种管道，管子采用混凝土污水管（每节长 2.5m），120°混凝土基础，水泥砂浆接口，共有 4 座直径为 1m 的圆形砌筑井，试计算砌筑井的工程量。

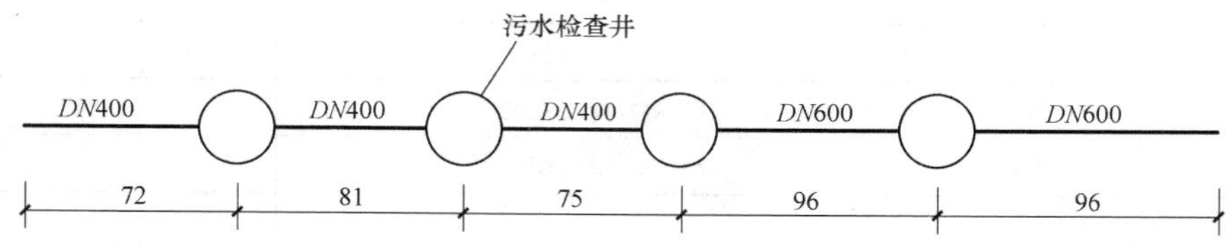

图 2-101 砌筑井分布示意图（单位：m）

【解】

砌筑井的工程量＝4 座

【例 2-106】 某排水管渠工程，设置出水口 22 座，图 2-102 所示为门式出水口示意图，试计算其工程量。

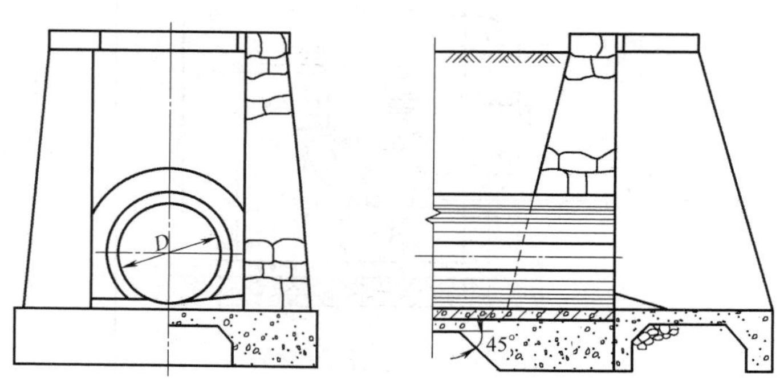

图 2-102 门式砌体出水口示意图

【解】

根据工程量计算规则，砌体出水口工程量按设计图示数量计算。

砌体出水口工程量＝22 座

清单工程量计算表见表 2-122。

清单工程量计算表　　表 2-122

项目编码	项目名称	项目特征描述	计量单位	工程量
040504006001	砌体出水口	门式出水口	座	22

【例 2-107】 某平行于河流布置的渗渠铺设在河床下，渗渠由水平集水管、集水井、检查井和泵站组成，其平面布置如图 2-103 所示，集水管为穿孔钢筋混凝土管，管径为 600mm，其上布置圆形孔径。集水管外铺设人工反滤层，反滤层的层数、厚度和滤料粒径如图 2-104 所示。试计算清单工程量。

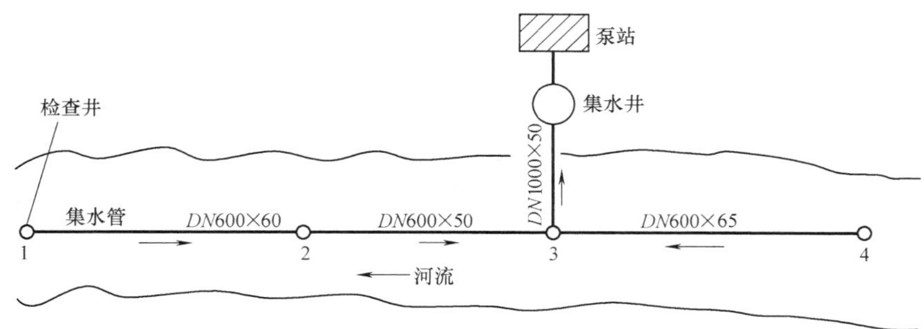

图 2-103　渗渠平面图

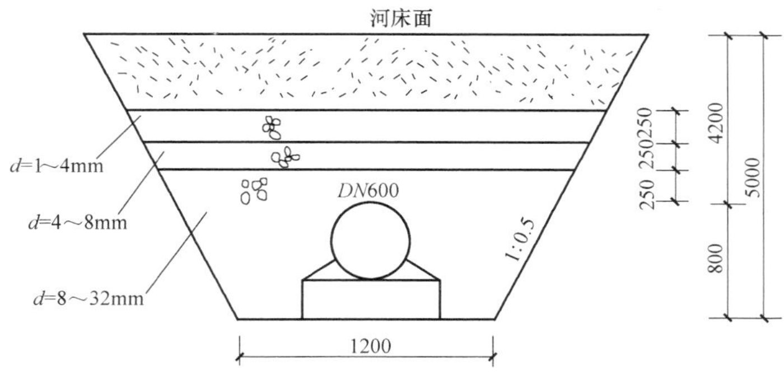

图 2-104　集水管断面图

【解】

(1) 钢筋混凝土管道铺设（DN600）

工程量＝60＋50＋65＝175m

(2) 钢筋混凝土管道铺设（DN1000）

工程量＝50m

(3) 滤料铺设（粒径 1～4mm）

工程量 $V=(1.2+2\times1.3\times0.5+0.5\times0.25)\times0.25\times175$

$=114.84m^3$

(4) 滤料铺设（粒径 4～8mm）

工程量 $V=(1.2+2\times1.05\times0.5+0.5\times0.25)\times0.25\times175$

$=103.91m^3$

（5）滤料铺设（粒径 8～32mm）

工程量 $V=(1.2+2\times0.8\times0.5+0.5\times0.25)\times0.25\times175$

$=92.97m^3$

2.6 水处理工程清单工程量计算及实例

2.6.1 工程量清单计价规则

1. 水处理构筑物

水处理构筑物工程量清单计价规则见表 2-123。

水处理构筑物（编码：040601） **表 2-123**

项目编码	项目名称	项目特征	计量单位	工程量计算规则	工程内容
040601001	现浇混凝土沉井井壁及隔墙	1. 混凝土强度等级 2. 防水、抗渗要求 3. 断面尺寸	m^3	按设计图示尺寸以体积计算	1. 垫木铺设 2. 模板制作、安装、拆除 3. 混凝土拌和、运输、浇筑 4. 养护 5. 预留孔封口
040601002	沉井下沉	1. 土壤类别 2. 断面尺寸 3. 下沉深度 4. 减阻材料种类		按自然面标高至设计垫层底标高间的高度乘以沉井外壁最大断面面积以体积计算	1. 垫木拆除 2. 挖土 3. 沉井下沉 4. 填充减阻材料 5. 余方弃置
040601003	沉井混凝土底板	1. 混凝土强度等级 2. 防水、抗渗要求	m^3	按设计图示尺寸以体积计算	1. 模板制作、安装、拆除 2. 混凝土拌和、运输、浇筑 3. 养护
040601004	沉井内地下混凝土结构	1. 部位 2. 混凝土强度等级 3. 防水、抗渗要求			
040601005	沉井混凝土顶板	1. 混凝土强度等级 2. 防水、抗渗要求			
040601006	现浇混凝土池底				
040601007	现浇混凝土池壁(隔墙)				
040601008	现浇混凝土池柱				
040601009	现浇混凝土池梁				
040601010	现浇混凝土池盖板				
040601011	现浇混凝土板	1. 名称、规格 2. 混凝土强度等级 3. 防水、抗渗要求		按设计图示尺寸以体积计算	1. 模板制作、安装、拆除 2. 混凝土拌和、运输、浇筑 3. 养护

续表

项目编码	项目名称	项目特征	计量单位	工程量计算规则	工程内容
040601012	池槽	1. 混凝土强度等级 2. 防水、抗渗要求 3. 池槽断面尺寸 4. 盖板材质	m	按设计图示尺寸以长度计算	1. 模板制作、安装、拆除 2. 混凝土拌和、运输、浇筑 3. 养护 4. 盖板安装 5. 其他材料铺设
040601013	砌筑导流壁、筒	1. 砌体材料、规格 2. 断面尺寸 3. 砌筑、勾缝、抹面砂浆强度等级	m^3	按设计图示尺寸以体积计算	1. 砌筑 2. 抹面 3. 勾缝
040601014	混凝土导流壁、筒	1. 混凝土强度等级 2. 防水、抗渗要求 3. 断面尺寸			1. 模板制作、安装、拆除 2. 混凝土拌和、运输、浇筑 3. 养护
040601015	混凝土楼梯	1. 结构形式 2. 底板厚度 3. 混凝土强度等级	1. m^2 2. m^3	1. 以平方米计量，按设计图示尺寸以水平投影面积计算 2. 以立方米计量，按设计图示尺寸以体积计算	1. 模板制作、安装、拆除 2. 混凝土拌和、运输、浇筑或预制 3. 养护 4. 楼梯安装
040601016	金属扶梯、栏杆	1. 材质 2. 规格 3. 防腐刷油材质、工艺要求	1. t 2. m	1. 以吨计量，按设计图示尺寸以质量计算 2. 以米计量，按设计图示尺寸以长度计算	1. 制作、安装 2. 除锈、防腐、刷油
040601017	其他现浇混凝土构件	1. 构件名称、规格 2. 混凝土强度等级	m^3	按设计图示尺寸以体积计算	1. 模板制作、安装、拆除 2. 混凝土拌和、运输、浇筑 3. 养护
040601018	预制混凝土板	1. 图集、图纸名称 2. 构件代号、名称 3. 混凝土强度等级 4. 防水、抗渗要求			1. 模板制作、安装、拆除 2. 混凝土拌和、运输、浇筑 3. 养护 4. 构件安装 5. 接头灌浆 6. 砂浆制作 7. 运输
040601019	预制混凝土槽				
040601020	预制混凝土支墩				
040601021	其他预制混凝土构件	1. 部位 2. 图集、图纸名称 3. 构件代号、名称 4. 混凝土强度等级 5. 防水、抗渗要求			
040601022	滤板	1. 材质 2. 规格 3. 厚度 4. 部位	m^2	按设计图示尺寸以面积计算	1. 制作 2. 安装
040601023	折板				
040601024	壁板				
040601025	滤料铺设	1. 滤料品种 2. 滤料规格	m^3	按设计图示尺寸以体积计算	铺设

续表

项目编码	项目名称	项目特征	计量单位	工程量计算规则	工程内容
040601026	尼龙网板	1. 材料品种 2. 材料规格	m^2	按设计图示尺寸以面积计算	1. 制作 2. 安装
040601027	刚性防水	1. 工艺要求 2. 材料品种、规格			1. 配料 2. 铺筑
040601028	柔性防水				涂、贴、粘、刷防水材料
040601029	沉降(施工)缝	1. 材料品种 2. 沉降缝规格 3. 沉降缝部位	m	按设计图示尺寸以长度计算	铺、嵌沉降(施工)缝
040601030	井、池渗漏试验	构筑物名称	m^3	按设计图示储水尺寸以体积计算	渗漏试验

2. 水处理设备

水处理设备工程量清单计价规则见表 2-124。

水处理设备（编号：040602）　　**表 2-124**

项目编码	项目名称	项目特征	计量单位	工程量计算规则	工程内容
040602001	格栅	1. 材质 2. 防腐材料 3. 规格	1. t 2. 套	1. 以吨计量，按设计图示尺寸以质量计算 2. 以套计量，按设计图示数量计算	1. 制作 2. 防腐 3. 安装
040602002	格栅除污机	1. 类型 2. 材质 3. 规格、型号 4. 参数	台	按设计图示数量计算	1. 安装 2. 无负荷试运转
040602003	滤网清污机				
040602004	压榨机				
040602005	刮砂机				
040602006	吸砂机				
040602007	刮泥机				
040602008	吸泥机				
040602009	刮吸泥机	1. 类型 2. 材质 3. 规格、型号 4. 参数	台	按设计图示数量计算	1. 安装 2. 无负荷试运转
040602010	撇渣机				
040602011	砂(泥)水分离器				
040602012	曝气机				
040602013	曝气器		个		
040602014	布气管	1. 材质 2. 直径	m	按设计图示以长度计算	1. 钻孔 2. 安装

续表

项目编码	项目名称	项目特征	计量单位	工程量计算规则	工程内容
040602015	滗水器	1. 类型 2. 材质 3. 规格、型号 4. 参数	套	按设计图示数量计算	1. 安装 2. 无负荷试运转
040602016	生物转盘				
040602017	搅拌机		台		
040602018	推进器				
040602019	加药设备	1. 类型 2. 材质 3. 规格、型号 4. 参数	套		
040602020	加氯机				
040602021	氯吸收装置				
040602022	水射器	1. 材质 2. 公称直径	个		
040602023	管式混合器				
040602024	冲洗装置	1. 类型 2. 材质 3. 规格、型号 4. 参数	套	按设计图示数量计算	1. 安装 2. 无负荷试运转
040602025	带式压滤机		台		
040602026	污泥脱水机				
040602027	污泥浓缩机				
040602028	污泥浓缩脱水一体机				
040602029	污泥输送机				
040602030	污泥切割机				
040602031	闸门	1. 类型 2. 材质 3. 形式 4. 规格、型号	1. 座 2. t	1. 以座计量,按设计图示数量计算 2. 以吨计量,按设计图示尺寸以质量计算	1. 安装 2. 操纵装置安装 3. 调试
040602032	旋转门				
040602033	堰门				
040602034	拍门				
040602035	启闭机	1. 类型 2. 材质 3. 形式 4. 规格、型号	台	按设计图示数量计算	
040602036	升杆式铸铁泥阀	公称直径	座		
040602037	平底盖闸				
040602038	集水槽	1. 材质 2. 厚度 3. 形式 4. 防腐材料	m^2	按设计图示尺寸以面积计算	1. 制作 2. 安装
040602039	堰板				
040602040	斜板	1. 材料品种 2. 厚度			
040602041	斜管	1. 斜管材料品种 2. 斜管规格	m	按设计图示以长度计算	安装
040602042	紫外线消毒设备	1. 类型 2. 材质 3. 规格、型号 4. 参数	套	按设计图示数量计算	1. 安装 2. 无负荷试运转
040602043	臭氧消毒设备				
040602044	除臭设备				
040602045	膜处理设备				
040602046	在线水质检测设备				

2.6.2 清单相关问题及说明

（1）水处理工程中建筑物应按现行国家标准《房屋建筑和装饰工程工程量计算规范》GB 50854—2013中相关项目编码列项，园林绿化项目应按现行国家标准《园林绿化工程工程量计算规范》GB 50858—2013中相关项目编码列项。

（2）清单项目工作内容中均未包括土石方开挖、回填夯实等内容，发生时应按“土石方工程”中相关项目编码列项。

（3）设备安装工程只列了水处理工程专用设备的项目，各类仪表、泵、阀门等标准、定型设备应按现行国家标准《通用安装工程工程量计算规范》GB 50856—2013中相关项目编码列项。

（4）沉井混凝土地梁工程量，应并入底板内计算。

（5）各类垫层应按“桥涵工程”相关编码列项。

2.6.3 工程量清单计价实例

【例 2-108】 某阶梯形沉井采用井壁灌砂，如图 2-105 所示，沉井中心到外凸面中心的距离为 5.0m，设计要求采用触变泥浆助沉，泥浆厚度 220mm，试计算该井壁灌砂的工程量。

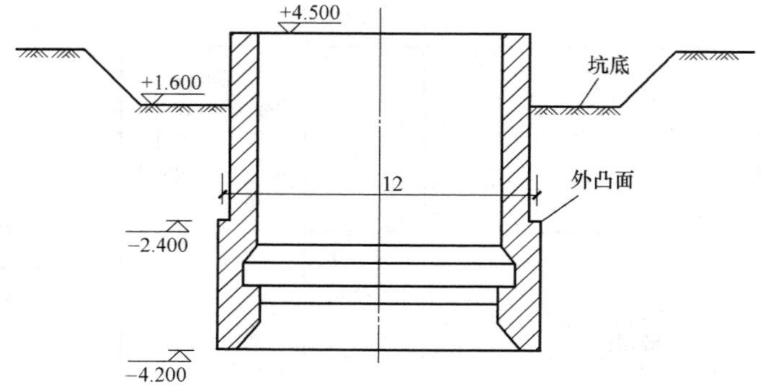

图 2-105 井壁灌砂示意图（单位：m）

【解】

井壁灌砂的工程量＝(1.6＋2.4)×0.22×3.14×12＝33.16m³

【例 2-109】 某直线井示意图如图 2-106 所示，其盖板长度 l＝6m，宽 B＝2m，厚度 h＝0.4m，铸铁井盖半径 r＝0.2m。试计算钢筋混凝土盖板清单工程量。

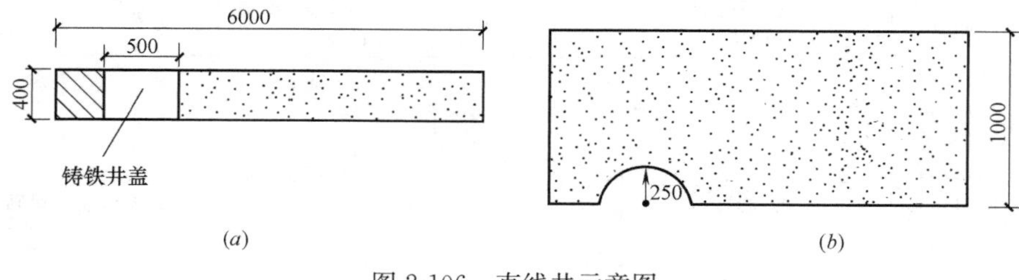

图 2-106 直线井示意图

(a) 直线井剖面图；(b) 直线井平面图（一半）

【解】

钢筋混凝土盖板清单工程量为：

$V=(Bl-\pi r^2)h=(2\times 6-3.14\times 0.25)\times 0.4\text{m}^3=4.49\text{m}^3$

清单工程量计算表见表 2-125。

清单工程量计算表　　**表 2-125**

项目编码	项目名称	项目特征描述	工程量	计量单位
040601005001	沉井混凝土顶板	直线井的钢筋混凝土顶板	4.49	m^3

【例 2-110】 某圆形雨水泵站现场预制的钢筋混凝土沉井，如图 2-107 所示，试计算沉井下沉的工程量。

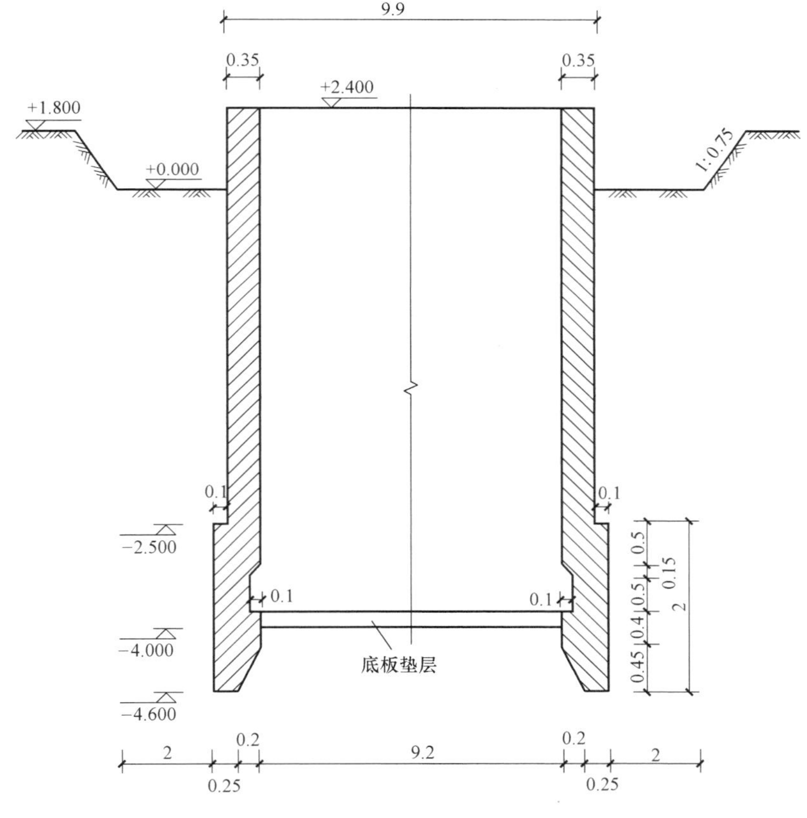

图 2-107　沉井立面图（单位：m）

【解】

$$沉井下沉的工程量=(1.8+4.0)\times 3.14\times\left(\frac{9.2+0.25\times 2+0.2\times 2}{2}\right)^2=464.45\text{m}^3$$

【例 2-111】 某池壁如图 2-108 所示，其墙壁上下厚度不均匀，上端壁厚 400mm，下端壁厚 600mm，墙高 5600mm，墙宽 3000mm，试计算其工程量。

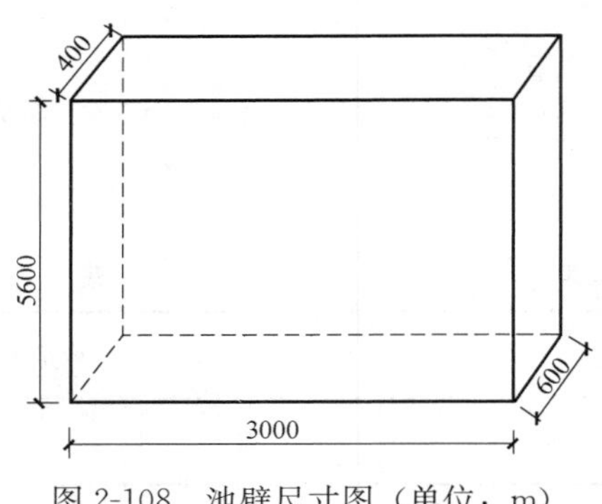

图 2-108　池壁尺寸图（单位：m）

【解】

池壁工程量为：

$$V=lhb=\frac{0.4+0.6}{2}\times5.6\times3=8.4\text{m}^3$$

【例 2-112】　无搭接钢筋的壁板如图 2-109所示，插在底板外周槽口内，试计算其工程量。

【解】

根据工程量计算规则，壁板工程量按设计图示尺寸以面积计算。

壁板工程量＝(5＋0.5－1－0.5)×(0.3＋0.4＋0.3)－(0.5×0.4×2)

＝3.6m²

清单工程量计算表见表 2-126。

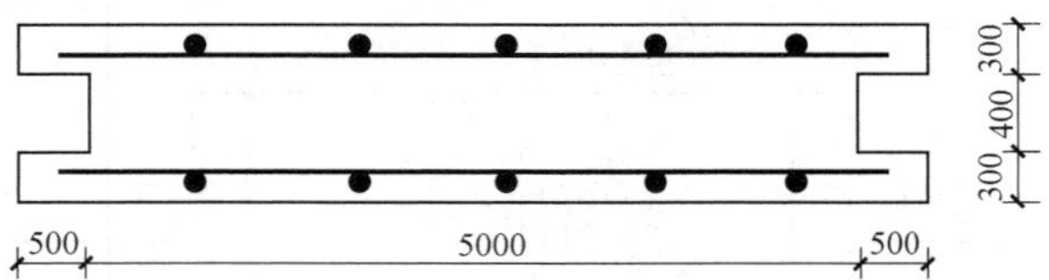

图 2-109　无搭接钢筋壁板（单位：m）

清单工程量计算表　　　　表 2-126

项目编码	项目名称	项目特征描述	计量单位	工程量
040601024001	壁板	无搭接钢筋壁板，插在底板外周槽口内	m²	3.6

【例 2-113】　某一半地下室锥坡池底如图 2-110 所示，池底下有混凝土垫层 25cm，伸出池底外周边 15cm，该池底总厚 60cm，圆锥高 30cm，池壁外径 8.0m，内径 7.6m，池壁深 10m，试计算该混凝土池底的工程量以及现浇混凝土池壁的工程量。

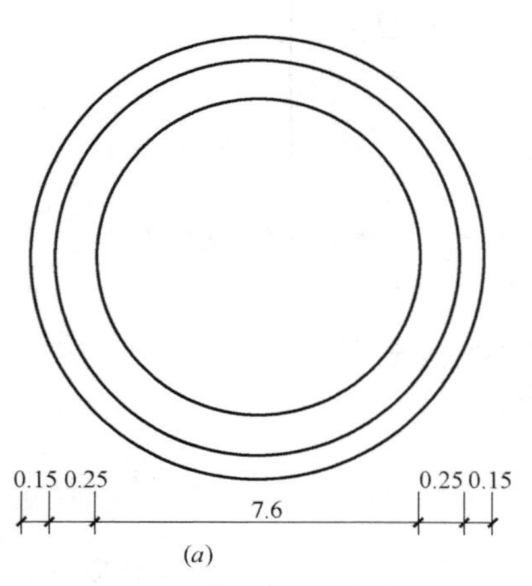

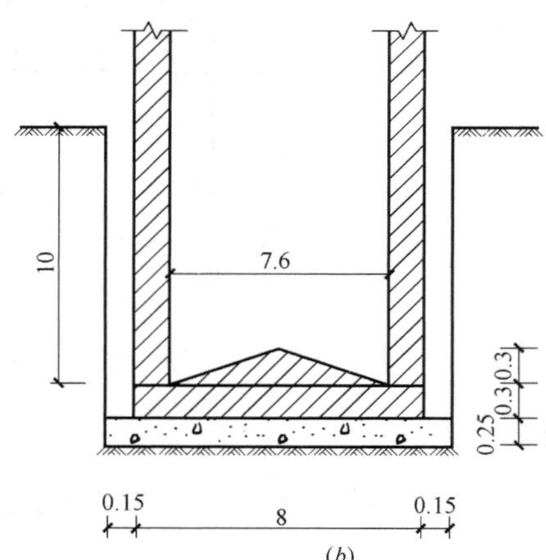

图 2-110　锥坡形池底示意图（单位：m）

（a）平面图；（b）剖面图

【解】

（1）混凝土池底

混凝土池底的工程量＝圆锥体部分的工程量＋圆柱体部分的工程量

$$=\frac{1}{3}\times0.3\times3.14\times\left(\frac{7.6}{2}\right)^2+0.3\times3.14\times\left(\frac{8}{2}\right)^2$$

$$=19.61\text{m}^3$$

（2）现浇混凝土池壁

现浇混凝土池壁的工程量$=10\times3.14\times\left[\left(\frac{8}{2}\right)^2-\left(\frac{7.6}{2}\right)^2\right]$

$$=48.98\text{m}^3$$

【例 2-114】 某架空式方形污水处理水池如图 2-111 所示，池底为平池底形式，下部有 4 根截面尺寸为 65cm×65cm 的方柱支撑，试计算方柱的混凝土工程量。

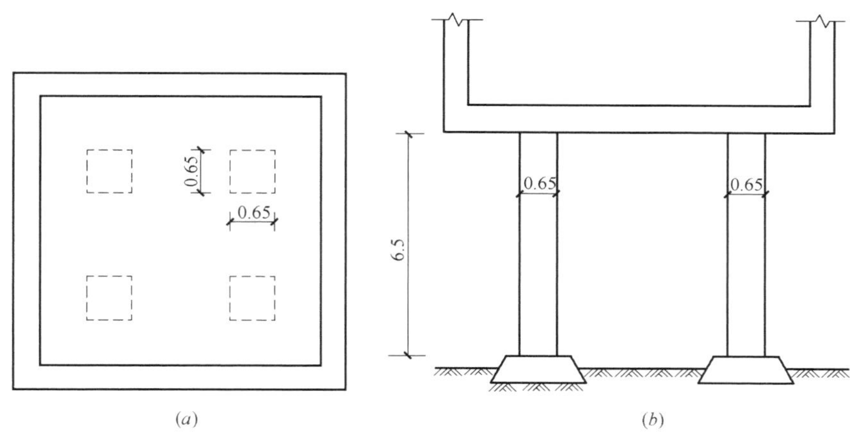

图 2-111 某架空式方形污水处理水池示意图（单位：m）
（a）平面图；（b）立面图

【解】

方柱高度：6.5m（柱基上表面至池底下表面）。

方柱混凝土的工程量$=0.65\times0.65\times6.5\times4=10.99\text{m}^3$

【例 2-115】 某架空式配水井如图 2-112 所示，井底为平池底，呈方形，该配水井底部由 4 根截面尺寸为 45cm×45cm 的方柱支撑，柱顶是截面尺寸为 60cm×40cm 的矩形圈梁，圈梁与柱浇筑在一起，试计算现浇混凝土池梁的工程量。

【解】

圈梁长度$=(6.3-0.6\times2)+(5.2-2\times0.6)=18.2\text{m}$

现浇混凝土池梁的工程量$=0.6\times0.4\times18.2=4.37\text{m}^3$

【例 2-116】 某无梁池盖的污水处理池，池盖如图 2-113 所示，水池呈圆形，内径为 8.5m，外径为 9.2m，池壁顶扩大部分中心线在平面呈圆形，直径为 8.8m，池盖厚 25cm，试计算该池盖混凝土的工程量。

【解】

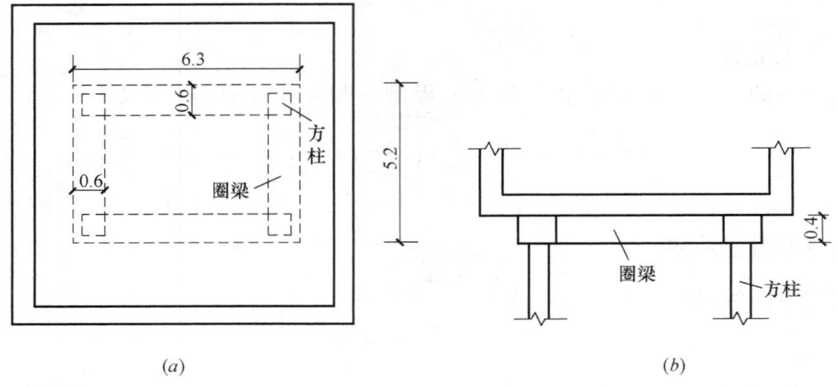

图 2-112　架空式配水井示意图（单位：m）
（*a*）平面图；（*b*）立面图

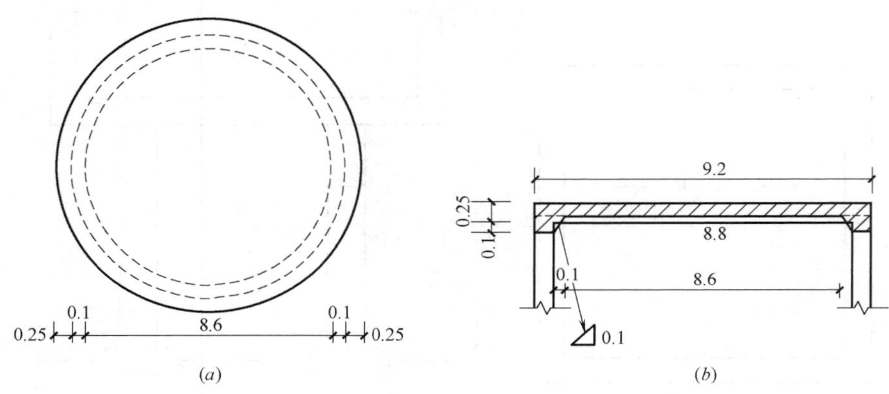

图 2-113　无梁池盖示意图（单位：m）
（*a*）平面图；（*b*）剖面图

池盖上部（不包括池壁扩大部分）混凝土的工程量$=\frac{3.14\times 9.2^2}{4}\times 0.25=16.61\text{m}^3$

池壁扩大部分混凝土的工程量$=\frac{1}{2}\times 0.1\times (0.25+0.25+0.1)\times 3.14\times 8.8=0.83\text{m}^3$

池盖混凝土的工程量$=16.61+0.83=17.44\text{m}^3$

【例 2-117】　某悬臂式水槽如图 2-114 所示，工厂预制施工，该水槽伸入池壁 20cm，总长度 5m，试计算该水槽的混凝土工程量。

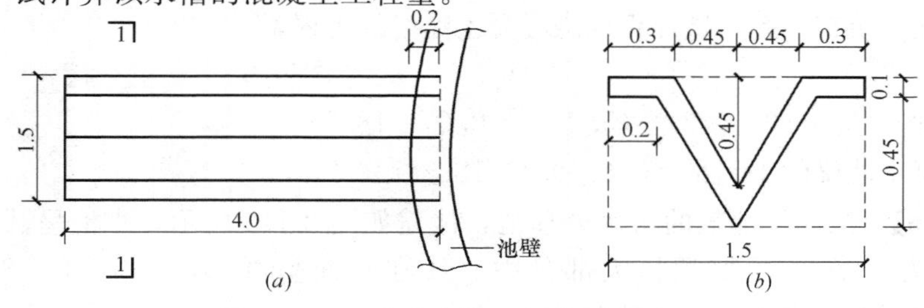

图 2-114　悬臂式水槽示意图（单位：m）
（*a*）平面图；（*b*）1—1 剖面图

【解】

$$截面面积=1.5\times(0.45+0.1)-2\times\frac{1}{2}\times0.45\times0.45-2\times\frac{1}{2}\times(0.2+0.75)\times0.45$$

$$=0.825-0.2025-0.4275$$

$$=0.195m^2$$

预制混凝土槽的工程量$=0.195\times5=0.975m^3$

【例 2-118】 在给水工程中，常采用水射器投加的方法加入混凝剂，如图 2-115 所示为水射器投加混凝剂简图。试计算其工程量。

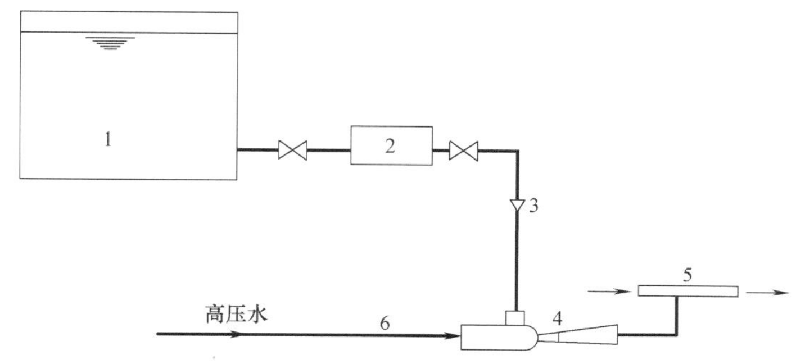

图 2-115 水射器投加混凝剂简图

1—溶液池；2—投药箱；3—漏斗；4—水射器（*DN*40）；5—压水管；6—高压水管

【解】

*DN*40 水射器工程量=1 个

【例 2-119】 布气管采用 $\phi20$ 的优质钢制成，如图 2-116 所示。试计算布气管试验管段工程量。

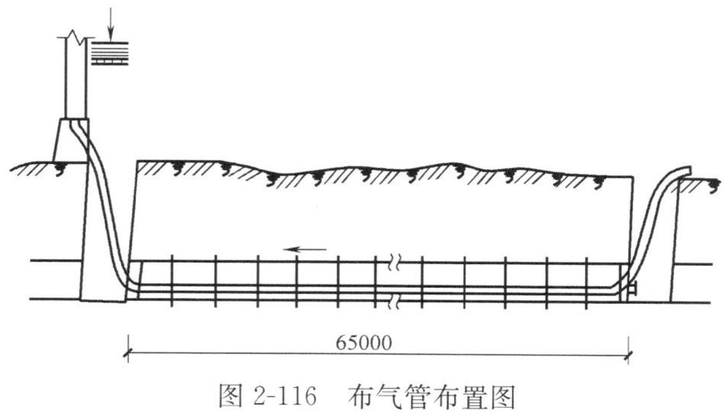

图 2-116 布气管布置图

【解】

根据工程量计算规则，布气管工程量按设计图示以长度计算。

布气管工程量=65m

清单工程量计算表见表 2-127。

清单工程量计算表 **表 2-127**

项目编码	项目名称	项目特征描述	计量单位	工程量
040602014001	布气管	$\phi20$ 优质钢	m	65

【例 2-120】 在某排水工程预处理过程中，常使用格栅机拦截较大颗粒的悬浮物，如图 2-117 所示为一组格栅，试计算其工程量。

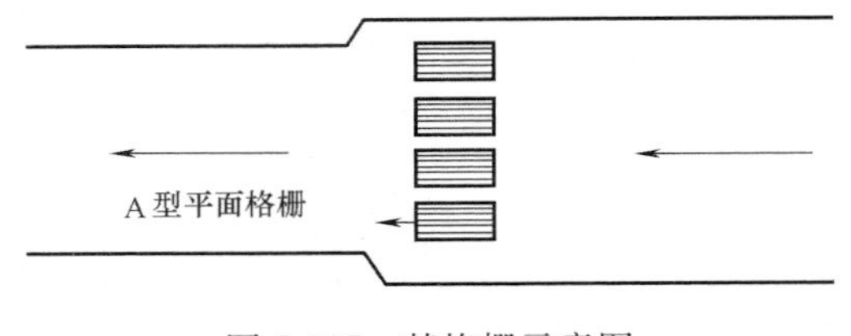

图 2-117 某格栅示意图

【解】

格栅除污机工程量=4 台

2.7 生活垃圾处理工程清单工程量计算及实例

2.7.1 工程量清单计价规则

1. 垃圾卫生填埋

垃圾卫生填埋工程量清单计价规则见表 2-128。

垃圾卫生填埋（编号：040701） **表 2-128**

项目编码	项目名称	项目特征	计量单位	工程量计算规则	工程内容
040701001	场地平整	1. 部位 2. 坡度 3. 压实度	m^2	按设计图示尺寸以面积计算	1. 找坡、平整 2. 压实
040701002	垃圾坝	1. 结构类型 2. 土石种类、密实度 3. 砌筑形式、砂浆强度等级 4. 混凝土强度等级 5. 断面尺寸	m^3	按设计图示尺寸以体积计算	1. 模板制作、安装、拆除 2. 地基处理 3. 摊铺、夯实、碾压、整形、修坡 4. 砌筑、填缝、铺浆 5. 浇筑混凝土 6. 沉降缝 7. 养护
040701003	压实黏土防渗层	1. 厚度 2. 压实度 3. 渗透系数	m^2	按设计图示尺寸以面积计算	1. 填筑、平整 2. 压实
040701004	高密度聚乙烯(HDPD)膜	1. 铺设位置 2. 厚度、防渗系数 3. 材料规格、强度、单位重量 4. 连(搭)接方式	m^2	按设计图示尺寸以面积计算	1. 裁剪 2. 铺设 3. 连(搭)接
040701005	钠基膨润土防水毯(GCL)	1. 铺设位置 2. 厚度、防渗系数 3. 材料规格、强度、单位重量 4. 连(搭)接方式	m^2	按设计图示尺寸以面积计算	1. 裁剪 2. 铺设 3. 连(搭)接
040701006	土工合成材料	1. 铺设位置 2. 厚度、防渗系数 3. 材料规格、强度、单位重量 4. 连(搭)接方式	m^2	按设计图示尺寸以面积计算	1. 裁剪 2. 铺设 3. 连(搭)接
040701007	袋装土保护层	1. 厚度 2. 材料品种、规格 3. 铺设位置	m^2	按设计图示尺寸以面积计算	1. 运输 2. 土装袋 3. 铺设或铺筑 4. 袋装土放置

续表

项目编码	项目名称	项目特征	计量单位	工程量计算规则	工程内容
040701008	帷幕灌浆垂直防渗	1. 地质参数 2. 钻孔孔径、深度、间距 3. 水泥浆配比	m	按设计图示尺寸以长度计算	1. 钻孔 2. 清孔 3. 压力注浆
040701009	碎(卵)石导流层	1. 材料品种 2. 材料规格 3. 导流层厚度或断面尺寸	m^3	按设计图示尺寸以体积计算	1. 运输 2. 铺筑
040701010	穿孔管铺设	1. 材质、规格、型号 2. 直径、壁厚 3. 穿孔尺寸、间距 4. 连接方式 5. 铺设位置	m	按设计图示尺寸以长度计算	1. 铺设 2. 连接 3. 管件安装
040701011	无孔管铺设	1. 材质、规格 2. 直径、壁厚 3. 连接方式 4. 铺设位置	m	按设计图示尺寸以长度计算	1. 铺设 2. 连接 3. 管件安装
040701012	盲沟	1. 材质、规格 2. 垫层、粒料规格 3. 断面尺寸 4. 外层包裹材料性能指标			1. 垫层、粒料铺筑 2. 管材铺设、连接 3. 粒料填充 4. 外层材料包裹
040701013	导气石笼	1. 石笼直径 2. 石料粒径 3. 导气管材质、规格 4. 反滤层材料 5. 外层包裹材料性能指标	1. m 2. 座	1. 以米计量，按设计图示尺寸以长度计算 2. 以座计量，按设计图示数量计算	1. 外层材料包裹 2. 导气管铺设 3. 石料填充
040701014	浮动覆盖膜	1. 材质、规格 2. 锚固方式	m^2	按设计图示尺寸以面积计算	1. 浮动膜安装 2. 布置重力压管 3. 四周锚固
040701015	燃烧火炬装置	1. 基座形式、材质、规格、强度等级 2. 燃烧系统类型、参数	套	按设计图示数量计算	1. 浇筑混凝土 2. 安装 3. 调试
040701016	监测井	1. 地质参数 2. 钻孔孔径、深度 3. 监测井材料、直径、壁厚、连接方式 4. 滤料材质	口		1. 钻孔 2. 井筒安装 3. 填充滤料
040701017	堆体整形处理	1. 压实度 2. 边坡坡度	m^2	按设计图示尺寸以面积计算	1. 挖、填及找坡 2. 边坡整形 3. 压实
040701018	覆盖植被层	1. 材料品种 2. 厚度 3. 渗透系数			1. 铺筑 2. 压实
040701019	防风网	1. 材质、规格 2. 材料性能指标			安装
040701020	垃圾压缩设备	1. 类型、材质 2. 规格、型号 3. 参数	套	按设计图示数量计算	1. 安装 2. 调试

2. 垃圾焚烧

垃圾焚烧工程量清单计价规则见表 2-129。

垃圾焚烧（编号：040702）　　表 2-129

项目编码	项目名称	项目特征	计量单位	工程量计算规则	工程内容
040702001	汽车衡	1. 规格、型号 2. 精度	台	按设计图示数量计算	1. 安装 2. 调试
040702002	自动感应洗车装置	1. 类型 2. 规格、型号 3. 参数	套		
040702003	破碎机		台		
040702004	垃圾卸料门	1. 尺寸 2. 材质 3. 自动开关装置	m^2	按设计图示尺寸以面积计算	
040702005	垃圾抓斗起重机	1. 规格、型号、精度 2. 跨度、高度 3. 自动称重、控制系统要求	套	按设计图示数量计算	
040702006	焚烧炉体	1. 类型 2. 规格、型号 3. 处理能力 4. 参数			

2.7.2　清单相关问题及说明

（1）垃圾处理工程中的建筑物、园林绿化等应按相关专业计量规范清单项目编码列项。

（2）清单项目工作内容中均未包括“土石方开挖、回填夯实”等，应按“土石方工程”中相关项目编码列项。

（3）设备安装工程只列了垃圾处理工程专用设备的项目，其余如除尘装置、除渣设备、烟气净化设备、飞灰固化设备、发电设备及各类风机、仪表、泵、阀门等标准、定型设备等应按现行国家标准《通用安装工程工程量计算规范》GB 50856—2013 中相关项目编码列项。

（4）边坡处理应按“桥涵工程”中相关项目编码列项。

（5）填埋场渗沥液处理系统应按“水处理工程”中相关项目编码列项。

2.7.3　工程量清单计价实例

【例 2-121】 某垃圾填埋场场地整平工程平面图为一矩形，长度为 10.5m，宽度为 8m。试计算场地整平的工程量。

【解】

场地整平工程量＝10.5×8＝84m^2

【例 2-122】 某生活垃圾处理工程有 *DN*250 的穿孔管 860m，试计算穿孔管铺设的工程量。

【解】

穿孔管铺设工程量＝860m

清单工程量计算表见表 2-130。

清单工程量计算表　　表 2-130

项目编码	项目名称	项目特征描述	工程量	计量单位
040701010001	穿孔管铺设	*DN*250	860	m

【例 2-123】 某小型垃圾卫生填埋场有 3 口监测井，其孔径为 1.55m，试计算该监测井的清单工程量。

【解】

监测井清单工程量按图示数量计算，故：

监测井工程量＝3 口

清单工程量计算表见表 2-131。

清单工程量计算表　　表 2-131

项目编码	项目名称	项目特征描述	工程量	计量单位
040701016001	监测井	孔径为 1.55m	3	口

【例 2-124】 某垃圾焚烧工程有 4 台汽车衡，长度为 6m，宽度为 3m，最大承重为 45t，试计算汽车衡的工程量。

【解】

汽车衡的工程量＝4 台

清单工程量计算表见表 2-132。

清单工程量计算表　　表 2-132

项目编码	项目名称	项目特征描述	工程量	计量单位
040702001001	汽车衡	长度为 6m,宽度为 3m	4	台

【例 2-125】 某工程有 42 樘垃圾卸料门，其尺寸为 6.4m×4m，试计算垃圾卸料门的工程量。

【解】

垃圾卸料门的工程量＝42×6.4×4＝1075.2m^2

清单工程量计算表见表 2-133。

清单工程量计算表　　表 2-133

项目编码	项目名称	项目特征描述	工程量	计量单位
040702004001	垃圾卸料门	尺寸为 6.4m×4m	1075.2	m^2

2.8 路灯工程清单工程量计算及实例

2.8.1 工程量清单计价规则

1. 变配电设备工程

变配电设备工程工程量清单计价规则见表 2-134。

变配电设备工程（编码：040801） **表 2-134**

项目编码	项目名称	项目特征	计量单位	工程量计算规则	工程内容
040801001	杆上变压器	1. 名称 2. 型号 3. 容量(kV·A) 4. 电压(kV) 5. 支架材质、规格 6. 网门、保护门材质、规格 7. 油过滤要求 8. 干燥要求	台	按设计图示数量计算	1. 支架制作、安装 2. 本体安装 3. 油过滤 4. 干燥 5. 网门、保护门制作、安装 6. 补刷(喷)油漆 7. 接地
040801002	地上变压器	1. 名称 2. 型号 3. 容量(kV·A) 4. 电压(kV) 5. 基础形式、材质、规格 6. 网门、保护门材质、规格 7. 油过滤要求 8. 干燥要求			1. 基础制作、安装 2. 本体安装 3. 油过滤 4. 干燥 5. 网门、保护门制作、安装 6. 补刷(喷)油漆 7. 接地
040801003	组合型成套箱式变电站	1. 名称 2. 型号 3. 容量(kV·A) 4. 电压(kV) 5. 组合形式 6. 基础形式、材质、规格			1. 基础制作、安装 2. 本体安装 3. 进箱母线安装 4. 补刷(喷)油漆 5. 接地
040801004	高压成套配电柜	1. 名称 2. 型号 3. 规格 4. 母线配置方式 5. 种类 6. 基础形式、材质、规格	台	按设计图示数量计算	1. 基础制作、安装 2. 本体安装 3. 补刷(喷)油漆 4. 接地
040801005	低压成套控制柜	1. 名称 2. 型号 3. 规格 4. 种类 5. 基础形式、材质、规格 6. 接线端子材质、规格 7. 端子板外部接线材质、规格			1. 基础制作、安装 2. 本体安装 3. 附件安装 4. 焊、压接线端子 5. 端子接线 6. 补刷(喷)油漆 7. 接地
040801006	落地式控制箱	1. 名称 2. 型号 3. 规格 4. 基础形式、材质、规格 5. 回路 6. 附件种类、规格 7. 接线端子材质、规格 8. 端子板外部接线材质、规格			
040801007	杆上控制箱	1. 名称 2. 型号 3. 规格 4. 回路 5. 附件种类、规格 6. 支架材质、规格 7. 进出线管管架材质、规格、安装高度 8. 接线端子材质、规格 9. 端子板外部接线材质、规格			1. 支架制作、安装 2. 本体安装 3. 附件安装 4. 焊、压接线端子 5. 端子接线 6. 进出线管管架安装 7. 补刷(喷)油漆 8. 接地

续表

<table>
<tr><th>项目编码</th><th>项目名称</th><th>项目特征</th><th>计量单位</th><th>工程量计算规则</th><th>工程内容</th></tr>
<tr><td>040801008</td><td>杆上配电箱</td><td rowspan="2">1. 名称
2. 型号
3. 规格
4. 安装方式
5. 支架材质、规格
6. 接线端子材质、规格
7. 端子板外部接线材质、规格</td><td rowspan="6">台</td><td rowspan="6">按设计图示数量计算</td><td rowspan="2">1. 支架制作、安装
2. 本体安装
3. 焊、压接线端子
4. 端子接线
5. 补刷(喷)油漆
6. 接地</td></tr>
<tr><td>040801009</td><td>悬挂嵌入式配电箱</td></tr>
<tr><td>040801010</td><td>落地式配电箱</td><td>1. 名称
2. 型号
3. 规格
4. 基础形式、材质、规格
5. 接线端子材质、规格
6. 端子板外部接线材质、规格</td><td>1. 基础制作、安装
2. 本体安装
3. 焊、压接线端子
4. 端子接线
5. 补刷(喷)油漆
6. 接地</td></tr>
<tr><td>040801011</td><td>控制屏</td><td rowspan="3">1. 名称
2. 型号
3. 规格
4. 种类
5. 基础形式、材质、规格
6. 接线端子材质、规格
7. 端子板外部接线材质、规格
8. 小母线材质、规格
9. 屏边规格</td><td rowspan="2">1. 基础制作、安装
2. 本体安装
3. 端子板安装
4. 焊、压接线端子
5. 盘柜配线、端子接线
6. 小母线安装
7. 屏边安装
8. 补刷(喷)油漆
9. 接地</td></tr>
<tr><td>040801012</td><td>继电、信号屏</td></tr>
<tr><td>040801013</td><td>低压开关柜(配电屏)</td><td>1. 基础制作、安装
2. 本体安装
3. 端子板安装
4. 焊、压接线端子
5. 盘柜配线、端子接线
6. 屏边安装
7. 补刷(喷)油漆
8. 接地</td></tr>
<tr><td>040801014</td><td>弱电控制返回屏</td><td>1. 名称
2. 型号
3. 规格
4. 种类
5. 基础形式、材质、规格
6. 接线端子材质、规格
7. 端子板外部接线材质、规格
8. 小母线材质、规格
9. 屏边规格</td><td rowspan="2">台</td><td rowspan="2">按设计图示数量计算</td><td>1. 基础制作、安装
2. 本体安装
3. 端子板安装
4. 焊、压接线端子
5. 盘柜配线、端子接线
6. 小母线安装
7. 屏边安装
8. 补刷(喷)油漆
9. 接地</td></tr>
<tr><td>040801015</td><td>控制台</td><td>1. 名称
2. 型号
3. 规格
4. 种类
5. 基础形式、材质、规格
6. 接线端子材质、规格
7. 端子板外部接线材质、规格
8. 小母线材质、规格</td><td>1. 基础制作、安装
2. 本体安装
3. 端子板安装
4. 焊、压接线端子
5. 盘柜配线、端子接线
6. 小母线安装
7. 补刷(喷)油漆
8. 接地</td></tr>
</table>

续表

项目编码	项目名称	项目特征	计量单位	工程量计算规则	工程内容
040801016	电力电容器	1. 名称 2. 型号 3. 规格 4. 质量	个	按设计图示数量计算	1. 本体安装、调试 2. 接线 3. 接地
040801017	跌落式熔断器	1. 名称 2. 型号 3. 规格 4. 安装部位	组		
040801018	避雷器	1. 名称 2. 型号 3. 规格 4. 电压(kV) 5. 安装部位			1. 本体安装、调试 2. 接线 3. 补刷(喷)油漆 4. 接地
040801019	低压熔断器	1. 名称 2. 型号 3. 规格 4. 接线端子材质、规格	个		1. 本体安装 2. 焊、压接线端子 3. 接线
040801020	隔离开关	1. 名称 2. 型号 3. 容量(A) 4. 电压(kV) 5. 安装条件 6. 操作机构名称、型号 7. 接线端子材质、规格	组	按设计图示数量计算	1. 本体安装、调试 2. 接线 3. 补刷(喷)油漆 4. 接地
040801021	负荷开关				
040801022	真空断路器		台		
040801023	限位开关	1. 名称 2. 型号 3. 规格 4. 接线端子材质、规格	个		1. 本体安装 2. 焊、压接线端子 3. 接线
040801024	控制器		台		
040801025	接触器				
040801026	磁力启动器				
040801027	分流器	1. 名称 2. 型号 3. 规格 4. 容量(A) 5. 接线端子材质、规格	个		
040801028	小电器	1. 名称 2. 型号 3. 规格 4. 接线端子材质、规格	个(套、台)		
040801029	照明开关	1. 名称 2. 材质 3. 规格 4. 安装方式	个		1. 本体安装 2. 接线
040801030	插座				
040801031	线缆断线报警装置	1. 名称 2. 型号 3. 规格 4. 参数	套		1. 本体安装、调试 2. 接线

续表

项目编码	项目名称	项目特征	计量单位	工程量计算规则	工程内容
040801032	铁构件制作、安装	1. 名称 2. 材质 3. 规格	kg	按设计图示尺寸以质量计算	1. 制作 2. 安装 3. 补刷(喷)油漆
040801033	其他电器	1. 名称 2. 型号 3. 规格 4. 安装方式	个(套、台)	按设计图示数量计算	1. 本体安装 2. 接线

2. 10kV 以下架空线路工程

10kV 以下架空线路工程工程量清单计价规则见表 2-135。

10kV 以下架空线路工程（编码：040802）　　表 2-135

项目编码	项目名称	项目特征	计量单位	工程量计算规则	工程内容
040802001	电杆组立	1. 名称 2. 规格 3. 材质 4. 类型 5. 地形 6. 土质 7. 底盘、拉盘、卡盘规格 8. 拉线材质、规格、类型 9. 引下线支架安装高度 10. 垫层、基础：厚度、材料品种、强度等级 11. 电杆防腐要求	根	按设计图示数量计算	1. 工地运输 2. 垫层、基础浇筑 3. 底盘、拉盘、卡盘安装 4. 电杆组立 5. 电杆防腐 6. 拉线制作、安装 7. 引下线支架安装
040802002	横担组装	1. 名称 2. 规格 3. 材质 4. 类型 5. 安装方式 6. 电压(kV) 7. 瓷瓶型号、规格 8. 金具型号、规格	组		1. 横担安装 2. 瓷瓶、金具组装
040802003	导线架设	1. 名称 2. 型号 3. 规格 4. 地形 5. 导线跨越类型	km	按设计图示尺寸另加预留量以单线长度计算	1. 工地运输 2. 导线架设 3. 导线跨越及进户线架设

3. 电缆工程

电缆工程工程量清单计价规则见表 2-136。

电缆工程（编码：040803）　　　　　　**表 2-136**

项目编码	项目名称	项目特征	计量单位	工程量计算规则	工程内容
040803001	电缆	1. 名称 2. 型号 3. 规格 4. 材质 5. 敷设方式、部位 6. 电压(kV) 7. 地形	m	按设计图示尺寸另加预留及附加量以长度计算	1. 揭(盖)盖板 2. 电缆敷设
040803002	电缆保护管	1. 名称 2. 型号 3. 规格 4. 材质 5. 敷设方式 6. 过路管加固要求		按设计图示尺寸以长度计算	1. 保护管敷设 2. 过路管加固
040803003	电缆排管	1. 名称 2. 型号 3. 规格 4. 材质 5. 垫层、基础：厚度、材料品种、强度等级 6. 排管排列形式			1. 垫层、基础浇筑 2. 排管敷设
040803004	管道包封	1. 名称 2. 规格 3. 混凝土强度等级			1. 灌注 2. 养护
040803005	电缆终端头	1. 名称 2. 型号 3. 规格 4. 材质、类型 5. 安装部位 6. 电压(kV)	个	按设计图示数量计算	1. 制作 2. 安装 3. 接地
040803006	电缆中间头	1. 名称 2. 型号 3. 规格 4. 材质、类型 5. 安装方式 6. 电压(kV)			
040803007	铺砂、盖保护板(砖)	1. 种类 2. 规格	m	按设计图示尺寸以长度计算	1. 铺砂 2. 盖保护板(砖)

4. 配管、配线工程

配管、配线工程工程量清单计价规则见表 2-137。

配管、配线工程（编码：040804）　　　　　　**表 2-137**

项目编码	项目名称	项目特征	计量单位	工程量计算规则	工程内容
040804001	配管	1. 名称 2. 材质 3. 规格 4. 配置形式 5. 钢索材质、规格 6. 接地要求	m	按设计图示尺寸以长度计算	1. 预留沟槽 2. 钢索架设(拉紧装置安装) 3. 电线管路敷设 4. 接地

续表

项目编码	项目名称	项目特征	计量单位	工程量计算规则	工程内容
040804002	配线	1. 名称 2. 配线形式 3. 型号 4. 规格 5. 材质 6. 配线部位 7. 配线线制 8. 钢索材质、规格	m	按设计图示尺寸另加预留量以单线长度计算	1. 钢索架设(拉紧装置安装) 2. 支持体(绝缘子等)安装 3. 配线
040804003	接线箱	1. 名称 2. 规格 3. 材质 4. 安装形式	个	按设计图示数量计算	本体安装
040804004	接线盒				
040804005	带形母线	1. 名称 2. 型号 3. 规格 4. 材质 5. 绝缘子类型、规格 6. 穿通板材质、规格 7. 引下线材质、规格 8. 伸缩节、过渡板材质、规格 9. 分相漆品种	m	按设计图示尺寸另加预留量以单相长度计算	1. 支持绝缘子安装及耐压试验 2. 穿通板制作、安装 3. 母线安装 4. 引下线安装 5. 伸缩节安装 6. 过渡板安装 7. 拉紧装置安装 8. 刷分相漆

5. 照明器具安装工程

照明器具安装工程工程量清单计价规则见表 2-138。

照明器具安装工程（编码：040805） **表 2-138**

项目编码	项目名称	项目特征	计量单位	工程量计算规则	工程内容
040805001	常规照明灯	1. 名称 2. 型号 3. 灯杆材质、高度 4. 灯杆编号 5. 灯架形式及臂长 6. 光源数量 7. 附件配置 8. 垫层、基础：厚度、材料品种、强度等级 9. 杆座形式、材质、规格 10. 接线端子材质、规格 11. 编号要求 12. 接地要求	套	按设计图示数量计算	1. 垫层铺筑 2. 基础制作、安装 3. 立灯杆 4. 杆座制作、安装 5. 灯架制作、安装 6. 灯具附件安装 7. 焊、压接线端子 8. 接线 9. 补刷(喷)油漆 10. 灯杆编号 11. 接地 12. 试灯
040805002	中杆照明灯				
040805003	高杆照明灯				1. 垫层铺筑 2. 基础制作、安装 3. 立灯杆 4. 杆座制作、安装 5. 灯架制作、安装 6. 灯具附件安装 7. 焊、压接线端子 8. 接线 9. 补刷(喷)油漆 10. 灯杆编号 11. 升降机构接线调试 12. 接地 13. 试灯

续表

项目编码	项目名称	项目特征	计量单位	工程量计算规则	工程内容
040805004	景观照明灯	1. 名称 2. 型号 3. 规格 4. 安装形式 5. 接地要求	1. 套 2. m	1. 以套计量，按设计图示数量计算 2. 以米计量，按设计图示尺寸以延长米计算	1. 灯具安装 2. 焊、压接线端子 3. 接线 4. 补刷(喷)油漆 5. 接地 6. 试灯
040805005	桥栏杆照明灯		套	按设计图示数量计算	
040805006	地道涵洞照明灯				

6. 防雷接地装置工程

防雷接地装置工程工程量清单计价规则见表 2-139。

防雷接地装置工程（编码：040806）　　表 2-139

项目编码	项目名称	项目特征	计量单位	工程量计算规则	工程内容
040506001	接地极	1. 名称 2. 材质 3. 规格 4. 土质 5. 基础接地形式	根(块)	按设计图示数量计算	1. 接地极(板、桩)制作、安装 2. 补刷(喷)油漆
040506002	接地母线	1. 名称 2. 材质 3. 规格	m	按设计图示尺寸另加附加量以长度计算	1. 接地母线制作、安装 2. 补刷(喷)油漆
040506003	避雷引下线	1. 名称 2. 材质 3. 规格 4. 安装高度 5. 安装形式 6. 断接卡子、箱材质、规格			1. 避雷引下线制作、安装 2. 断接卡子、箱制作、安装 3. 补刷(喷)油漆
040506004	避雷针	1. 名称 2. 材质 3. 规格 4. 安装高度 5. 安装形式	套(基)	按设计图示数量计算	1. 本体安装 2. 跨接 3. 补刷(喷)油漆
040506005	降阻剂	名称	kg	按设计图示数量以质量计算	施放降阻剂

7. 电气调整工程

电气调整工程工程量清单计价规则见表 2-140。

2.8.2 清单相关问题及说明

清单项目工作内容中均未包括土石方开挖及回填、破除混凝土路面等，发生时应按“土石方工程”及“拆除工程”中相关项目编码列项。

电气调整试验（编码：040807）　　表 2-140

项目编码	项目名称	项目特征	计量单位	工程量计算规则	工程内容
040807001	变压器系统调试	1. 名称 2. 型号 3. 容量(kV·A)	系统	按设计图示数量计算	系统调试
040807002	供电系统调试	1. 名称 2. 型号 3. 电压(kV)			
040807003	接地装置调试	1. 名称 2. 类别	系统(组)		接地电阻测试
040807004	电缆试验	1. 名称 2. 电压(kV)	次(根、点)		试验

清单项目工作内容中均未包括除锈、刷漆（补刷漆除外），发生时应按现行国家标准《通用安装工程工程量计算规范》GB 50856—2013 中相关项目编码列项。

清单项目工作内容包含补漆的工序，可不进行特征描述，由投标人根据相关规范标准自行考虑报价。

母线、电线、电缆、架空导线等，按以下规定计算附加长度（波形长度或预留量）计入工程量中。

1. 变配电设备工程

（1）小电器包括按钮、测量表计、继电器、电磁锁、屏上辅助设备、辅助电压互感器、小型安全变压器等。

（2）其他电器安装指未列的电器项目，必须根据电器实际名称确定项目名称。明确描述项目特征、计量单位、工程量计算规则、工作内容。

（3）铁构件制作、安装适用于路灯工程的各种支架、铁构件的制作、安装。

（4）设备安装未包括地脚螺栓安装、浇筑（二次灌浆、抹面），如需安装应按现行国家标准《房屋建筑与装饰工程工程量计算规范》GB 50854—2013 中相关项目编码列项。

（5）盘、箱、柜的外部进出线预留长度见表 2-141。

盘、箱、柜的外部进出电线预留长度　　表 2-141

序号	项目	预留长度(m/根)	说明
1	各种箱、柜、盘、板、盒	高+宽	盘面尺寸
2	单独安装的铁壳开关、自动开关、刀开关、启动器、箱式电阻器、变阻器	0.5	从安装对象中心算起
3	继电器、控制开关、信号灯、按钮、熔断器等小电器	0.3	
4	分支接头	0.2	分支线预留

2. 10kV 以下架空线路工程

导线架设预留长度见表 2-142。

3. 电缆工程

（1）电缆穿刺线夹按电缆中间头编码列项。

架空导线预留长度 **表 2-142**

项目		预留长度(m/根)
高压	转角	2.5
	分支、终端	2.0
低压	分支、终端	0.5
	交叉跳线转角	1.5
与设备连线		0.5
进户线		2.5

(2) 电缆保护管敷设方式清单项目特征描述时应区分直埋保护管、过路保护管。

(3) 顶管敷设应按"管道铺设"中相关项目编码列项。

(4) 电缆井应按"管道附属构筑物"中相关项目编码列项，如有防盗要求的应在项目特征中描述。

(5) 电缆敷设预留量及附加长度见表 2-143。

电缆敷设预留量及附加长度 **表 2-143**

序号	项目	预留长度(m/根)	说明
1	电缆敷设弛度、波形弯度、交叉	2.5%	按电缆全长计算
2	电缆进入建筑物	2.0	规范规定最小值
3	电缆进入沟内或吊架时引上(下)预留	1.5	规范规定最小值
4	变电所进线、出线	1.5	规范规定最小值
5	电力电缆终端头	1.5	检修余量最小值
6	电费中间接头盒	两端各留 2.0	检修余量最小值
7	电缆进控制、保护屏及模拟盘等	高+宽	按盘面尺寸
8	高压开关柜及低压配电盘、箱	2.0	盘下进出线
9	电缆至电动机	0.5	从电动机接线盒算起
10	厂用变压器	3.0	从地坪算起
11	电缆绕过梁柱等增加长度	按实计算	按被绕物的断面情况计算增加长度

4. 配管、配线工程

(1) 配管安装不扣除管路中间的接线箱（盒）、灯头盒、开关盒所占长度。

(2) 配管名称指电线管、钢管、塑料管等。

(3) 配管配置形式指明、暗配、钢结构支架、钢索配管、埋地敷设、水下敷设、砌筑沟内敷设等。

(4) 配线名称指管内穿线、塑料护套配线等。

(5) 配线形式指照明线路、木结构、砖、混凝土结构、沿钢索等。

(6) 配线进入箱、柜、板的预留长度见表 2-144，母线配置安装的预留长度见表 2-145。

5. 照明器具安装工程

(1) 常规照明灯是指安装在高度≤15m 的灯杆上的照明器具。

配线进入箱、柜、板的预留长度（每一根线） 表 2-144

序号	项目	预留长度(m)	说明
1	各种开关箱、柜、板	高+宽	盘面尺寸
2	单独安装(无箱、盘)的铁壳开关、闸刀开关、启动器、线槽进出线盒等	0.3	从安装对象中心算起
3	由地面管子出口引至动力接线箱	1.0	从管口计算
4	电源与管内导线连接(管内穿线与软、硬母线接点)	1.5	从管口计算

（2）中杆照明灯是指安装在高度≤19m 的灯杆上的照明器具。

（3）高杆照明灯是指安装在高度>19m 的灯杆上的照明器具。

（4）景观照明灯是指利用不同的造型、相异的光色与亮度来造景的照明器具。

6. 防雷接地装置工程

接地母线、引下线附加长度见表 2-145。

母线配制安装预留长度 表 2-145

序号	项目	预留长度(m)	说明
1	带形母线终端	0.3	从最后一个支持点算起
2	带形母线与分支线连接	0.5	分支线预留
3	带形母线与设备连接	0.5	从设备端子接口算起
4	接地母线、引下线附加长度	3.9%	按接地母线、引下线全厂计算

2.8.3 工程量清单计价实例

【例 2-126】 某路灯工程中有 12 台高度为 1.5m、宽度为 0.5m 的落地式配电箱，试计算落地式配电箱的工程量。

【解】

落地式配电箱工程量=12 台

清单工程量计算表见表 2-146。

清单工程量计算表 表 2-146

项目编码	项目名称	项目特征描述	工程量	计量单位
040801010001	落地式配电箱	高度为 1.5m、宽度为 0.5m	12	台

【例 2-127】 某管形避雷器如图 2-118 所示，某路灯工程有 8 组这样的管形避雷器，试计算管形避雷器的清单工程量。

【解】

避雷器的工程量=8 组

【例 2-128】 某路灯工程架设导线，采用 BLV 型铝芯绝缘导线，共架设长 1688m，试计算导线架设清单工程量。

【解】

架设导线的工程量=1688m=1.688km

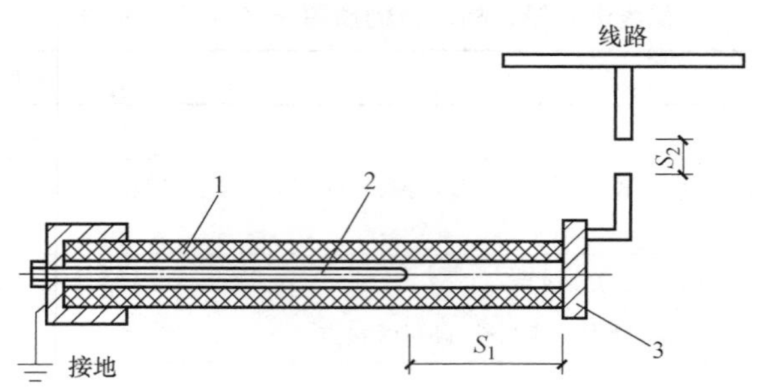

图 2-118 管形避雷器

1—产气管；2—内部电极；3—外部电极；S_1—内部间隙；S_2—外部间隙

清单工程量计算表见表 2-147。

清单工程量计算表 **表 2-147**

项目编码	项目名称	项目特征描述	工程量	计量单位
040802003001	架设导线	BLV 型铝芯绝缘导线	1.688	km

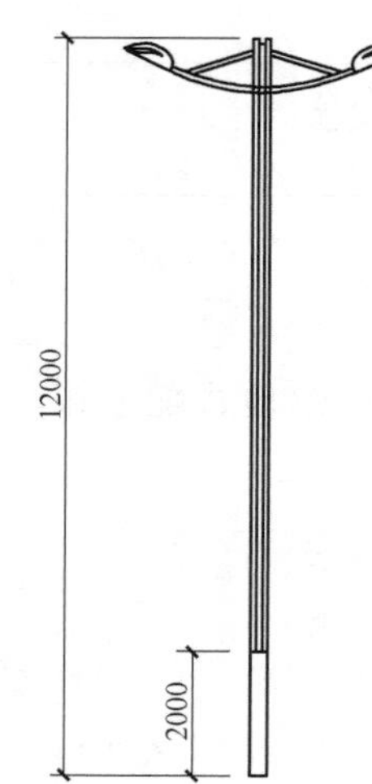

图 2-119 中杆照明灯

【例 2-129】 某路灯工程采用铝制带形母线共 1280m，其规格为 140mm×15mm（宽×厚），试计算带形母线的清单工程量。

【解】

带形母线的工程量=1280m

【例 2-130】 某道路两侧架设双臂中杆路灯如图 2-119 所示，道路长 1500m，道路两侧每隔 25m 架设一套这样的路灯，试计算中杆照明灯的清单工程量。

【解】

中杆照明灯的工程量=(1500÷25+1)×2=122(套)

【例 2-131】 某桥涵工程，设计用 5 套高杆灯照明，杆高为 34m，灯架为成套升降型，7 个灯头，混凝土基础，试计算其工程量。

【解】

根据工程量计算规则，高杆照明灯安装工程量按设计图示数量计算。

高杆照明灯安装工程量=5 套

清单工程量计算表见表 2-148。

清单工程量计算表 **表 2-148**

项目编码	项目名称	项目特征描述	计量单位	工程量
040805003001	高杆照明灯	灯杆高度为 35m；成套升降型； 灯头为 6 个；混凝土基础	套	5

【例 2-132】 某大桥采用桥栏杆照明，该照明电压 220V，所用线缆为 300m，共架有

18 套这样的桥栏杆照明灯，试计算桥栏杆照明灯的工程量。

【解】

桥栏杆照明灯的工程量=18 套

2.9 钢筋与拆除工程清单工程量计算及实例

2.9.1 工程量清单计价规则

1. 钢筋工程

钢筋工程工程量计算规则见表 2-149。

钢筋工程（编码：040901） 表 2-149

<table>
<tr><th>项目编码</th><th>项目名称</th><th>项目特征</th><th>计量单位</th><th>工程量计算规则</th><th>工程内容</th></tr>
<tr><td>040901001</td><td>现浇构件钢筋</td><td rowspan="4">1. 钢筋种类
2. 钢筋规格</td><td rowspan="7">t</td><td rowspan="7">按设计图示尺寸以质量计算</td><td rowspan="4">1. 制作
2. 运输
3. 安装</td></tr>
<tr><td>040901002</td><td>预制构件钢筋</td></tr>
<tr><td>040901003</td><td>钢筋网片</td></tr>
<tr><td>040901004</td><td>钢筋笼</td></tr>
<tr><td>040901005</td><td>先张法预应力钢筋（钢丝、钢绞线）</td><td>1. 部位
2. 预应力筋种类
3. 预应力筋规格</td><td>1. 张拉台座制作、安装、拆除
2. 预应力筋制作、张拉</td></tr>
<tr><td>040901006</td><td>后张法预应力钢筋（钢丝束、钢绞线）</td><td>1. 部位
2. 预应力筋种类
3. 预应力筋规格
4. 锚具种类、规格
5. 砂浆强度等级
6. 压浆管材质、规格</td><td>1. 预应力筋孔道制作、安装
2. 锚具安装
3. 预应力筋制作、张拉
4. 安装压浆管道
5. 孔道压浆</td></tr>
<tr><td>040901007</td><td>型钢</td><td>1. 材料种类
2. 材料规格</td><td>1. 制作
2. 运输
3. 安装、定位</td></tr>
<tr><td>040901008</td><td>植筋</td><td>1. 材料种类
2. 材料规格
3. 植入深度
4. 植筋胶品种</td><td>根</td><td>按设计图示数量计算</td><td>1. 定位、钻孔、清孔
2. 钢筋加工成型
3. 注胶、植筋
4. 抗拔试验
5. 养护</td></tr>
<tr><td>040901009</td><td>预埋铁件</td><td rowspan="2">1. 材料种类
2. 材料规格</td><td>t</td><td>按设计图示尺寸以质量计算</td><td rowspan="2">1. 制作
2. 运输
3. 安装</td></tr>
<tr><td>040901010</td><td>高强度螺栓</td><td>1. t
2. 套</td><td>1. 按设计图示尺寸以质量计算
2. 按设计图示数量计算</td></tr>
</table>

2. 拆除工程

拆除工程工程量计算规则见表 2-150。

拆除工程（编码：041001）　　表 2-150

项目编码	项目名称	项目特征	计量单位	工程量计算规则	工程内容
041001001	拆除路面	1. 材质 2. 厚度	m^2	按拆除部位以面积计算	1. 拆除、清理 2. 运输
041001002	拆除人行道				
041001003	拆除基层	1. 材质 2. 厚度 3. 部位			
041001004	铣刨路面	1. 材质 2. 结构形式 3. 厚度			
041001005	拆除侧、平(缘)石	材质			
041001006	拆除管道	1. 材质 2. 管径	m	按拆除部位以延长米计算	
041001007	拆除砖石结构	1. 结构形式 2. 强度等级	m^3	按拆除部位以体积计算	
041001008	拆除混凝土结构				
041001009	拆除井	1. 结构形式 2. 规格尺寸 3. 强度等级	座	按拆除部位以数量计算	
041001010	拆除电杆	1. 结构形式 2. 规格尺寸	根		
041001011	拆除管片	1. 材质 2. 部位	处		

2.9.2　清单相关问题及说明

1. 钢筋工程

（1）现浇构件中伸出构件的锚固钢筋、预制构件的吊钩和固定位置的支撑钢筋等，应并入钢筋工程量内。除设计标明的搭接外，其他施工搭接不计算工程量，由投标人在报价中综合考虑。

（2）“钢筋工程”所列“型钢”是指劲性骨架的型钢部分。

（3）凡型钢与钢筋组合（除预埋铁件外）的钢格栅，应分别列项。

2. 拆除工程

（1）拆除路面、人行道及管道清单项目的工作内容中均不包括基础及垫层拆除，发生时按本章相应清单项目编码列项。

（2）伐树、挖树蔸应按现行国家标准《园林绿化工程工程量计算规范》GB 50858—2013 中相应清单项目编码列项。

2.9.3　工程量清单计价实例

【例 2-133】 某市政工程采用了 175 套六角高强度螺栓，试计算高强度螺栓的工程量。

【解】

高强度螺栓的工程量＝175 套

【例 2-134】 某桥梁工程的 12 根支撑柱需要配螺旋箍筋，如图 2-120 所示，试计算工程量。

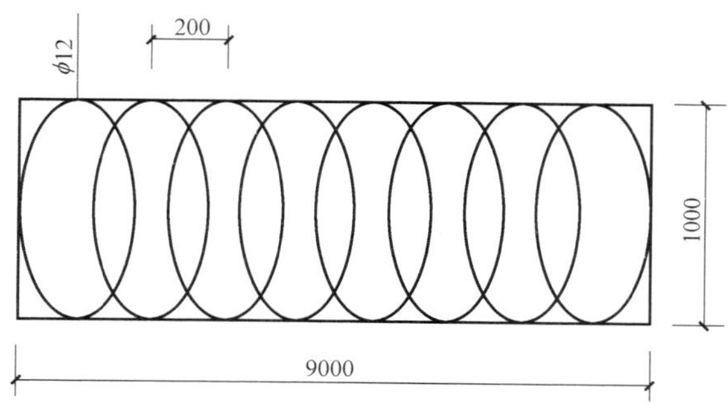

图 2-120 某工程支撑柱螺旋箍筋示意图（单位：mm）

【解】

$$螺旋箍筋工程量=\sqrt{1+\left[\frac{3.14-(1000-50)}{200}\right]^2}\times9\times0.888\times12=464.08\text{kg}=0.464\text{t}$$

清单工程量计算表见表 2-151。

清单工程量计算表 表 2-151

项目编码	项目名称	项目特征描述	计量单位	工程量
040901001001	现浇构件钢筋	螺旋箍筋	t	0.464

【例 2-135】 某市政工程在施工中需要拆除一段路面，该路面为沥青路面，厚度为 550mm，路宽 16m，长度为 1250m，试计算拆除路面的工程量。

【解】

拆除路面的工程量 = 16 × 1250 = 20000m²

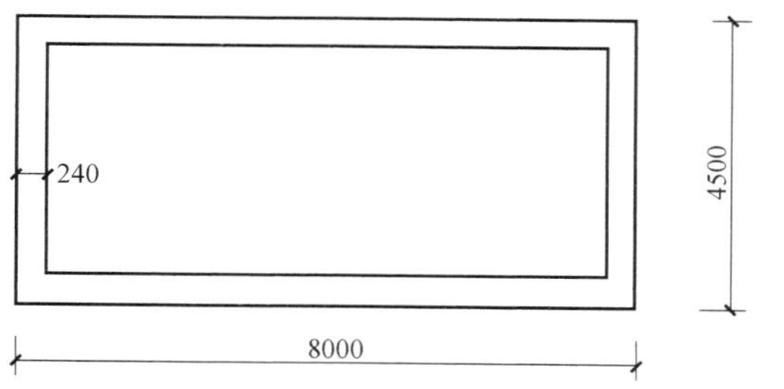

图 2-121 某市政水池平面图

【例 2-136】 某市政水池，如图 2-121 所示，其长 8m，宽 4.5m，240 砖砌体的围护高度为 900mm，水池底层为 C10 混凝土垫层 100mm。试计算该拆除工程量。

【解】

拆除水池砖砌体工程量=(8−0.24+4.5−0.24)×2×0.24×0.9=5.19m³

拆除水池 C10 混凝土垫层的工程量=(8−0.24×2)×(4.5−0.24×2)×0.1=3.02m³

拆除水池砖砌体：残渣外运工程量=5.19m³

拆除水池 C10 混凝土垫层，残渣外运工程量=3.02m³

清单工程量计算表见表 2-152。

清单工程量计算表 表 2-152

序号	项目编码	项目名称	项目特征描述	计量单位	工程量
1	041001007001	拆除砖石结构	砖砌水池	m³	5.19
2	041001008001	拆除混凝土结构	C10 混凝土垫层	m³	3.02

【例 2-137】 某桥梁工程，其钢筋工程的分部分项工程量清单见表 2-153，试编制综合单价表和分部分项工程和单价措施项目清单与计价表。（其中，管理费按直接费的 10%、利润按直接费的 5%计取）

分部分项工程量清单　　　　表 2-153

序号	项目编码	项目名称	数量	单位
1	040901001001	现浇构件钢筋(现浇部分 ϕ10 以内)	1.58	t
2	040901001002	现浇构件钢筋(现浇部分 ϕ10 以外)	7.15	t
3	040901002001	预制构件钢筋(预制部分 ϕ10 以内)	12.46	t
4	040901002002	预制构件钢筋(预制部分 ϕ10 以外)	35.77	t
5	040901009001	预埋铁件	2.94	t

【解】

(1) 编制综合单价分析表。综合单价分析表见表 2-154～表 2-158。

综合单价分析表（一）　　　　表 2-154

工程名称：某桥梁钢筋工程　　　　标段：　　　　第 1 页　共 5 页

项目编码	040901001001	项目名称	现浇构件钢筋	计量单位	t	工程量	1.58				
清单综合单价组成明细											
定额编号	定额项目名称	定额单位	数量	单价				合价			
				人工费	材料费	机械费	管理费和利润	人工费	材料费	机械费	管理费和利润
3-235	现浇混凝土钢筋(ϕ10 以内)	t	1	374.35	41.82	40.10	68.44	374.35	41.82	40.10	68.44
人工单价		小计						374.35	41.82	40.10	68.44
40 元/工日		未计价材料费									
清单项目综合单价								524.71			

注："数量"栏为"投标方工程量÷招标方工程量÷定额单位数量"，如"1"为"1.58÷1.58÷1"。

综合单价分析表（二）　　　　表 2-155

工程名称：某桥梁钢筋工程　　　　标段：　　　　第 2 页　共 5 页

项目编码	040901001002	项目名称	现浇构件钢筋	计量单位	t	工程量	7.15				
清单综合单价组成明细											
定额编号	定额项目名称	定额单位	数量	单价				合价			
				人工费	材料费	机械费	管理费和利润	人工费	材料费	机械费	管理费和利润
3-235	现浇混凝土钢筋(ϕ10 以外)	t	1	182.23	61.78	69.66	47.05	182.23	61.78	69.66	47.05
人工单价		小计						182.23	61.78	69.66	47.05
40 元/工日		未计价材料费									
清单项目综合单价								360.72			

注："数量"栏为"投标方工程量÷招标方工程量÷定额单位数量"，如"1"为"7.15÷7.15÷1"。

综合单价分析表（三）　　**表 2-156**

工程名称：某桥梁钢筋工程　　标段：　　第 3 页　共 5 页

项目编码	040701002001	项目名称	预制构件钢筋		计量单位	t		工程量	12.46	
清单综合单价组成明细										
定额编号	定额项目名称	定额单位	数量	单价				合价		
				人工费	材料费	机械费	管理费和利润	人工费	材料费	机械费	管理费和利润
3-233	预制混凝土钢筋（ϕ10 以内）	t	1	463.11	45.03	49.21	83.75	463.11	45.03	49.21	83.75
人工单价		小计						463.11	45.03	49.21	83.75
40 元/工日		未计价材料费									
清单项目综合单价								641.10			

注："数量"栏为"投标方工程量÷招标方工程量÷定额单位数量"，如"1"为"12.46÷12.46÷1"。

综合单价分析表（四）　　**表 2-157**

工程名称：某桥梁钢筋工程　　标段：　　第 4 页　共 5 页

项目编码	040901002002	项目名称	预制构件钢筋		计量单位	t		工程量	35.77		
清单综合单价组成明细											
定额编号	定额项目名称	定额单位	数量	单价				合价			
				人工费	材料费	机械费	管理费和利润	人工费	材料费	机械费	管理费和利润
3-234	预制混凝土钢筋（ϕ10 以外）	t	1	176.61	58.32	67.44	45.36	176.61	58.32	67.44	45.36
人工单价		小计						176.61	58.32	67.44	45.36
40 元/工日		未计价材料费									
清单项目综合单价								347.73			

注："数量"栏为"投标方工程量÷招标方工程量÷定额单位数量"，如"1"为"35.77÷35.77÷1"。

综合单价分析表（五）　　**表 2-158**

工程名称：某桥梁钢筋工程　　标段：　　第 5 页　共 5 页

项目编码	040901009001	项目名称	预埋铁件		计量单位	t		工程量	2.94		
清单综合单价组成明细											
定额编号	定额项目名称	定额单位	数量	单价				合价			
				人工费	材料费	机械费	管理费和利润	人工费	材料费	机械费	管理费和利润
3-238	预埋铁件	t	0.01	860.83	3577.07	310.52	712.26	8.61	35.77	3.11	7.12

续表

项目编码	040901009001	项目名称		预埋铁件		计量单位		t	工程量		2.94
清单综合单价组成明细											
定额编号	定额项目名称	定额单位	数量	单价				合价			
				人工费	材料费	机械费	管理费和利润	人工费	材料费	机械费	管理费和利润
人工单价		小计						8.61	35.77	3.11	7.12
40元/工日		未计价材料费									
清单项目综合单价								54.61			

注："数量"栏为"投标方工程量÷招标方工程量÷定额单位数量"，如"0.01"为"2.94÷2.94÷100"。

（2）编制分部分项工程和单价措施项目清单与计价表。分部分项工程和单价措施项目清单与计价表见表2-159。

分部分项工程和单价措施项目清单与计价表 **表2-159**

工程名称：某桥梁钢筋工程　　标段：　　第1页　共1页

序号	项目编号	项目名称	项目特征描述	计量单位	工程数量	金额/元		
						综合单价	合价	其中
								暂估价
1	040901002003	现浇构件钢筋	非预应力钢筋(现浇部分 ϕ10以内)	t	1.58	524.71	829.04	
2	040901002004	现浇构件钢筋	非预应力钢筋(现浇部分 ϕ10以外)	t	7.15	360.72	2579.15	
3	040901002001	预制构件钢筋	非预应力钢筋(预制部分 ϕ10以内)	t	12.46	641.10	7988.11	
4	040901002002	预制构件钢筋	非预应力钢筋(预制部分 ϕ10以外)	t	35.77	347.73	12438.30	
5	040901009001	预埋铁件	预埋铁件	t	2.94	54.61	160.55	
合计							23995.15	

3　市政工程工程量清单计价编制实例

3.1　市政工程工程量清单编制实例

现以某市高速公路扩能改造工程为例介绍投标报价编制（由委托工程造价咨询人编制）。

1. 封面

招标工程量清单封面

某市高速公路扩能改造　工程

招 标 工 程 量 清 单

招　标　人：某市市政建设办公室
（单位盖章）

造价咨询人：××工程造价咨询企业
（单位盖章）

20××年××月××日

2. 扉页

招标工程量清单扉页

<table>
<tr><td colspan="2">某市高速公路扩能改造　工程

招标工程量清单</td></tr>
<tr><td>招标人：某市市政建设办公室
（单位盖章）</td><td>造价咨询人：××工程造价咨询企业
（单位资质专用章）</td></tr>
<tr><td>法定代表人　某市市政建设办公室
或其授权人：×××
（签字或盖章）</td><td>法定代表人　××工程造价咨询企业
或其授权人：×××
（签字或盖章）</td></tr>
<tr><td>编　制　人：×××
（造价人员签字盖专用章）</td><td>复　核　人：×××
（造价工程师签字盖专用章）</td></tr>
<tr><td>编制时间：20××年××月××日</td><td>复核时间：20××年××月××日</td></tr>
</table>

3. 总说明

总说明

工程名称：某市高速公路扩能改造工程　　　　第　页共　页

1. 工程概况：某市高速公路全长6.5km，路宽65m。8车道，其中大桥上部结构采用预应力混凝土T形梁，梁高为1.2m，跨境为1×22m+6×20m，桥梁全长168m。大桥下部结构中墩采用桩接柱，柱顶盖梁；边墩采用重力桥台。墩柱直径为1.3m，转孔桩直径为1.5m。招标工期为1年，投标工期为280天。

2. 招标范围：道路工程、桥涵工程和管网工程。

3. 清单编制依据：本工程依据《建设工程工程量清单计价规范》GB 50500—2013中规定的工程量清单计价的方法，依据××单位设计的施工设计图纸、施工组织设计等计算实物工程量。

4. 工程质量应达优良标准。

5. 投标人在投标文件中应按《建设工程工程量清单计价规范》GB 50500—2013规定的统一格式，提供"综合单价分析表"和"总价措施项目清单与计价表"。

4. 分部分项工程和单价措施项目清单与计价表

分部分项工程和单价措施项目清单与计价表

工程名称：某市高速公路扩能改造工程　　　标段：　　　　第　页共　页

序号	项目编码	项目名称	项目特征描述	计量单位	工程量	金额/元		
						综合单价	合价	其中 暂估价
		0401 土石方工程						
1	040101001001	挖一般土方	1. 土壤类别：一、二类土 2. 挖土深度：4m以内	m^3	140200.00			

续表

序号	项目编码	项目名称	项目特征描述	计量单位	工程量	金额/元		
						综合单价	合价	其中 暂估价
		0401 土石方工程						
2	040101002001	挖沟槽土方	1. 土壤类别：三、四类土 2. 挖土深度：4m 以内	m^3	2493.00			
3	040101002002	挖沟槽土方	1. 土壤类别：三、四类土 2. 挖土深度：3m 以内	m^3	837.00			
4	040101002003	挖沟槽土方	1. 土壤类别：三、四类土 2. 挖土深度：6m 以内	m^3	2835.00			
5	040103001001	回填方	密实度：90％以上	m^3	8450.00			
6	040103001002	回填方	1. 密实度：90％以上 2. 填方材料品种：二灰土 12∶35∶53	m^3	7710.00			
7	040103001003	回填方	填方材料品种：砂砾石	m^3	201.00			
8	040103001004	回填方	1. 密实度：≥96％ 2. 填方粒径：粒径 5～80cm 3. 填方材料品种：砂砾石	m^3	3531.00			
9	040103002001	余方弃置	1. 废弃料品种：松土 2. 运距：100mm	m^3	46000.00			
10	040103002002	余方弃置	运距：10km	m^3	1497.00			
		分部小计						
		0402 道路工程						
11	040201004001	掺石灰	含灰量：10％	m^3	1820.00			
12	040202002001	石灰稳定土	1. 含灰量：10％ 2. 厚度：15cm	m^2	84060.00			
13	040202002002	石灰稳定土	1. 含灰量：11％ 2. 厚度：30cm	m^2	57300.00			
14	040202006001	石灰、粉煤灰、碎（砾）石	1. 配合比：10∶20∶70 2. 二灰碎石厚度：12cm	m^2	84060.00			
15	040202006002	石灰、粉煤灰、碎（砾）石	1. 配合比：10∶20∶71 2. 二灰碎石厚度：20cm	m^2	57300.00			
16	040204002001	人行道块料铺设	1. 材料品种：普通人行道板 2. 块料规格：25cm×2cm	m^2	5860.00			
17	040204002002	人行道块料铺设	1. 材料品种：异形彩色花砖，D 型砖 2. 垫层材料：1∶3 石灰砂浆	m^2	20590.00			
18	040205001001	人（手）孔井	1. 材料品种：接线井 2. 规格尺寸：100cm×100cm×100cm	座	10			

续表

序号	项目编码	项目名称	项目特征描述	计量单位	工程量	金额/元		
						综合单价	合价	其中
								暂估价
		0402 道路工程						
19	040205001002	人(手)孔井	1. 材料品种;接线井 2. 规格尺寸:50cm×50cm×100cm	座	55			
20	040205012001	隔离护栏	材料品种:钢制人行道护栏	m	1440.00			
21	040205012001	隔离护栏	材料品种:钢制机非分隔栏	m	210.00			
22	040203005001	黑色碎石	1. 材料品种:石油沥青 2. 厚度:6cm	m^2	91360.00			
23	040203006001	沥青混凝土	厚度:5cm	m^2	3375.00			
24	040203006002	沥青混凝土	厚度:4cm	m^2	91300.00			
25	040203006003	沥青混凝土	厚度:3cm	m^2	125190.00			
26	040202015001	水泥稳定碎(砾)石	厚度:18cm	m^2	793.00			
27	040202015002	水泥稳定碎(砾)石	厚度:17cm	m^2	793.00			
28	040202015003	水泥稳定碎(砾)石	厚度:18cm	m^2	793.00			
29	040202015004	水泥稳定碎(砾)石	厚度:21cm	m^2	730.00			
30	040202015005	水泥稳定碎(砾)石	厚度:22cm	m^2	364.00			
31	040204004001	安砌侧(平、缘)石	1. 材料品种:花岗岩剁斧平石 2. 材料规格:12cm×25cm×49.5cm	m^2	688.00			
32	040204004002	安砌侧(平、缘)石	1. 材料品种:甲 B 型机切花岗岩路缘石 2. 材料规格:15cm×32cm×99.5cm	m^2	1010.00			
33	040204004003	安砌侧(平、缘)石	1. 材料品种:甲 B 型机切花岗岩路缘石 2. 材料规格:15cm×25cm×74.5cm	m^2	340.00			
		分部小计						
		0403 桥涵工程						
34	040301006001	干作业成孔灌注桩	1. 桩径:直径 1.3cm 2. 混凝土强度等级:C25	m	1035.00			

续表

序号	项目编码	项目名称	项目特征描述	计量单位	工程量	金额/元		
						综合单价	合价	其中 暂估价
		0403 桥涵工程						
35	040301006002	干作业成孔灌注桩	1. 桩径:直径 1cm 2. 混凝土强度等级:C25	m	1680.00			
36	040303003001	混凝土承台	混凝土强度等级:C10	m^3	1020.00			
37	040303005001	混凝土墩(台)身	1. 部位:墩柱 2. 混凝土强度等级:C35	m^3	384.00			
38	040303005002	混凝土墩(台)身	1. 部位:墩柱 2. 混凝土强度等级:C30	m^3	1210.00			
39	040303006001	混凝土支撑梁及横梁	1. 部位:简支梁湿接头 2. 混凝土强度等级:C30	m^3	800.00			
40	040303007001	混凝土墩(台)盖梁	混凝土强度等级:C35	m^3	748.00			
41	040303019001	桥面铺装	1. 沥青品种:改性沥青、玛琋脂、玄武石、碎石混合料 2. 厚度:4cm	m^2	7550.00			
42	040303019002	桥面铺装	1. 沥青品种:改性沥青、玛琋脂、玄武石、碎石混合料 2. 厚度:5cm	m^2	7560.00			
43	040303019003	桥面铺装	混凝土强度等级:C30	m^2	290.00			
44	040304001001	预制混凝土梁	1. 部位:墩柱连系梁 2. 混凝土强度等级:C30	m^2	205.00			
45	040304001002	预制混凝土梁	1. 部位:预应力混凝土简支梁 2. 混凝土强度等级:C30	m^2	755.00			
46	040304001003	预制混凝土梁	1. 部位:预应力混凝土简支梁 2. 混凝土强度等级:C45	m^2	2460.00			
47	040305003001	浆砌块料	1. 部位:河道浸水挡墙、墙身 2. 材料品种:M10 浆砌片石 3. 泄水孔品种、规格:塑料管,ϕ100	m^3	593.00			
48	040303002001	混凝土基础	1. 部位:河道浸水挡墙基础 2. 混凝土强度等级:C25	m^3	1027.00			
49	040303016001	混凝土挡墙压顶	混凝土强度等级:C25	m^3	32.00			
50	040309004001	橡胶支座	规格:20cm×35cm×4.9cm	m^3	32.00			
51	040309008001	桥梁伸缩装置	材料品种:毛勒伸缩缝	m	180.00			
52	040309010001	防水层	材料品种:APP 防水层	m^2	10150.00			
		分部小计						

续表

序号	项目编码	项目名称	项目特征描述	计量单位	工程量	金额/元		
						综合单价	合价	其中 暂估价
		0405 管网工程						
53	040504001001	砌筑井	1. 规格:1.4×1.0 2. 埋深:3m	座	32			
54	040504001002	砌筑井	1. 规格:1.2×1.0 2. 埋深:2m	座	82			
55	040504001003	砌筑井	1. 规格:ϕ900 2. 埋深:1.5m	座	45			
56	040504001004	砌筑井	1. 规格:0.6×0.6 2. 埋深:1.5m	座	52			
57	040504001005	砌筑井	1. 规格:0.48×0.48 2. 埋深:1.5m	座	104			
58	040504009001	雨水口	1. 类型:单平箅 2. 埋深:3m	座	11			
59	040504009002	雨水口	1. 类型:双平箅 2. 埋深:2m	座	300			
60	040501001001	混凝土管	1. 规格:$DN$1650 2. 埋深:3.5m	m	456.00			
61	040501001002	混凝土管	1. 规格:$DN$1000 2. 埋深:3.5m	m	430.00			
62	040501001003	混凝土管	1. 规格:$DN$1000 2. 埋深:2.5m	m	1732.00			
63	040501001004	混凝土管	1. 规格:$DN$1000 2. 埋深:2m	m	1088.00			
64	040501001005	混凝土管	1. 规格:$DN$800 2. 埋深:1.5m	m	766.00			
65	040501001006	混凝土管	1. 规格:$DN$600 2. 埋深:1.5m	m	2845.00			
66	040501001007	混凝土管	1. 规格:$DN$600 2. 埋深:3.5m	m	457.00			
		分部小计						
		0409 钢筋工程						
67	040901001001	现浇混凝土钢筋	钢筋规格:ϕ10 以外	t	283.00			
68	040901001002	现浇混凝土钢筋	钢筋规格:ϕ11 以内	t	1188.00			
69	040901006001	后张法预应力钢筋	1. 钢筋种类:钢绞线(高强度低松弛)R=1860MPa 2. 锚具种类:预应力锚具 3. 压浆管材质、规格:金属波纹管内径 6.2cm,长 17108m 4. 砂浆强度等级:C40	t	138.00			
		分部小计						
合计								

5. 总价措施项目清单与计价表

总价措施项目清单与计价表

工程名称：某市高速公路扩能改造工程　　　标段：　　　第　页共　页

序号	项目编码	项目名称	计算基础	费率(%)	金额/元	调整费率(%)	调整后金额/元	备注
1	041109001001	安全文明施工费						
2	041109002001	夜间施工增加费						
3	041109003001	二次搬运费						
4	041109004001	冬雨季施工增加费						
5	041109007001	已完工程及设备保护费						
合计					7			

编制人（造价人员）：×××　　　复核人（造价工程师）：×××

6. 其他项目清单与计价汇总表

其他项目清单与计价汇总表

工程名称：某市高速公路扩能改造工程　　　标段：　　　第　页共　页

序号	项目名称	金额/元	结算金额/元	备注
1	暂列金额	1500000.00		明细详见表(1)
2	暂估价	200000.00		
2.1	材料暂估价	—		明细详见表(2)
2.2	专业工程暂估价	200000.00		明细详见表(3)
3	计日工			明细详见表(4)
4	总承包服务费			明细详见表(5)
合计		1700000		—

(1) 暂列金额明细表

暂列金额明细表

工程名称：某市高速公路扩能改造工程　　　标段：　　　第　页共　页

序号	项目名称	计量单位	暂定金额/元	备注
1	政策性调整和材料价格波动	项	1000000.00	
2	其他	项	500000.00	

续表

序号	项目名称	计量单位	暂定金额/元	备注
合计			1500000.00	—

（2）材料（工程设备）暂估单价及调整表

材料（工程设备）暂估单价及调整表

工程名称：某市高速公路扩能改造工程　　标段：　　第　页共　页

序号	材料(工程设备)名称、规格、型号	计量单位	数量		暂估/元		确认/元		差额±/元		备注
			暂估	确认	单价	合价	单价	合价	单价	合价	
1	钢筋(规格、型号综合)	t	260		3800	988000					用于现浇钢筋混凝土项目
合计						988000					

（3）专业工程暂估价及结算价表

专业工程暂估价及结算价表

工程名称：某市高速公路扩能改造工程　　标段：　　第　页共　页

序号	工程名称	工程内容	暂估金额/元	结算金额/元	差额±/元	备注
1	消防工程	合同图纸中标明的以及消防工程规范和技术说明中规定的各系统中的设备、管道、阀门、线缆等的供应、安装和调试工作	200000.00			
合计			200000.00			

（4）计日工表

计日工表

工程名称：某市高速公路扩能改造工程　　　　标段：　　　　　　第　页共　页

编号	项目名称	单位	暂定数量	实际数量	综合单价/元	合价/元	
						暂定	实际
一	人工						
1	技工	工日	100				
2	壮工	工日	300				
人工小计							
二	材料						
1	水泥 42.5	t	280				
2	钢筋	t	260				
材料小计							
三	施工机械						
1	履带式推土机 105kW	台班	50				
2	汽车起重机 25t	台班	250				
施工机械小计							
四、企业管理费和利润	按人工费 20%计						
总计							

（5）总承包服务费计价表

总承包服务费计价表

工程名称：某市高速公路扩能改造工程　　　　标段：　　　　　　第　页共　页

序号	项目名称	项目价值/元	服务内容	计算基础	费率（%）	金额/元
1	发包人发包专业工程	500000	1. 按专业工程承包人的要求提供施工工作面并对施工现场进行统一整理汇总 2. 为专业工程承包人提供垂直运输机械和焊接电源接入点，并承担垂直运输费和电费	项目价值	5	25000
	合计	—	—		—	25000

7. 规费、税金项目计价表

规费、税金项目计价表

工程名称：某市高速公路扩能改造工程　　　　标段：　　　　　　　　　　　第　页共　页

序号	项目名称	计算基础	计算基数	计算费率(%)	金额/元
1	规费	定额人工费			
1.1	社会保险费	定额人工费	(1)+…+(5)		
(1)	养老保险费	定额人工费			
(2)	失业保险费	定额人工费			
(3)	医疗保险费	定额人工费			
(4)	工伤保险费	定额人工费			
(5)	生育保险费	定额人工费			
1.2	住房公积金	定额人工费			
1.3	工程排污费	按工程所在地环境保护部门收取标准，按实计入			
2	税金	分部分项工程费+措施项目费+其他项目费+规费-按规定不计税的工程设备金额			
合计					

编制人（造价人员）：×××　　　　　　　　　　　　复核人（造价工程师）：×××

8. 主要材料、工程设备一览表

承包人提供主要材料和工程设备一览表

（适用于价格指数差额调整法）

工程名称：某市高速公路扩能改造工程　　　　标段：　　　　　　　　　　　第　页共　页

序号	名称、规格、型号	变值权重 B	基本价格指数 F_0	现行价格指数 F_t	备注
1	人工		110%		
2	钢材		3800 元/t		
3	机械费		100%		
	定值权重 A		—	—	
合计		1	—	—	

3.2 市政工程投标报价编制实例

现以某市高速公路扩能改造工程为例介绍投标报价编制（由委托工程造价咨询人编制）。

1. 封面

投标总价封面

__某市高速公路扩能改造__工程

投 标 总 价

投　标　人：__××建筑公司__

（单位盖章）

20××年××月××日

2. 扉页

投标总价扉页

投 标 总 价

招 标 人：某市市政建设办公室

工 程 名 称：某市高速公路扩能改造工程

投标总价(小写)：54970561.39 元

(大写)：伍仟肆佰玖拾柒万零伍佰陆拾壹元叁角玖分

投 标 人：××建筑公司

(单位盖章)

法定代表人

或其授权人：×××

(签字或盖章)

编 制 人：×××

(造价人员签字盖专用章)

编制时间：20××年××月××日

3. 总说明

总说明

工程名称：某市高速公路扩能改造工程　　　　第　页共　页

1. 工程概况：某市高速公路全长6.5km，路宽65m。8车道，其中大桥上部结构采用预应力混凝土T形梁，梁高为1.2m，跨境为1×22m+6×20m，桥梁全长168m。大桥下部结构中墩采用桩接柱，柱顶盖梁；边墩采用重力桥台。墩柱直径为1.3m，转孔桩直径为1.5m。招标工期为1年，投标工期为280天。

2. 投标范围：道路工程、桥涵工程和管网工程。

3. 投标依据：

(1)招标文件及其提供的工程量清单和有关报价要求，招标文件的补充通知和答疑纪要。

(2)依据某市××单位设计的施工设计图纸、施工组织设计。

(3)有关的技术标准、规定和安全管理规定。

(4)某省建设主管部门颁发的计价定额和计价管理办法及相关计价文件。

(5)材料价格根据××公司掌握的价格情况，并参照工程所在地的工程造价管理机构20××年××月工程造价信息发布的价格。

其他略。

4. 投标控制价汇总表

建设项目投标报价汇总表

工程名称：某市高速公路扩能改造工程　　　　第　页共　页

序号	单项工程名称	金额/元	其中:/元		
			暂估价	安全文明施工费	规费
1	某市高速公路扩能改造工程	54970561.39	6000000.00	1804841.08	2057518.83
合计		54970561.39	6000000.00	1804841.08	2057518.83

单项工程投标报价汇总表

工程名称：某市高速公路扩能改造工程　　　　第　页共　页

序号	单项工程名称	金额/元	其中:/元		
			暂估价	安全文明施工费	规费
1	某市高速公路扩能改造工程	54970561.39	6000000.00	1804841.08	2057518.83
合计		54970561.39	6000000.00	1804841.08	2057518.83

单位工程投标报价汇总表

工程名称：某市高速公路扩能改造工程　　　　第　页共　页

序号	汇总内容	金额/元	其中：暂估价/元
1	分部分项工程	46110974.31	6000000.00
0401	土石方工程	2200488.28	
0402	道路工程	24460778.03	
0403	桥涵工程	11023458.41	
0405	管网工程	1302567.31	
0409	钢筋工程	7123682.28	6000000.00
2	措施项目	2063641.37	—
0411	其中：安全文明施工费	1804841.08	—
3	其他项目	3064900.00	—
3.1	其中：暂列金额	1500000.00	—
3.2	其中：专业工程暂估价	200000.00	—
3.3	其中：计日工	1339900.00	—
3.4	其中：总承包服务费	25000.00	—
4	规费	2057518.83	—
5	税金	1673526.88	—
投标报价合计=1+2+3+4+5		54970561.39	6000000.00

5. 分部分项工程和单价措施项目清单与计价表

分部分项工程和单价措施项目清单与计价表

工程名称：某市高速公路扩能改造工程　　　　标段：　　　　第　页共　页

序号	项目编码	项目名称	项目特征描述	计量单位	工程量	金额/元		
						综合单价	合价	其中：暂估价
		0401 土石方工程						
1	040101001001	挖一般土方	1. 土壤类别：一、二类土 2. 挖土深度：4m以内	m^3	140200.00	10.50	1472100.00	
2	040101002001	挖沟槽土方	1. 土壤类别：三、四类土 2. 挖土深度：4m以内	m^3	2493.00	11.65	29043.45	
3	040101002002	挖沟槽土方	1. 土壤类别：三、四类土 2. 挖土深度：3m以内	m^3	837.00	75.71	63369.27	
4	040101002003	挖沟槽土方	1. 土壤类别：三、四类土 2. 挖土深度：6m以内	m^3	2835.00	16.88	47854.80	
5	040103001001	回填方	密实度：90%以上	m^3	8450.00	8.50	71825.00	
6	040103001002	回填方	1. 密实度：90%以上 2. 填方材料品种：二灰土12∶35∶53	m^3	7710.00	6.75	52042.50	

续表

序号	项目编码	项目名称	项目特征描述	计量单位	工程量	金额/元		
						综合单价	合价	其中 暂估价
		0401 土石方工程						
7	040103001003	回填方	填方材料品种:砂砾石	m^3	201.00	61.55	12371.55	
8	040103001004	回填方	1. 密实度:≥96% 2. 填方粒径:粒径 5～80cm 3. 填方材料品种:砂砾石	m^3	3531.00	28.25	99750.75	
9	040103002001	余方弃置	1. 废弃料品种:松土 2. 运距:100mm	m^3	46000.00	7.34	337640.00	
10	040103002002	余方弃置	运距:10km	m^3	1497.00	9.68	14490.96	
		分部小计					2200488.28	
		0402 道路工程						
11	040201004001	掺石灰	含灰量:10%	m^3	1820.00	55.44	100900.80	
12	040202002001	石灰稳定土	1. 含灰量:10% 2. 厚度:15cm	m^2	84060.00	16.15	1357569.00	
13	040202002002	石灰稳定土	1. 含灰量:11% 2. 厚度:30cm	m^2	57300.00	15.68	898464.00	
14	040202006001	石灰、粉煤灰、碎(砾)石	1. 配合比:10∶20∶70 2. 二灰碎石厚度:12cm	m^2	84060.00	30.55	2568033.00	
15	040202006002	石灰、粉煤灰、碎(砾)石	1. 配合比:10∶20∶71 2. 二灰碎石厚度:20cm	m^2	57300.00	24.56	1407288.00	
16	040204002001	人行道块料铺设	1. 材料品种:普通人行道板 2. 块料规格:25 cm×2cm	m^2	5860.00	0.69	4043.40	
17	040204002002	人行道块料铺设	1. 材料品种:异形彩色花砖,D型砖 2. 垫层材料:1∶3石灰砂浆	m^2	20590.00	13.01	267875.90	
18	040205001001	人(手)孔井	1. 材料品种;接线井 2. 规格尺寸:100cm×100cm×100cm	座	10	706.43	7064.30	
19	040205001002	人(手)孔井	1. 材料品种;接线井 2. 规格尺寸:50cm×50cm×100cm	座	55	492.10	27065.50	
20	040205012001	隔离护栏	材料品种:钢制人行道护栏	m	1440.00	14.68	21139.20	
21	040205012001	隔离护栏	材料品种:钢制机非分隔栏	m	210.00	15.50	3255.00	
22	040203005001	黑色碎石	1. 材料品种:石油沥青 2. 厚度:6cm	m^2	91360.00	50.12	4578963.20	
23	040203006001	沥青混凝土	厚度:5cm	m^2	3375.00	113.11	381746.25	
24	040203006002	沥青混凝土	厚度:4cm	m^2	91300.00	96.58	8817754.00	
25	040203006003	沥青混凝土	厚度:3cm	m^2	125190.00	30.45	3812035.50	

续表

序号	项目编码	项目名称	项目特征描述	计量单位	工程量	金额/元		
						综合单价	合价	其中 暂估价
		0402 道路工程						
26	040202015001	水泥稳定碎(砾)石	厚度:18cm	m^2	793.00	21.80	17287.40	
27	040202015002	水泥稳定碎(砾)石	厚度:17cm	m^2	793.00	20.25	16058.25	
28	040202015003	水泥稳定碎(砾)石	厚度:18cm	m^2	793.00	20.11	15947.23	
29	040202015004	水泥稳定碎(砾)石	厚度:21cm	m^2	730.00	16.55	12081.50	
30	040202015005	水泥稳定碎(砾)石	厚度:22cm	m^2	364.00	16.15	5878.60	
31	040204004001	安砌侧(平、缘)石	1. 材料品种:花岗岩剁斧平石 2. 材料规格:12cm×25cm×49.5cm	m^2	688.00	50.50	34744.00	
32	040204004002	安砌侧(平、缘)石	1. 材料品种:甲 B 型机切花岗岩路缘石 2. 材料规格:15cm×32cm×99.5cm	m^2	1010.00	83.26	84092.60	
33	040204004003	安砌侧(平、缘)石	1. 材料品种:甲 B 型机切花岗岩路缘石 2. 材料规格:15cm×25cm×74.5cm	m^2	340.00	63.21	21491.40	
		分部小计					24460778.03	
		0403 桥涵工程						
34	040301006001	干作业成孔灌注桩	1. 桩径:直径 1.3cm 2. 混凝土强度等级:C25	m	1035.00	1200.50	1242517.50	
35	040301006002	干作业成孔灌注桩	1. 桩径:直径 1cm 2. 混凝土强度等级:C25	m	1680.00	1588.20	2668176.00	
36	040303003001	混凝土承台	混凝土强度等级:C10	m^3	1020.00	288.70	294474.00	
37	040303005001	混凝土墩(台)身	1. 部位:墩柱 2. 混凝土强度等级:C35	m^3	384.00	435.21	167120.64	
38	040303005002	混凝土墩(台)身	1. 部位:墩柱 2. 混凝土强度等级:C30	m^3	1210.00	304.65	368626.50	
39	040303006001	混凝土支撑梁及横梁	1. 部位:简支梁湿接头 2. 混凝土强度等级:C30	m^3	800.00	385.50	308400.00	
40	040303007001	混凝土墩(台)盖梁	混凝土强度等级:C35	m^3	748.00	345.45	258396.60	

续表

序号	项目编码	项目名称	项目特征描述	计量单位	工程量	金额/元		
						综合单价	合价	其中 暂估价
		0403 桥涵工程						
41	040303019001	桥面铺装	1. 沥青品种：改性沥青、玛琋脂、玄武石、碎石混合料 2. 厚度：4cm	m²	7550.00	35.21	265835.50	
42	040303019002	桥面铺装	1. 沥青品种：改性沥青、玛琋脂、玄武石、碎石混合料 2. 厚度：5cm	m²	7560.00	40.55	306558.00	
43	040303019003	桥面铺装	混凝土强度等级：C30	m²	290.00	621.50	180235.00	
44	040304001001	预制混凝土梁	1. 部位：墩柱连系梁 2. 混凝土强度等级：C30	m²	205.00	220.46	45194.30	
45	040304001002	预制混凝土梁	1. 部位：预应力混凝土简支梁 2. 混凝土强度等级：C30	m²	755.00	1244.23	939393.65	
46	040304001003	预制混凝土梁	1. 部位：预应力混凝土简支梁 2. 混凝土强度等级：C45	m²	2460.00	1244.23	3060805.80	
47	040305003001	浆砌块料	1. 部位：河道浸水挡墙、墙身 2. 材料品种：M10 浆砌片石 3. 泄水孔品种、规格：塑料管，ϕ100	m³	593.00	160.70	95295.10	
48	040303002001	混凝土基础	1. 部位：河道浸水挡墙基础 2. 混凝土强度等级：C25	m³	1027.00	78.90	81030.30	
49	040303016001	混凝土挡墙压顶	混凝土强度等级：C25	m³	32.00	171.23	5479.36	
50	040309004001	橡胶支座	规格：20cm×35cm×4.9cm	m³	32.00	172.13	5508.16	
51	040309008001	桥梁伸缩装置	材料品种：毛勒伸缩缝	m	180.00	2050.40	369072.00	
52	040309010001	防水层	材料品种：APP 防水层	m²	10150.00	35.60	361340.00	
		分部小计					11023458.41	
		0405 管网工程						
53	040504001001	砌筑井	1. 规格：1.4×1.0 2. 埋深：3m	座	32	1760.50	56336.00	
54	040504001002	砌筑井	1. 规格：1.2×1.0 2. 埋深：2m	座	82	1650.58	135347.56	
55	040504001003	砌筑井	1. 规格：ϕ900 2. 埋深：1.5m	座	45	1048.23	47170.35	

续表

序号	项目编码	项目名称	项目特征描述	计量单位	工程量	金额/元		
						综合单价	合价	其中 暂估价
		0405 管网工程						
56	040504001004	砌筑井	1. 规格:0.6×0.6 2. 埋深:1.5m	座	52	688.55	35804.60	
57	040504001005	砌筑井	1. 规格:0.48×0.48 2. 埋深:1.5m	座	104	666.70	69336.80	
58	040504009001	雨水口	1. 类型:单平箅 2. 埋深:3m	座	11	456.90	5025.90	
59	040504009002	雨水口	1. 类型:双平箅 2. 埋深:2m	座	300	750.50	225150.00	
60	040501001001	混凝土管	1. 规格:*DN*1650 2. 埋深:3.5m	m	456.00	384.25	175218.00	
61	040501001002	混凝土管	1. 规格:*DN*1000 2. 埋深:3.5m	m	430.00	118.16	50808.80	
62	040501001003	混凝土管	1. 规格:*DN*1000 2. 埋深:2.5m	m	1732.00	84.32	146042.24	
63	040501001004	混凝土管	1. 规格:*DN*1000 2. 埋深:2m	m	1088.00	84.32	91740.16	
64	040501001005	混凝土管	1. 规格:*DN*800 2. 埋深:1.5m	m	766.00	36.20	27729.20	
65	040501001006	混凝土管	1. 规格:*DN*600 2. 埋深:1.5m	m	2845.00	27.90	79375.50	
66	040501001007	混凝土管	1. 规格:*DN*600 2. 埋深:3.5m	m	457.00	344.60	157482.20	
		分部小计					1302567.31	
		0409 钢筋工程						
67	040901001001	现浇混凝土钢筋	钢筋规格:ϕ10 以外	t	283.00	3420.00	967860.00	700000
68	040901001002	现浇混凝土钢筋	钢筋规格:ϕ11 以内	t	1188.00	3800.50	4514994.00	4300000
69	040901006001	后张法预应力钢筋	1. 钢筋种类:钢绞线(高强度低松弛)R=1860MPa 2. 锚具种类:预应力锚具 3. 压浆管材质、规格:金属波纹管内径 6.2cm,长 17108m 4. 砂浆强度等级:C40	t	138.00	11890.06	1640828.28	1000000
		分部小计					7123682.28	6000000
合计							46110974.31	6000000

6. 综合单价分析表

以某市高速公路扩能改造工程石灰、粉煤灰、碎（砾）石，人行道块料铺设工程量综合单价分析表介绍投标报价中综合单价分析表的编制。

综合单价分析表（一）

工程名称：某市高速公路扩能改造工程　　标段：　　第　页共　页

项目编码	040202006001	项目名称	石灰、粉煤灰、碎（砾）石	计量单位	m^2	工程量	84060.00

定额编号	定额项目名称	定额单位	数量	单价				合价			
				人工费	材料费	机械费	管理费和利润	人工费	材料费	机械费	管理费和利润
2-62	石灰:粉煤灰:碎石=10∶20∶70	$100m^2$	0.01	315	2086.42	86.58	566.50	3.15	20.86	0.87	5.67
人工单价		小计						3.15	20.86	0.87	5.67
22.47 元/工日		未计价材料费						—			
清单项目综合单价								30.55			

材料费明细	主要材料名称、规格、型号	单位	数量	单价/元	合价/元	暂估单价/元	暂估合价/元
	生石灰	t	0.0396	120.00	4.75		
	粉煤灰	m^3	0.1056	80.00	8.45		
	碎石 25～40mm	m^3	0.1891	40.36	7.63		
	水	m^3	0.063	0.45	0.03		
	其他材料费			—		—	
	材料费小计			—	20.86	—	

综合单价分析表（二）

工程名称：某市高速公路扩能改造工程　　标段：　　第　页共　页

项目编码	040204002002	项目名称	人行道块料铺设	计量单位	m^2	工程量	20590.00

定额编号	定额项目名称	定额单位	数量	单价				合价			
				人工费	材料费	机械费	管理费和利润	人工费	材料费	机械费	管理费和利润
2-322	D 型砖	$10m^2$	0.1	62.15	48.32	—	19.63	6.22	4.83	—	1.96

续表

<table>
<tr><td>项目编码</td><td>040204002002</td><td>项目名称</td><td colspan="2">人行道块料铺设</td><td>计量单位</td><td>m²</td><td colspan="2">工程量</td><td>20590.00</td></tr>
<tr><td colspan="12">清单综合单价组成明细</td></tr>
<tr><td rowspan="2">定额编号</td><td rowspan="2">定额项目名称</td><td rowspan="2">定额单位</td><td rowspan="2">数量</td><td colspan="4">单价</td><td colspan="4">合价</td></tr>
<tr><td>人工费</td><td>材料费</td><td>机械费</td><td>管理费和利润</td><td>人工费</td><td>材料费</td><td>机械费</td><td>管理费和利润</td></tr>
<tr><td></td><td></td><td></td><td></td><td></td><td></td><td></td><td></td><td></td><td></td><td></td><td></td></tr>
<tr><td></td><td></td><td></td><td></td><td></td><td></td><td></td><td></td><td></td><td></td><td></td><td></td></tr>
<tr><td colspan="2">人工单价</td><td colspan="6">小计</td><td>6.22</td><td>4.83</td><td>—</td><td>1.96</td></tr>
<tr><td colspan="2">22.47元/工日</td><td colspan="6">未计价材料费</td><td colspan="4"></td></tr>
<tr><td colspan="8">清单项目综合单价</td><td colspan="4">13.01</td></tr>
<tr><td rowspan="8">材料费明细</td><td colspan="4">主要材料名称、规格、型号</td><td>单位</td><td>数量</td><td>单价/元</td><td>合价/元</td><td>暂估单价/元</td><td>暂估合价/元</td></tr>
<tr><td colspan="4">生石灰</td><td>t</td><td>0.006</td><td>120.00</td><td>0.72</td><td></td><td></td></tr>
<tr><td colspan="4">粗砂</td><td>m³</td><td>0.024</td><td>45.22</td><td>1.09</td><td></td><td></td></tr>
<tr><td colspan="4">水</td><td>m³</td><td>0.111</td><td>0.45</td><td>0.05</td><td></td><td></td></tr>
<tr><td colspan="4">D型砖</td><td>m³</td><td>29.70</td><td>0.10</td><td>2.97</td><td></td><td></td></tr>
<tr><td colspan="4"></td><td></td><td></td><td></td><td></td><td></td><td></td></tr>
<tr><td colspan="6">其他材料费</td><td>—</td><td></td><td>—</td><td></td></tr>
<tr><td colspan="6">材料费小计</td><td>—</td><td>4.83</td><td>—</td><td></td></tr>
</table>

（其他分部分项工程的清单综合单价分析表略）

7. 总价措施项目清单与计价表

总价措施项目清单与计价表

工程名称：某市高速公路扩能改造工程　　　　标段：　　　　第　页共　页

序号	项目编码	项目名称	计算基础	费率（%）	金额/元	调整费率（%）	调整后金额/元	备注
1	041109001001	安全文明施工费	定额人工费	25	1804841.08			
2	041109002001	夜间施工增加费	定额人工费	1.5	108290.46			
3	041109003001	二次搬运费	定额人工费	1	72193.64			
4	041109004001	冬雨季施工增加费	定额人工费	0.6	43316.19			
5	041109007001	已完工程及设备保护费			35000.00			
合计					2063641.37			

编制人（造价人员）：×××　　　　复核人（造价工程师）：×××

8. 其他项目清单与计价汇总表

其他项目清单与计价汇总表

工程名称：某市高速公路扩能改造工程　　标段：　　第　页共　页

序号	项目名称	金额/元	结算金额/元	备注
1	暂列金额	1500000.00		明细详见表(1)
2	暂估价	200000.00		
21	材料暂估价	—		明细详见表(2)
22	专业工程暂估价	200000.00		明细详见表(3)
3	计日工	1339900.00		明细详见表(4)
4	总承包服务费	25000.00		明细详见表(5)
合计		3064900.00		—

(1) 暂列金额明细表

暂列金额明细表

工程名称：某市高速公路扩能改造工程　　标段：　　第　页共　页

序号	项目名称	计量单位	暂定金额/元	备注
1	政策性调整和材料价格波动	项	1000000.00	
2	其他	项	500000.00	
合计			1500000.00	—

(2) 材料（工程设备）暂估单价及调整表

材料（工程设备）暂估单价及调整表

工程名称：某市高速公路扩能改造工程　　标段：　　第　页共　页

序号	材料(工程设备)名称、规格、型号	计量单位	数量		暂估/元		确认/元		差额±/元		备注
			暂估	确认	单价	合价	单价	合价	单价	合价	
1	钢筋(规格、型号综合)	t	260		3800	988000					用于现浇钢筋混凝土项目
合计						988000					

(3) 专业工程暂估价及结算价表

专业工程暂估价及结算价表

工程名称：某市高速公路扩能改造工程　　　　标段：　　　　第　页共　页

序号	工程名称	工程内容	暂估金额/元	结算金额/元	差额±/元	备注
1	消防工程	合同图纸中标明的以及消防工程规范和技术说明中规定的各系统中的设备、管道、阀门、线缆等的供应、安装和调试工作	200000			
合计			200000			

(4) 计日工表

计日工表

工程名称：某市高速公路扩能改造工程　　　　标段：　　　　第　页共　页

编号	项目名称	单位	暂定数量	实际数量	综合单价/元	合价/元	
						暂定	实际
一	人工						
1	技工	工日	100		49.00	4900.00	
2	壮工	工日	300		45.00	13500.00	
人工小计						18400.00	
二	材料						
1	水泥 42.5	t	280		300.00	84000.00	
2	钢筋	t	260		3800.00	988000.00	
材料小计						1072000.00	
三	施工机械						
1	履带式推土机 105kW	台班	50		990.00	49500.00	
2	汽车起重机 25t	台班	250		800	200000.00	
施工机械小计						249500.00	
四、企业管理费和利润　　按人工费 20%计							
总计						1339900.00	

（5）总承包服务费计价表

总承包服务费计价表

工程名称：某市高速公路扩能改造工程　　　　标段：　　　　第　页共　页

序号	项目名称	项目价值/元	服务内容	计算基础	费率（%）	金额/元
1	发包人发包专业工程	500000	1. 按专业工程承包人的要求提供施工工作面并对施工现场进行统一整理汇总 2. 为专业工程承包人提供垂直运输机械和焊接电源接入点，并承担垂直运输费和电费	项目价值	5	25000
	合计	—	—		—	25000

9. 规费、税金项目计价表

规费、税金项目计价表

工程名称：某市高速公路扩能改造工程　　　　标段：　　　　第　页共　页

序号	项目名称	计算基础	计算基数	计算费率(%)	金额/元
1	规费	定额人工费			2057518.83
1.1	社会保险费	定额人工费	(1)+…+(5)		1624356.97
(1)	养老保险费	定额人工费		14	1010711.00
(2)	失业保险费	定额人工费		2	144387.29
(3)	医疗保险费	定额人工费		6	433161.86
(4)	工伤保险费	定额人工费		0.25	18048.41
(5)	生育保险费	定额人工费		0.25	18048.41
1.2	住房公积金	定额人工费		6	433161.86
1.3	工程排污费	按工程所在地环境保护部门收取标准，按实计入			—
2	税金	分部分项工程费+措施项目费+其他项目费+规费-按规定不计税的工程设备金额		3.14	1673526.88
合计					3731045.71

编制人（造价人员）：×××　　　　复核人（造价工程师）：×××

10. 总价项目进度款支付分解表

总价项目进度款支付分解表

工程名称：某市高速公路扩能改造工程　　　　标段：　　　　第　页共　页

序号	项目名称	总价金额	首次支付	二次支付	三次支付	四次支付	五次支付	
1	安全文明施工费	1804841.08	360968.22	360968.22	360968.22	360968.22	360968.20	
2	夜间施工增加费	108290.46	21658.09	21658.09	21658.09	21658.09	21658.10	
3	二次搬运费	72193.64	14438.73	14438.73	14438.73	14438.73	14438.72	
	略							
	社会保险费	1624356.97	324871.39	324871.39	324871.39	324871.39	324871.41	
	住房公积金	433161.86	86632.37	86632.37	86632.37	86632.37	86632.38	
合计								

编制人（造价人员）：×××　　　　复核人（造价工程师）：×××

11. 主要材料、工程设备一览表

承包人提供主要材料和工程设备一览表

（适用于造价信息差额调整法）

工程名称：某市高速公路扩能改造工程　　　　标段：　　　　第　页共　页

序号	名称、规格、型号	单位	数量	风险系数（%）	基准单价/元	投标单价/元	发承包人确认单价/元	备注
1	预拌混凝土 C20	m^3	25	≤5	310	308		
2	预拌混凝土 C25	m^3	560	≤5	323	325		
3	预拌混凝土 C30	m^3	3120	≤5	340	340		

3.3 市政工程竣工结算编制实例

现以某市高速公路扩能改造工程为例介绍工程竣工结算编制（由发包人核对）。

1. 封面

竣工结算书封面

某市高速公路扩能改造 工程

竣 工 结 算 书

发 包 人：某市市政建设办公室
（单位盖章）

承 包 人：××建筑公司
（单位盖章）

造价咨询人：××工程造价咨询企业
（单位盖章）

20××年××月××日

2. 扉页

竣工结算书扉页

某市高速公路扩能改造 工程

竣工结算总价

签约合同价(小写): 54970561.39元

(大写): 伍仟肆佰玖拾柒万零伍佰陆拾壹元叁角玖分

竣工结算价(小写): 53786890.48元

(大写): 伍仟叁佰柒拾捌万陆仟捌佰玖拾元肆角捌分

发包人:某市市政建设办公室 承包人:××建筑公司 造价咨询人:××工程造价咨询企业

(单位盖章) (单位盖章) (单位资质专用章)

法定代表人 某市市政建设办公室 法定代表人 ××建筑公司 法定代表人 ××工程造价咨询企业

或其授权人: ××× 或其授权人: ××× 或其授权人: ×××

(签字或盖章) (签字或盖章) (签字或盖章)

编 制 人: ××× 核 对 人: ×××

(造价人员签字盖专用章) (造价工程师签字盖专用章)

编制时间:20××年××月××日 核对时间:20××年××月××日

3. 总说明

总说明

工程名称:某市高速公路扩能改造工程 第 页共 页

1. 工程概况:某市高速公路全长6.5km,路宽65m。8车道,其中大桥上部结构采用预应力混凝土T形梁,梁高为1.2m,跨境为1×22m+6×20m,桥梁全长168m。大桥下部结构中墩采用桩接柱,柱顶盖梁;边墩采用重力桥台。墩柱直径为1.3m,转孔桩直径为1.5m。合同工期为280天,实际施工工期265天。

2. 竣工结算依据。

(1)承包人报送的竣工结算。

(2)施工合同、投标文件、招标文件。

(3)竣工图、发包人确认的实际完成工程量和索赔及现场签证资料。

(4)某省建设主管部门颁发的计价定额和计价管理办法及相关计价文件。

(5)某省工程造价管理机构发布人工费调整文件。

3. 核对情况说明:(略)。

4. 结算价分析说明:(略)。

4. 竣工结算汇总表

建设项目竣工结算汇总表

工程名称：某市高速公路扩能改造工程　　　　第　页共　页

序号	单项工程名称	金额/元	其中:/元	
			安全文明施工费	规费
1	某市高速公路扩能改造工程	53786890.48	2165809.30	2057518.83
合计		53786890.48	2165809.30	2057518.83

单项工程竣工结算汇总表

工程名称：某市高速公路扩能改造工程　　　　第　页共　页

序号	单项工程名称	金额/元	其中:/元	
			安全文明施工费	规费
1	某市高速公路扩能改造工程	53786890.48	2165809.30	2057518.83
合计		53786890.48	2165809.30	2057518.83

单位工程竣工结算汇总表

工程名称：某市高速公路扩能改造工程　　　　第　页共　页

序号	汇总内容	金额/元
1	分部分项工程	46018800.92
0401	土石方工程	2157410.27
0402	道路工程	24491313.60
0403	桥涵工程	10933772.38
0405	管网工程	1365365.67
0409	钢筋工程	7070939.00
2	措施项目	2424609.59
0411	其中:安全文明施工费	2165809.30
3	其他项目	1648470.00
3.1	其中:专业工程结算价	198700.00
3.2	其中:计日工	1364770.00
3.3	其中:总承包服务费	30000.00

续表

序号	汇总内容	金额/元
3.4	其中:索赔与现场签证	55000.00
4	规费	2057518.83
5	税金	1637491.14
竣工结算总价合计=1+2+3+4+5		53786890.48

5. 分部分项工程和单价措施项目清单与计价表

分部分项工程和单价措施项目清单与计价表

工程名称：某市高速公路扩能改造工程　　　　标段：　　　　第　页共　页

序号	项目编码	项目名称	项目特征描述	计量单位	工程量	金额/元		
						综合单价	合价	其中 暂估价
		0401 土石方工程						
1	040101001001	挖一般土方	1. 土壤类别:一、二类土 2. 挖土深度:4m 以内	m^3	140250.00	10.50	1472625.00	
2	040101002001	挖沟槽土方	1. 土壤类别:三、四类土 2. 挖土深度:4m 以内	m^3	2490.00	11.65	29008.50	
3	040101002002	挖沟槽土方	1. 土壤类别:三、四类土 2. 挖土深度:3m 以内	m^3	837.00	75.71	63369.27	
4	040101002003	挖沟槽土方	1. 土壤类别:三、四类土 2. 挖土深度:6m 以内	m^3	2835.00	16.50	46777.5 0	
5	040103001001	回填方	密实度:90%以上	m^3	8450.00	8.50	71825.00	
6	040103001002	回填方	1. 密实度:90%以上 2. 填方材料品种:二灰土 12∶35∶53	m^3	7715.00	6.75	52076.25	
7	040103001003	回填方	填方材料品种:砂砾石	m^3	210.00	61.55	12925.50	
8	040103001004	回填方	1. 密实度:≥96% 2. 填方粒径:粒径 5~80cm 3. 填方材料品种:砂砾石	m^3	3531.00	28.25	99750.75	
9	040103002001	余方弃置	1. 废弃料品种:松土 2. 运距:100mm	m^3	46500.00	7.34	341310.00	
10	040103002002	余方弃置	运距:10km	m^3	1500.00	9.68	14520.00	
		分部小计					2157410.27	
		0402 道路工程						
11	040201004001	掺石灰	含灰量:10%	m^3	1820.00	56.80	103376.00	
12	040202002001	石灰稳定土	1. 含灰量:10% 2. 厚度:15cm	m^2	84090.00	16.15	1358053.50	
13	040202002002	石灰稳定土	1. 含灰量:11% 2. 厚度:30cm	m^2	57300.00	16.50	945450.00	

续表

序号	项目编码	项目名称	项目特征描述	计量单位	工程量	金额/元		
						综合单价	合价	其中 暂估价
		0402 道路工程						
14	040202006001	石灰、粉煤灰、碎(砾)石	1. 配合比:10∶20∶70 2. 二灰碎石厚度:12cm	m^2	84060.00	30.55	2568033.00	
15	040202006002	石灰、粉煤灰、碎(砾)石	1. 配合比:10∶20∶71 2. 二灰碎石厚度:20cm	m^2	57300.00	24.56	1407288.00	
16	040204002001	人行道块料铺设	1. 材料品种:普通人行道板 2. 块料规格:25×2cm	m^2	5860.00	0.75	4395.00	
17	040204002002	人行道块料铺设	1. 材料品种:异形彩色花砖,D型砖 2. 垫层材料:1∶3石灰砂浆	m^2	20590.00	13.01	267875.90	
18	040205001001	人(手)孔井	1. 材料品种:接线井 2. 规格尺寸:100cm×100cm×100cm	座	10	700	7000	
19	040205001002	人(手)孔井	1. 材料品种:接线井 2. 规格尺寸:50cm×50cm×100cm	座	55	500	27500.00	
20	040205012001	隔离护栏	材料品种:钢制人行道护栏	m	1400.00	13.20	18480.00	
21	040205012001	隔离护栏	材料品种:钢制机非分隔栏	m	210.00	15.50	3255.00	
22	040203005001	黑色碎石	1. 材料品种:石油沥青 2. 厚度:6cm	m^2	91210.00	50.12	4571445.20	
23	040203006001	沥青混凝土	厚度:5cm	m^2	3375.00	113.20	382050.00	
24	040203006002	沥青混凝土	厚度:4cm	m^2	91300.00	96.58	8817754.00	
25	040203006003	沥青混凝土	厚度:3cm	m^2	125000.00	30.45	3806250.00	
26	040202015001	水泥稳定碎(砾)石	厚度:18cm	m^2	790.00	21.80	17222.00	
27	040202015002	水泥稳定碎(砾)石	厚度:17cm	m^2	793.00	20.25	16058.25	
28	040202015003	水泥稳定碎(砾)石	厚度:18cm	m^2	793.00	20.05	15899.65	
29	040202015004	水泥稳定碎(砾)石	厚度:21cm	m^2	730.00	16.35	11935.50	
30	040202015005	水泥稳定碎(砾)石	厚度:22cm	m^2	364.00	16.15	5878.60	
31	040204004001	安砌侧(平、缘)石	1. 材料品种:花岗岩剁斧平石 2. 材料规格:12cm×25cm×49.5cm	m^2	688.00	50.50	34744.00	

续表

序号	项目编码	项目名称	项目特征描述	计量单位	工程量	金额/元		
						综合单价	合价	其中 暂估价
		0402 道路工程						
32	040204004002	安砌侧(平、缘)石	1. 材料品种：甲 B 型机切花岗岩路缘石 2. 材料规格：15cm×32cm×99.5cm	m^2	1010.00	80.00	80800.00	
33	040204004003	安砌侧(平、缘)石	1. 材料品种：甲 B 型机切花岗岩路缘石 2. 材料规格：15cm×25cm×74.5cm	m^2	340.00	60.50	20570.00	
		分部小计					24491313.60	
		0403 桥涵工程						
34	040301006001	干作业成孔灌注桩	1. 桩径：直径 1.3cm 2. 混凝土强度等级：C25	m	1035.00	1200.50	1242517.50	
35	040301006002	干作业成孔灌注桩	1. 桩径：直径 1cm 2. 混凝土强度等级：C25	m	1660.00	1588.20	2636412.00	
36	040303003001	混凝土承台	混凝土强度等级：C10	m^3	1020.00	288.70	294474.00	
37	040303005001	混凝土墩(台)身	1. 部位：墩柱 2. 混凝土强度等级：C35	m^3	380.00	435.50	165490.00	
38	040303005002	混凝土墩(台)身	1. 部位：墩柱 2. 混凝土强度等级：C30	m^3	1210.00	304.65	368626.50	
39	040303006001	混凝土支撑梁及横梁	1. 部位：简支梁湿接头 2. 混凝土强度等级：C30	m^3	800.00	385.50	308400.00	
40	040303007001	混凝土墩(台)盖梁	混凝土强度等级：C35	m^3	750.00	345.45	259087.50	
41	040303019001	桥面铺装	1. 沥青品种：改性沥青、玛琋脂、玄武石、碎石混合料 2. 厚度：4cm	m^2	7560.00	36.10	272916.00	
42	040303019002	桥面铺装	1. 沥青品种：改性沥青、玛琋脂、玄武石、碎石混合料 2. 厚度：5cm	m^2	7560.00	40.55	306558.00	
43	040303019003	桥面铺装	混凝土强度等级：C30	m^2	290.00	620.00	179800.00	
44	040304001001	预制混凝土梁	1. 部位：墩柱连系梁 2. 混凝土强度等级：C30	m^2	205.00	220.46	45194.30	
45	040304001002	预制混凝土梁	1. 部位：预应力混凝土简支梁 2. 混凝土强度等级：C30	m^2	755.00	1200.34	906256.70	
46	040304001003	预制混凝土梁	1. 部位：预应力混凝土简支梁 2. 混凝土强度等级：C45	m^2	2460.00	1235.50	3039330.00	

续表

序号	项目编码	项目名称	项目特征描述	计量单位	工程量	金额/元		
						综合单价	合价	其中 暂估价
		0403 桥涵工程						
47	040305003001	浆砌块料	1. 部位:河道浸水挡墙、墙身 2. 材料品种:M10 浆砌片石 3. 泄水孔品种、规格:塑料管,ϕ100	m^3	602.00	160.70	96741.40	
48	040303002001	混凝土基础	1. 部位:河道浸水挡墙基础 2. 混凝土强度等级:C25	m^3	1008.00	78.90	79531.20	
49	040303016001	混凝土挡墙压顶	混凝土强度等级:C25	m^3	32.00	174.66	5589.12	
50	040309004001	橡胶支座	规格:20cm×35cm×4.9cm	m^3	32.00	172.13	5508.16	
51	040309008001	桥梁伸缩装置	材料品种:毛勒伸缩缝	m	180.00	2000.00	360000.00	
52	040309010001	防水层	材料品种:APP 防水层	m^2	10150.00	35.60	361340.00	
		分部小计					10933772.38	
		0405 管网工程						
53	040504001001	砌筑井	1. 规格:1.4×1.0 2. 埋深:3m	座	35	1760.50	61617.50	
54	040504001002	砌筑井	1. 规格:1.2×1.0 2. 埋深:2m	座	84	1650.58	138648.72	
55	040504001003	砌筑井	1. 规格:ϕ900 2. 埋深:1.5m	座	45	1048.23	47170.35	
56	040504001004	砌筑井	1. 规格:0.6×0.6 2. 埋深:1.5m	座	52	688.55	35804.60	
57	040504001005	砌筑井	1. 规格:0.48×0.48 2. 埋深:1.5m	座	108	666.70	72003.60	
58	040504009001	雨水口	1. 类型:单平箅 2. 埋深:3m	座	12	456.90	60310.80	
59	040504009002	雨水口	1. 类型:双平箅 2. 埋深:2m	座	300	750.50	225150.00	
60	040501001001	混凝土管	1. 规格:$DN$1650 2. 埋深:3.5m	m	460.00	384.25	176755.00	
61	040501001002	混凝土管	1. 规格:$DN$1000 2. 埋深:3.5m	m	430.00	118.16	50808.80	
62	040501001003	混凝土管	1. 规格:$DN$1000 2. 埋深:2.5m	m	1732.00	80.90	140118.80	
63	040501001004	混凝土管	1. 规格:$DN$1000 2. 埋深:2m	m	1088.00	84.50	91936.00	

续表

序号	项目编码	项目名称	项目特征描述	计量单位	工程量	金额/元		
						综合单价	合价	其中 暂估价
		0405 管网工程						
64	040501001005	混凝土管	1. 规格:*DN*800 2. 埋深:1.5m	m	750.00	36.20	27150.00	
65	040501001006	混凝土管	1. 规格:*DN*600 2. 埋深:1.5m	m	2845.00	27.90	79375.50	
66	040501001007	混凝土管	1. 规格:*DN*600 2. 埋深:3.5m	m	460.00	344.60	158516.00	
		分部小计					1365365.67	
		0409 钢筋工程						
67	040901001001	现浇混凝土钢筋	钢筋规格:ϕ10 以外	t	280.00	3421.00	957880.00	
68	040901001002	现浇混凝土钢筋	钢筋规格:ϕ11 以内	t	1180.00	3800.50	4484590.00	
69	040901006001	后张法预应力钢筋	1. 钢筋种类:钢绞线(高强度低松弛)R=1860MPa 2. 锚具种类:预应力锚具 3. 压浆管材质、规格:金属波纹管内径 6.2cm,长 17108m 4. 砂浆强度等级:C40	t	138.00	11800.50	1628469.00	
		分部小计					7070939	
合计							46018800.92	

6. 综合单价分析表

以某市高速公路扩能改造工程石灰、粉煤灰、碎(砾)石,人行道块料铺设工程量综合单价分析表介绍工程竣工结算中综合单价分析表的编制。

综合单价分析表(一)

工程名称:某市高速公路扩能改造工程　　标段:　　第　页 共　页

项目编码	040202006001	项目名称	石灰、粉煤灰、碎(砾)石	计量单位	m²	工程量	84060.00

清单综合单价组成明细											
定额编号	定额项目名称	定额单位	数量	单价				合价			
				人工费	材料费	机械费	管理费和利润	人工费	材料费	机械费	管理费和利润
2-62	石灰:粉煤灰:碎石=10:20:70	100m²	0.01	315	2086.42	86.58	566.50	3.15	20.86	0.87	5.67

续表

项目编码	040202006001	项目名称	石灰、粉煤灰、碎(砾)石	计量单位	m^2	工程量	84060.00				
清单综合单价组成明细											
定额编号	定额项目名称	定额单位	数量	单价				合价			
				人工费	材料费	机械费	管理费和利润	人工费	材料费	机械费	管理费和利润
人工单价		小计						3.15	20.86	0.87	5.67
22.47 元/工日		未计价材料费						—			
清单项目综合单价								30.55			

材料费明细	主要材料名称、规格、型号	单位	数量	单价/元	合价/元	暂估单价/元	暂估合价/元
	生石灰	t	0.0396	120.00	4.75		
	粉煤灰	m^3	0.1056	80.00	8.45		
	碎石 25～40mm	m^3	0.1891	40.36	7.63		
	水	m^3	0.063	0.45	0.03		
	其他材料费			—		—	
	材料费小计			—	20.86	—	

综合单价分析表（二）

工程名称：某市高速公路扩能改造工程　　标段：　　第　页共　页

项目编码	040204002002	项目名称	人行道块料铺设	计量单位	m^2	工程量	20590.00				
清单综合单价组成明细											
定额编号	定额项目名称	定额单位	数量	单价				合价			
				人工费	材料费	机械费	管理费和利润	人工费	材料费	机械费	管理费和利润
2-322	D型砖	$10m^2$	0.1	62.15	48.32	—	19.63	6.22	4.83	—	1.96
人工单价		小计						6.22	4.83	—	1.96
22.47 元/工日		未计价材料费									
清单项目综合单价								13.01			

续表

	主要材料名称、规格、型号	单位	数量	单价/元	合价/元	暂估单价/元	暂估合价/元
材料费明细	生石灰	t	0.006	120.00	0.72		
	粗砂	m^3	0.024	45.22	1.09		
	水	m^3	0.111	0.45	0.05		
	D型砖	m^3	29.70	0.10	2.97		
	其他材料费			—		—	
	材料费小计			—	4.83	—	

（其他分部分项工程的清单综合单价分析表略）

7. 综合单价调整表

综合单价调整表

工程名称：某市高速公路扩能改造工程　　标段：　　第　页共　页

序号	项目编码	项目名称	已标价清单综合单价/元					调整后综合单价/元				
			综合单价	其中				综合单价	其中			
				人工费	材料费	机械费	管理费和利润		人工费	材料费	机械费	管理费和利润
1	040901001001	现浇混凝土钢筋	3420.00	284.75	3026.54	62.42	102.29	3421.00	320.75	3314.54	62.42	102.29
2	（其他略）											

造价工程师(签章)：　发包人代表(签章)： 日期:20××年××月××日	造价人员(签章)：　发包人代表(签章)： 日期:20××年××月××日

8. 总价措施项目清单与计价表

总价措施项目清单与计价表

工程名称：某市高速公路扩能改造工程　　标段：　　第　页共　页

序号	项目编码	项目名称	计算基础	费率（%）	金额/元	调整费率（%）	调整后金额/元	备注
1	041109001001	安全文明施工费	定额人工费	25	1804841.08	30	2165809.30	
2	041109002001	夜间施工增加费	定额人工费	1.5	108290.46	1.5	108290.46	
3	041109003001	二次搬运费	定额人工费	1	72193.64	1	72193.64	
4	041109004001	冬雨季施工增加费	定额人工费	0.6	43316.19	0.6	43316.19	
5	041109007001	已完工程及设备保护费			35000.00		35000.00	
合计					2063641.371		2424609.59	

编制人（造价人员）：×××　　复核人（造价工程师）：×××

9. 其他项目清单与计价汇总表

其他项目清单与计价汇总表

工程名称：某市高速公路扩能改造工程　　标段：　　第　页共　页

序号	项目名称	金额/元	结算金额/元	备注
1	暂列金额	1500000.00	—	
2	暂估价	200000.00	198700.00	
2.1	材料暂估价	—	—	明细详见(1)
2.2	专业工程结算价	200000.00	198700.00	明细详见(2)
3	计日工	1339900.00	1364770.00	明细详见(3)
4	总承包服务费	25000.00	30000.00	明细详见(4)
5	索赔与现场签证		55000.00	明细详见(5)
合计		3064900.00	1648470.00	—

(1) 材料（工程设备）暂估单价及调整表

材料（工程设备）暂估单价及调整表

工程名称：某市高速公路扩能改造工程　　标段：　　第　页共　页

序号	材料(工程设备)名称、规格、型号	计量单位	数量		暂估/元		确认/元		差额±/元		备注
			暂估	确认	单价	合价	单价	合价	单价	合价	
1	钢筋(规格、型号综合)	t	260	265	3800	988000	3800	1007000	0	19000	用于现浇钢筋混凝土项目

续表

序号	材料(工程设备)名称、规格、型号	计量单位	数量		暂估/元		确认/元		差额±/元		备注
			暂估	确认	单价	合价	单价	合价	单价	合价	
合计							3800	1007000		19000	

(2) 专业工程暂估价及结算价表

专业工程暂估价及结算价表

工程名称：某市高速公路扩能改造工程　　　标段：　　　第　页共　页

序号	工程名称	工程内容	暂估金额/元	结算金额/元	差额±/元	备注
1	消防工程	合同图纸中标明的以及消防工程规范和技术说明中规定的各系统中的设备、管道、阀门、线缆等的供应、安装和调试工作	200000.00	198700.00	—1300	
合计			200000.00	198700.00	—1300	

(3) 计日工表

计日工表

工程名称：某市高速公路扩能改造工程　　　标段：　　　第　页共　页

编号	项目名称	单位	暂定数量	实际数量	综合单价/元	合价/元	
						暂定	实际
一	人工						
1	技工	工日	100	110	49.00	4900.00	5390.00
2	壮工	工日	300	320	45.00	13500.00	14400.00
人工小计						18400.00	19790.00
二	材料						
1	水泥 42.5	t	280	275	300.00	84000.00	82500.00
2	钢筋	t	260	265	3800.00	988000.00	1007000.00
材料小计						1072000.00	1089500.00
三	施工机械						
1	履带式推土机 105kW	台班	50	52	990.00	49500.00	51480.00
2	汽车起重机 25t	台班	250	255	800	200000.00	204000.00
施工机械小计						249500.00	255480.00
四、企业管理费和利润	按人工费 20%计						
总计						1339900.00	1364770.00

（4）总承包服务费计价表

总承包服务费计价表

工程名称：某市高速公路扩能改造工程　　标段：　　第　页共　页

序号	项目名称	项目价值/元	服务内容	计算基础	费率(%)	金额/元
1	发包人发包专业工程	500000	1. 按专业工程承包人的要求提供施工工作面并对施工现场进行统一整理汇总 2. 为专业工程承包人提供垂直运输机械和焊接电源接入点，并承担垂直运输费和电费	项目价值	4.5	30000
	合计	—	—		—	30000

（5）索赔与现场签证计价汇总表

索赔与现场签证计价汇总表

工程名称：某市高速公路扩能改造工程　　标段：　　第　页共　页

序号	签证及索赔项目名称	计量单位	数量	单价/元	合价/元	索赔及签证依据
1	暂停施工				25000	001
2	隔离带	条	5	6000	30000	002
…	（其他略）					
—	本页小计	—	—	—	55000	—
—	合计	—	—	—	55000	—

（6）费用索赔申请（核准）表

费用索赔申请（核准）表

工程名称：某市高速公路扩能改造工程　　标段：　　编号：001

致：某市高速公路扩能改造工程指挥办公室　　（发包人全称）

根据施工合同条款第12条的约定，由于你方工作需要的原因，我方要求索赔金额（大写）贰万伍仟元整（小写25000.00元），请予核准。

附：1. 费用索赔的详细理由和依据：（略）。
2. 索赔金额的计算：（略）。
3. 证明材料：（略）。

承包人（章）：

承包人代表：×××

日期：20××年××月××日

续表

复核意见： 根据施工合同条款第12条的约定，你方提出的费用索赔申请经复核： ☐不同意此项索赔，具体意见见附件。 ☑同意此项索赔，索赔金额的计算，由造价工程师复核。 监理工程师：××× 日　期：20××年××月××日	复核意见： 根据施工合同条款第12条的约定，你方提出的费用索赔申请经复核，索赔金额为（大写）贰万伍仟元整（小写25000.00元）。 监理工程师：××× 日　期：20××年××月××日
审核意见： ☐不同意此项索赔。 ☑同意此项索赔，与本期进度款同期支付。 发包人（章）： 发包人代表：××× 日　期：20××年××月××日	

（7）现场签证表

现场签证表

工程名称：某市高速公路扩能改造工程　　标段：　　编号：002

施工单位	市政指定位置	日期	20××年××月××日

致：某市高速公路扩能改造工程指挥办公室　（发包人全称）

根据××× 2015年××月××日的口头指令，我方要求完成此项工作应支付价款金额为（大写）叁万元（小写30000.00），请予核准。

附：1. 签证事由及原因：为道路通车以后车辆行驶安全，增加5条隔离带。

2. 附图及计算式：（略）。

承包人（章）：

承包人代表：×××

日　期：20××年××月××日

复核意见： ☐你方提出的此项签证申请经复核： ☑不同意此项签证，具体意见见附件。 同意此项签证，签证金额的计算，由造价工程师复核。 监理工程师：××× 日　期：20××年××月××日	复核意见： ☑此项签证按承包人中标的计日工单价计算，金额为（大写）叁万元，（小写30000.00元）。 ☐此项签证因无计日工单价，金额为（大写）____元，（小写）____。 造价工程师：××× 日期：20××年××月××日
审核意见： ☐不同意此项签证。 ☑同意此项签证，价款与本期进度款同期支付。 承包人（章）： 承包人代表：××× 日期：20××年××月××日	

10. 规费、税金项目计价表

规费、税金项目计价表

工程名称：某市高速公路扩能改造工程　　标段：　　第　页共　页

序号	项目名称	计算基础	计算基数	计算费率(%)	金额/元
1	规费	定额人工费			2057518.83
1.1	社会保险费	定额人工费	(1)+…+(5)		1624356.97
(1)	养老保险费	定额人工费		14	1010711.00
(2)	失业保险费	定额人工费		2	144387.29
(3)	医疗保险费	定额人工费		6	433161.86
(4)	工伤保险费	定额人工费		0.25	18048.41
(5)	生育保险费	定额人工费		0.25	18048.41
1.2	住房公积金	定额人工费		6	433161.86
1.3	工程排污费	按工程所在地环境保护部门收取标准,按实计入			—
2	税金	分部分项工程费+措施项目费+其他项目费+规费−按规定不计税的工程设备金额		3.14	1637491.14
合计					3695009.97

编制人（造价人员）：×××　　复核人（造价工程师）：×××

11. 工程计量申请（核准）表

工程计量申请（核准）表

工程名称：某市高速公路扩能改造工程　　标段：　　第　页共　页

序号	项目编码	项目名称	计量单位	承包人申报数量	发包人核实数量	发承包人确认数量	备注
1	040101001001	挖一般土方	m^3	140200.00	140250.00	140250.00	
2	040101002001	挖沟槽土方	m^3	2493.00	2490.00	2490.00	
3	040101002002	挖沟槽土方	m^3	837.00	837.00	837.00	
4	040101002003	挖沟槽土方	m^3	2835.00	2835.00	2835.00	
5	040103001001	回填方	m^3	8450.00	8450.00	8450.00	
	(略)						
承包人代表： ××× 日期： 20××年××月××日		监理工程师： ××× 日期： 20××年××月××日		造价工程师： ××× 日期： 20××年××月××日		发包人代表： ××× 日期： 20××年××月××日	

12. 预付款支付申请（核准）表

预付款支付申请（核准）表

工程名称：某市高速公路扩能改造工程　　　　标段：　　　　　　　　　　第　页共　页

致：某市高速公路扩能改造工程指挥办公室　　　　　　　　　　　　（发包人全称）

我方根据施工合同的约定，先申请支付工程预付款额为（大写）壹仟零玖拾玖万肆仟壹佰壹拾贰元贰角捌分（小写10994112.28元），请予核准。

序号	名称	申请金额/元	复核金额/元	备注
1	已签约合同价款金额	54970561.39	53786890.48	
2	其中：安全文明施工费	1804841.08	2165809.30	
3	应支付的预付款	10633144.06	10324216.24	
4	应支付的安全文明施工费	360968.22	433161.86	
5	合计应支付的预付款	10994112.28	10757378.10	

计算依据见附件（略）。

承包人（章）

造价人员：×××　　　承包人代表：×××　　　日　　期：20××年××月××日

复核意见：

□与合同约定不相符，修改意见见附件。

☑与合约约定相符，具体金额由造价工程师复核。

监理工程师：×××

日　　期：20××年××月××日

复核意见：

你方提出的支付申请经复核，应支付预付款金额为（大写）壹仟零柒拾伍万柒仟叁佰仟拾捌元壹角（小写10757378.10元）。

造价工程师：×××

日　　期：20××年××月××日

审核意见：

□不同意。

☑同意，支付时间为本表签发后的15天内。

发包人（章）：

发包人代表：×××

日　　期：20××年××月××日

13. 总价项目进度款支付分解表

总价项目进度款支付分解表

工程名称：某市高速公路扩能改造工程　　　　标段：　　　　　　　　　　第　页共　页

序号	项目名称	总价金额	首次支付	二次支付	三次支付	四次支付	五次支付	
1	安全文明施工费	2165809.30	433161.86	433161.86	433161.86	433161.86	433161.86	
2	夜间施工增加费	108290.46	21658.09	21658.09	21658.09	21658.09	21658.10	
3	二次搬运费	72193.64	14438.73	14438.73	14438.73	14438.73	14438.72	

续表

序号	项目名称	总价金额	首次支付	二次支付	三次支付	四次支付	五次支付	
	略							
	社会保险费	1624356.97	324871.39	324871.39	324871.39	324871.39	324871.41	
	住房公积金	433161.86	86632.37	86632.37	86632.37	86632.37	86632.38	
	合计							

编制人（造价人员）：××× 复核人（造价工程师）：×××

14. 进度款支付申请（核准）表

进度款支付申请（核准）表

工程名称：某市高速公路扩能改造工程 标段： 编号：003

致：某市高速公路扩能改造工程指挥办公室 （发包人全称）

我方于×× 至×× 期间已完成了2.5km道路扩能改造 工作，根据施工合同的约定，现申请支付本期的工程款额为（大写）壹仟壹佰叁拾伍万贰仟陆佰零叁元柒角捌分（小写11352603.78），请予核准。

序号	名称	申请金额/元	复核金额/元	备注
1	累计已完成的合同价款	10757378.10		
2	累计已实际支付的合同价款	10757378.10		
3	本周期合计完成的合同价款	11653803.78	11653803.78	
3.1	本周期已完成单价项目的金额	10794387.92		
3.2	本周期应支付的总价项目的金额	142300.00		
3.3	本周期已完成的计日工价款	272954.00		
3.4	本周期应支付的安全文明施工费	433161.86		
3.5	本周期应增加的合同价款	11000.00		
4	本周期合计应扣减的金额	301200.00	321290.00	
4.1	本周期应抵扣的预付款	301200.00		
4.2	本周期应扣减的金额	0		
5	本周期应支付的合同价款	11352603.78	11332513.78	

附：上述3、4详见附件清单（略）。

承包人（章）

造价人员：××× 承包人代表：××× 日 期：20××年××月××日

复核意见：

□与实际施工情况不相符，修改意见见附件。

☑与实际施工情况相符，具体金额由造价工程师复核。

监理工程师：×××

日 期：20××年××月××日

复核意见：

你方提供的支付申请经复核，本期间已完成工程款额为（大写）壹仟壹佰陆拾伍万叁仟捌佰零叁元柒角捌分（小写11653803.78），本期间应支付金额为（大写）壹仟壹佰叁拾叁万贰仟伍佰壹拾叁元柒角捌分（小写11332513.78）。

造价工程师：×××

日 期：20××年××月××日

审核意见：

□不同意。

☑同意，支付时间为本表签发后的15天内。

发包人（章）

发包人代表：×××

日 期：20××年××月××日

15. 竣工结算款支付申请（核准）表

竣工结算款支付申请（核准）表

工程名称：某市高速公路扩能改造工程　　标段：　　编号：004

致：某市高速公路扩能改造工程指挥办公室　　（发包人全称）

我方于××至××期间已完成合同约定的工作，工程已经完工，根据施工合同的约定，现申请支付竣工结算合同款额为（大写）肆仟零伍拾万伍仟零贰元柒角捌分（小写40505002.78元），请予核准。

序号	名称	申请金额/元	复核金额/元	备注
1	竣工结算合同价款总额	53786890.48	53786890.48	
2	累计已实际支付的合同价款	43029512.38	43029512.38	
3	应预留的质量保证金	2524509.60	2524509.60	
4	应支付的竣工结算款金额	40505002.78	40505002.78	

承包人（章）

造价人员：×××　　承包人代表：×××　　日期：20××年××月××日

复核意见：

□与实际施工情况不相符，修改意见见附件。

☑与实际施工情况相符，具体金额由造价工程师复核。

监理工程师：×××

日　　期：20××年××月××日

复核意见：

你方提出的竣工结算款支付申请经复核，竣工结算款总额为（大写）伍仟叁佰柒拾捌万陆仟捌佰玖拾元肆角捌分（小写53786890.48元），扣除前期支付以及质量保证金后应支付金额为（大写）肆仟零伍拾万伍仟零贰元柒角捌分（小写40505002.78元）。

造价工程师：×××

日　　期：20××年××月××日

审核意见：

□不同意。

☑同意，支付时间为本表签发后的15天内。

发包人（章）

发包人代表：×××

日　　期：20××年××月××日

16. 最终结清支付申请（核准）表

最终结清支付申请（核准）表

工程名称：某市高速公路扩能改造工程　　标段：　　　　编号：005

致：某市高速公路扩能改造工程指挥办公室　　　　（发包人全称）

我方于××至××期间已完成了缺陷修复工作，根据施工合同的约定，现申请支付最终结清合同款额为（大写）贰佰伍拾贰万肆仟伍佰零玖元陆角零分（小写2524509.60元），请予核准。

序号	名称	申请金额/元	复核金额/元	备注
1	已预留的质量保证金	2524509.60	2524509.60	
2	应增加因发包人原因造成缺陷的修复金额	0	0	
3	应扣减承包人不修复缺陷、发包人组织修复的金额	0	0	
4	最终应支付的合同价款	2524509.60	2524509.60	

承包人（章）

造价人员：×××　　承包人代表：×××　　日期：20××年××月××日

复核意见：

□与实际施工情况不相符，修改意见见附件。

☑与实际施工情况相符，具体金额由造价工程师复核。

监理工程师：×××

日　　期：20××年××月××日

复核意见：

你方提出的支付申请经复核，最终应支付金额为（大写）贰佰伍拾贰万肆仟伍佰零玖元陆角零分（小写2524509.60元）。

造价工程师：×××

日　　期：20××年××月××日

审核意见：

□不同意。

☑同意，支付时间为本表签发后的15天内。

发包人（章）

发包人代表：×××

日　　期：20××年××月××日

参 考 文 献

［1］ 中华人民共和国住房和城乡建设部. 建设工程工程量清单计价规范 GB 50500－2013 ［S］. 北京：中国计划出版社，2013.

［2］ 中华人民共和国住房和城乡建设部. 市政工程工程量计算规范 GB 50857—2013 ［S］. 北京：中国计划出版社，2013.

［3］ 中华人民共和国住房和城乡建设部. 《建设工程计价计量规范辅导》［M］. 北京：中国计划出版社，2013.

［4］ 杨伟. 新版市政工程工程量清单计价及实例 ［M］. 北京：化学工业出版社，2013.

［5］ 刘志兵. 工程量清单计价实务教程·市政工程 ［M］. 北京：中国建材工业出版社，2014.

［6］ 袁旭东. 市政工程工程量清单计价与投标详解 ［M］. 北京：中国建筑工业出版社，2013.

［7］ 张麦妞. 市政工程工程量清单计价知识问答 ［M］. 北京：人民交通出版社，2009.